校企合作土木与建筑工程专业系列丛书
互联网+创新型“十四五”精品教材

混凝土结构工程施工（微课版）

主　编◎李伟娜　史红珺　陈　松
副主编◎侯懿轩　王灿海　杨　蕴
冷　剑　冯宇飞

哈爾濱工程大學出版社
Harbin Engineering University Press

内 容 简 介

本书共七个项目，主要包括施工准备与基础知识、土方工程与基础工程施工、模块工程施工、钢筋工程施工、混凝土工程施工、砌体结构工程施工和高层建筑施工。全书将理论知识与工程实践的实例结合，突出了工程的实用性。

本书具有内容翔实、深浅适度、可操作性强、适用面广等特点，既可作为职业院校建筑工程管理专业的教材，也可作为工程技术人员学习工程施工知识、进行施工工作的参考书。

图书在版编目（CIP）数据

混凝土结构工程施工 : 微课版 / 李伟娜, 史红珺, 陈松主编. -- 哈尔滨 : 哈尔滨工程大学出版社, 2025. 1. -- ISBN 978-7-5661-4657-1

Ⅰ. TU755

中国国家版本馆 CIP 数据核字第 2025MV0976 号

混凝土结构工程施工（微课版）

HUNNINGTU JIEGOU GONGCHENG SHIGONG（WEIKE BAN）

选题策划 张林峰

责任编辑 吴振雷

出版发行 哈尔滨工程大学出版社

社　　址 哈尔滨市南岗区南通大街 145 号

邮政编码 150001

电　　话 0451-82519989

经　　销 新华书店

印　　刷 廊坊市广阳区九洲印刷厂

开　　本 787 mm×1 092 mm　1/16

印　　张 14

字　　数 358 千字

版　　次 2025 年 1 月第 1 版

印　　次 2025 年 1 月第 1 次印刷

书　　号 ISBN 978-7-5661-4657-1

定　　价 49.80 元

http://www.hrbeupress.com

E-mail:heupress@hrbeu.edu.cn

前　　言

党的二十大报告中指出，教育、科技、人才是全面建设社会主义现代化国家的基础性、战略性支撑。必须坚持科技是第一生产力、人才是第一资源、创新是第一动力，深入实施科教兴国战略、人才强国战略、创新驱动发展战略，开辟发展新领域新赛道，不断塑造发展新动能新优势。

“混凝土结构工程施工”是工程造价、工程管理、建筑工程技术等专业的主干课程。本书既紧跟建筑行业的时代发展步伐，也考虑到充分满足应用型本科、职业院校学生能力的培养要求，力争做到面向工程实际，突出应用型教育特色。

本书最大的特点在于将理论知识与实际案例结合起来进行介绍，缩减了学时，特别适合作为专业基础课程改革的教材使用。本书内容的设计是根据职业能力要求及教学特点，与建筑行业的岗位相对应，体现新的国家标准和技术规范；内容翔实，文字简练，图文并茂，充分体现了项目教学与综合训练相结合的主要思路；内容通俗易懂，理论概述简洁明了，案例清晰实用，特别注重教材的实用性。

本书按混凝土结构工程的不同工程类型和特点划分项目，各项目相对独立，以便根据不同的教学要求对内容进行取舍。在叙述方法上，本书注意到学生从数学、力学等基础课到学习学科基础课的认识规律，由浅入深，循序渐进，力求对基本概念论述清楚，使读者能较容易地掌握结构工程的力学性能及理论分析方法；有明确的计算方法和实用设计步骤，力求做到能具体应用。

本书由李伟娜（长春工业大学人文信息学院）、史红珺（青海建筑职业技术学院）、陈松（重庆市铁路（集团）有限公司）担任主编；由侯懿轩（吉林农业科技学院），王灿海、杨蕴（平煤神马建工集团有限公司），冷剑（成都理工大学），冯宇飞（上海浦东路桥（集团）有限公司）担任副主编。本书的相关资料和售后服务可扫封底微信二维码或登录 www.bjzzwh.com 下载获得。

编者在编写本书的过程中参考了大量资料，在此向相关人员表示感谢。由于编者水平有限，书中难免存在不足之处，恳请广大读者批评指正并提出宝贵意见。

编　者

目　录

项目一

施工准备与基础知识

项目导读

进行施工准备时，应制订详细的施工计划，对施工现场进行环境评估，根据工程需求和设计要求，提前准备好所需的建筑材料、工具和设备，对参与施工的人员进行必要的培训，确保其了解安全操作规程和施工流程，保障施工现场的安全设施完善。同时，根据施工计划，合理安排施工顺序和工序，确保各项工作有条不紊地进行，避免出现混乱和交叉干扰。通过一系列的施工准备和注意事项，可以有效提高施工效率，确保施工质量，保障施工安全，同时也有助于项目的顺利进行和成功完成。

学习目标

知识目标

◆了解施工准备与基础知识的重要性。

◆掌握施工前的技术准备、施工物资准备、施工现场准备、劳动组织准备。

◆熟悉建筑结构的分类及其应用范围。

能力目标

◆能够根据工程要求，有效地进行施工技术前的准备、施工物资准备、施工现场准备、劳动组织准备。

◆能够根据建筑结构的分类和应用范围，选择合适的施工方法和组织方式。

素质目标

培养学生团队合作意识和沟通能力，有效协调施工准备工作中的各项任务和资源，提高解决问题的能力和应变能力。

思政目标

培养学生的工程意识，提升学生职业素养和团队协作能力，使学生在实际工作中能够独立思考、合作实践、勇于创新，为建设美好家园贡献自己的力量。

任务工单

一、任务准备

框架结构工程施工图一套（包括建筑施工图和结构施工图）。

二、任务开展

1. 建筑施工图识读

（1）建筑施工图设计总说明的主要内容（设计依据、项目概况、建筑定位、设计标高与尺寸标注、砌体工程、楼地面工程、屋面工程、门窗工程、栏杆工程、装饰工程、室内外附属工程、防火设计说明等）。

（2）建筑平面图的内容（房间的使用功能、轴线位置关系、墙体位置、厚度，门窗洞口的位置和大小屋面形式、排水坡度、排水方式等）。

（3）立面图的内容（建筑总高度及层高、外墙装饰做法、门窗洞口的高度、室内外高差、楼层标高及主要部位标高等）。

（4）剖面图的内容（建筑竖向构造做法、楼层标高及相关部位标高等）。

（5）建筑详图的内容。

2. 结构施工图识读

（1）结构设计总说明的主要内容（设计总则、设计依据、设计使用荷载标准值、主要材料、主要构造及施工要求等）。

（2）基础平面图的内容（基础的形式和平面位置、地基概况及异常地基处理方式等）。

（3）基础详图的内容（基础的尺寸大小和埋置深度、基础钢筋和柱插筋的配置等）。

（4）柱定位平面图的内容（框架柱的位置、形状及尺寸大小及其钢筋的配置、竖向钢筋的连接方式等）。

（5）梁配筋图的内容（梁的平面位置及梁顶标高、梁的尺寸大小、梁钢筋的配置等）。

（6）结构平面图的内容（楼板的平面位置、厚度及楼面标高，楼板钢筋的配置，楼板上预留洞口的位置、大小等）。

（7）局部构造详图的内容。

3. 评价指导

教师指导学生完成施工图的认知与了解。

三、任务评价

展示任务完成情况，并完成表 1-1 所示的考核评价表。

表 1-1 考核评价表

评价项目	评价内容	分值	评分		
			自评	互评	师评
职业素养考核项目（40%）	考勤、仪容仪表	10 分			
	安全意识、责任意识及服从意识	10 分			
	团队合作、沟通交流能力	10 分			
	保持场地、设备及工具等干净整洁	10 分			
专业能力考核项目（60%）	积极参与施工技术教学活动并理解活动要求	30 分			
	认真完成施工图的认读，任务完成度	30 分			
合计：综合分数________	自评（20%）+互评（20%）+师评（60%）	100 分			
综合评语		指导教师（签名）：			

任务一 施工技术与工程物资准备

施工技术与工程物资准备是工程管理中非常重要的两个方面，这两个方面相辅相成，良好的施工技术能够提高工程效率和质量，而充分的物资准备则为施工提供了有力支持。合理的管理可以有效降低工程风险，确保项目顺利进行。

一、施工前的技术准备

在进行施工前的技术准备阶段，有一些关键的工作需要提前完成，以确保施工过程顺利进行和工程质量可控。施工前的技术准备工作如下。

1. 认真做好扩大初步设计方案的审查工作

任务确定以后，应提前与设计单位沟通，掌握初步设计方案的编制情况，使方案的设计在质量、功能、工艺技术等方面均能适应建筑材料和建设工程的发展水平，为施工扫除障碍。确认设计准确无误，符合实际情况，并与设计单位充分沟通，解决设计上的问题。

2. 熟悉和审查施工图

（1）审查施工图是否完整和齐全，是否符合国家有关工程设计和施工的方针及政策。

（2）审查施工图与其说明书在内容上是否一致，与各组成部分间有无矛盾或错误。

（3）审查建筑图与其相关结构图纸在尺寸、坐标、标高和说明方面是否一致，技术要求是否明确。

（4）熟悉工业项目的生产工艺流程和技术要求，掌握配套投产的先后次序和相互关系；审查设备安装图纸与其相配合的土建图纸，在坐标和标高尺寸上是否一致，土建施工的质量标准能否满足设备安装的工艺要求。

（5）审查基础设计或地基处理方案同建造地点的工程地质和水文地质条件是否一致；弄清建筑物与地下构筑物、管线间的相互关系。

（6）掌握拟建工程的建筑和结构的形式和特点，需要采取哪些新技术；复核主要承重结构或构件的强度、刚度和稳定性能否满足施工要求；对于工程复杂、施工难度大和技术要求高的分部（项）工程，要审查现有施工技术和管理水平能否满足工程质量与工期要求，建筑设备及加工订货有何特殊要求等。

提 示

熟悉和审查施工图主要是为编制施工组织设计提供各项依据，通常按图纸自审、会审和现场签证等三个阶段进行。图纸自审由施工单位主持，并写出图纸自审记录；图纸会审由建设单位主持，设计和施工单位共同参加，形成图纸会审纪要，由建设单位正式行文，三方共同会签并盖公章，作为指导施工和工程结算的依据；图纸现场签证是在工程施工中，遵循技术核定和设计变更签证制度，对所发现的问题进行现场签证，作为指导施工、竣工验收和结算的依据。

3. 调查分析原始资料

（1）自然条件调查分析

自然条件调查分析包括对建设地区的气象、建设场地的地形、工程地质和水文地质、施工现场地上和地下障碍物状况、周围民宅的坚固程度及其居民的健康状况等项的调查分析。它为编制施工现场的“三通一平”（路通、水通、电通和场地平整）计划提供依据，如地上建筑物的拆除、高压输电线路的搬迁、地下构筑物的拆除和各种管线的搬迁等项工作。

（2）技术经济条件调查分析

技术经济条件调查分析包括对地方建筑生产企业、地方资源、交通运输、水电及其他能源、主要设备、国家拨款材料和特种物资及其生产能力等的调查分析。

4. 编制施工组织设计

拟建工程应根据工程规模、结构特点和建设单位要求，编制指导该工程施工全过程的施工组织设计。

5. 编制施工图预算和施工预算

施工图预算应按照施工图所确定的工程量、施工组织设计拟定的施工方法、建筑工程预算定额和有关费用定额，由施工单位编制。

施工预算是施工企业为了加强企业内部经济核算，在施工图预算的控制下，依据企业的内部施工定额，以建筑安装单位工程为对象，根据施工图、施工定额、施工及验收规范、标准图集以及施工组织设计（施工方案）编制的单位工程施工所需要的人工、材料、施工机械台班用量的技术经济文件。

二、施工物资准备

施工物资准备是施工前的一个重要环节，它涉及确保施工所需的各种材料、设备和工具能够及时到位，以满足施工的需求。

1. 物资准备工作内容

（1）建筑材料准备根据

根据施工预算的材料分析和施工进度计划的要求，编制建筑材料需要量计划，为施工备料、确定仓库和堆场面积以及组织运输提供依据。

（2）建筑施工机具准备

根据施工方案和进度计划的要求，编制施工机具需要量计划，为组织运输和确定机具停放场地提供依据。

（3）生产工艺设备准备

按照生产工艺流程及其工艺布置图的要求，编制工艺设备需要量计划，为组织运输和确定堆场面积提供依据。

（4）构（配）件和制品加工准备

根据施工预算所提供的构（配）件和制品加工要求，编制相应计划，为组织运输和确定堆场面积提供依据。

2. 物资准备工作程序

（1）编制各种物资需要量计划

① 建筑材料。包括水泥、砂、石子、砖块、钢筋、木材等，根据设计要求和工程需要事先采购储备。

② 施工设备。例如起重机、搅拌机、打桩机、挖掘机、卡车等，在施工前需要检修、保养并做好准备工作。

③ 安全防护用品。包括安全帽、安全鞋、安全绳、防护眼镜、耳塞等，以确保施工人员安全作业。

④ 施工工具。例如铲子、锤子、扳手、钳子、刨子、量具等，用于各种施工作业和操作。

⑤ 施工机械。各类电动工具、气动工具等，例如电钻、磨削机、焊接设备等，用于施工中的加工和处理。

⑥ 防护网和警示标识。用于围挡施工现场，以及确保施工现场安全。

⑦ 临时设施。如施工现场临时办公室、休息室、临时厕所、仓库等，根据具体需要做好准备。

⑧ 环保设施。根据环保需求，配备废水排放设施、垃圾处理设施等，确保将施工对环境的影响降至最低。

（2）签订物资供应合同

签订物资供应合同是进行施工前必要的步骤，以确保物资供应的可靠性、质量和交付时间。在合同中详细描述供应商和承购方的责任与权利，包括供货范围、质量标准、交付时间、付款方式等。合同中应列明具体的物资规格、数量、质量要求、包装要求等，确保供应的物资符合工程需求。明确物资的价格、支付方式、发票要求等，防止后期出现价格纠纷或付款问题。约定交付时间，避免施工延迟或其他问题。明确双方违约责任与后果，确保合同履行的有效性。在签订物资供应合同之前，双方需充分沟通、协商，确保合同条款清晰明了，双方权益得到充分保障。签订合同后，要严格按照合同执行，及时履行合同义务，确保供应物资的质量和交付时间。

（3）确定物资运输方案和计划

确定物资运输方案和计划是在施工前必要的步骤，以确保物资安全、准时运抵施工现场，并最大限度地提高物资利用率。以下是确定物资运输方案和计划时需要考虑的关键要素。

① 物资清单。首先要明确需要运输的物资清单，包括名称、数量、规格等详细信息。

② 运输方式。根据物资的性质、体积、质量和远近等因素选择合适的运输方式，如陆运、水运、空运等。

③ 运输距离。根据施工地点和供货地点的距离，确定最经济、高效的运输方式。

④ 运输工具。选择适当的运输工具，如卡车、船舶、飞机等，保证物资安全运抵目的地。

⑤ 包装。对易碎或易损坏的物资进行合适的包装，以防运输途中受损。

⑥ 运输时间。合理安排运输时间，确保物资能够在施工需要时准时送达。

⑦ 装卸计划。制订详细的装卸计划，包括装卸地点、装卸方式、所需人员等，以确保运输过程中的安全和高效。

⑧ 运输成本。评估不同运输方案的成本和效率，选择最经济合理的方案，节约运输成本。

⑨ 风险评估。对运输过程可能出现的各种风险进行评估，并制订相应的风险应对措施。

⑩ 通信和跟踪。确保与物流公司和运输工具之间的畅通沟通，实时监控物资运输状态，及时处理异常情况。

（4）组织物资按计划进场和保管

组织物资按计划进场和保管是确保施工进度与质量的关键环节。根据施工进度和物资需求，制订详细的物资进场计划，包括进场时间、数量、种类等信息。同时制订物资保管制度和规范，明确责任人及各项操作流程，做好物资管理工作。

任务二 施工现场与劳动组织准备

施工现场与劳动组织准备是确保施工项目顺利进行的两个关键环节。进行详细的现场勘察，了解施工环境、地形地质、周边设施等信息，可为施工计划提供依据。根据施工任务和工艺要求，合理配置施工人员，明确每个岗位的职责和分工，可以为施工项目的顺利进行提供坚实的基础，有效提高施工效率。

一、施工现场准备

1. 场地平整

首先，应清除场内的各种障碍物，包括拆除原有建筑物，割除杂草等；其次，应与建设单位联系，掌握地下原有建筑物、电缆、上、下水管道的位置及埋置标高；最后，用铲运机或推土机按照地面设计标高进行平整。地面低洼时，应运土回填，但应注意搞好土方的平衡，避免二次倒运。如果场地高差在±30 cm 范围内，土方基本平衡，而且不影响施工时，场地也可不做处理。

2. 抄平放线

根据测量的要求，应设好永久性或半永久性坐标水准点，再由有关部门引来坐标和绝对标高。一般来说，建筑公司测量队应按委托，根据建筑区域或单位工程坐标、绝对标高绘出现场地貌图和放出拟建建筑物的控制桩，向施工基层单位提交测量成果卡，根据测量成果卡和控制桩，再放出建筑物的各个轴线位置钉上龙门板或打上中心桩。

3. 修筑全场性或临时施工道路

根据施工平面图，放出道路的位置后，即可按照道路的设计要求进行修筑，修筑的顺序是先场外后场内，先干线后支线；如果厂区有正式的道路，则应优先修好，以供使用；否则应修建临时施工道路。

4. 接通水、电线路

根据建设单位指定的施工用水源、电源、热源，按照施工平面图的位置进行接通。对水源、热源的压力进行计算，以免施工时不敷使。电源的变压器容量和导线的截面面积也应综合考虑和计算。场内排水网络，应按平面图的位置、要求、提前沟通。

5. 搭设暂设工程

暂设工程应根据节约的原则，尽量利用建设单位永久性或原有建筑物。暂设工程分大型暂设与小型暂设两种。前者指利用永久性或半永久性工程，如食堂、办公室、住宅、仓库等，利用时，应经有关部门批准；后者指临时或简易性工程，如打更棚、帐棚、木工棚、钢筋棚、简易仓库、刺网、围墙等。

6. 组织物料进场

（1）施工机具进场

根据施工机具需要量计划，按施工平面图要求，组织施工机械、设备和工具进场，按规定地点和方式存放，并进行相应的保养和试运转等工作。

（2）组织建筑材料进场

根据建筑材料、构（配）件和制品需要量计划，组织其进场，按规定地点和方式储存或堆放。

建筑材料进场后，应进行各项材料的试验、检验。对于新技术项目，应拟订相应试验和试制计划，并在开工前实施。

二、劳动组织准备

1. 成立项目经理部

施工单位承接一个项目后，应立即成立项目经理部。根据工程的规模、结构特点和复杂程度，确定项目经理部的人选和名额；遵循合理分工与密切协作、因事设职与因职选人的原则，建立有施工经验、有开拓精神和工作效率高的项目经理部。项目经理部组织机构图如图 1-1 所示。

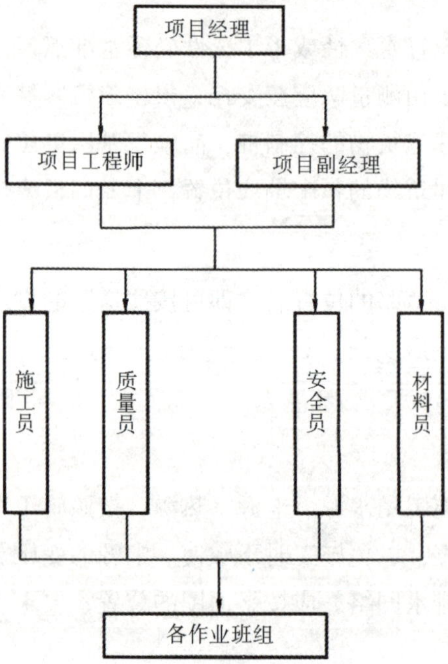

图 1-1　项目经理部组织机构图

2. 建立精干的工作队组

根据采用的施工组织方式，确定合理的劳动组织，建立相应的专业或混合工作队组。

3. 集结施工力量，组织劳动力进场

按照开工日期和劳动力需要量计划，组织工人进场，安排好职工生活，并进行安全、防火和文明施工等教育。

4. 做好职工入场教育工作

施工技术交底实为一种施工方法。在建筑施工企业中的技术交底，是指在某一单位工程开工前，或一个分项工程施工前，由相关专业技术人员向参与施工的人员进行的技术性交待，其目的是使施工人员对工程特点、技术质量要求、施工方法与措施和安全等方面有一个较详细的了解，以便于科学地组织施工，避免技术质量等事故的发生。各项技术交底记录也是工程技术档案资料中不可缺少的部分。

为落实施工计划和技术责任制，应按管理系统逐级进行交底。交底包括：工程施工进度计划和月、旬作业计划；各项安全技术措施、降低成本措施和质量保证措施；质量标准和验收规范要求；设计变更和技术核定事项等。必要时应进行现场示范，同时健全各项规章制度，加强遵纪守法教育。

任务三　建筑结构的分类及其应用范围

在房屋建筑中，由构件（如梁、板、柱、墙体、基础等）组成的能承受“作用”的骨架体系，叫作建筑结构。这里的“作用”是指施加在结构上的荷载或引起建筑结构外加变形或约束变形的原因（如地震作用、基础沉降、温度变化等）。前者称为直接作用，后者称为间接作用。建筑结构可按所用材料和承重结构类型进行分类。

扫一扫

建筑结构的分类

一、按所用材料进行分类

1. 混凝土结构

以混凝土为主制成的结构称为混凝土结构，可分为以下三类。

（1）素混凝土结构

素混凝土结构由无筋或不配置受力钢筋的混凝土制成的结构，称为素混凝土结构。

（2）钢筋混凝土结构

钢筋混凝土结构由配置受力的普通钢筋、钢筋网或钢筋骨架的混凝土制成的结构，称为钢筋混凝土结构。

（3）预应力混凝土结构

预应力混凝土结构由配置受力的预应力钢筋，通过张拉或其他方法建立预加应力的混凝土制成的结构，称为预应力混凝土结构。

混凝土结构在土木建筑工程中应用十分广泛。例如，多、高层民用建筑，单层和多层工业厂房、电视塔、桥梁、水工结构等大多采用钢筋混凝土或预应力混凝土建造。图 1-2 为中央电视塔，电视塔高 386. 5 m，它就是由钢筋混凝土建造的。

图 1-2　中央电视塔

2. 砌体结构

砌体结构是由块体和砂浆砌筑而成的墙、柱作为建筑物主要受力构件的结构，是砖砌体、砌块砌体和石砌体结构的总称。砌体结构有就地取材、造价低廉、耐火性能好，以及容易施工等优点，因此在工业与民用建筑中获得了广泛应用。此外，在构筑物（如烟囱、水塔、小型水池和重力挡土墙等）中，砌体结构也获得了广泛应用。

砌体结构的缺点是自重大、强度低、抗震性能差。因此，在地震高烈度区的砌体房屋不应建得太高。

3. 钢结构

钢结构是由钢材制成的结构，一般由型钢和钢板等制成梁、桁架、柱、板等构件组成，各部分之间用焊接、螺栓或铆钉连接，有些钢结构还部分采用钢丝绳或钢丝束。

钢结构多用于重工业厂房的承重骨架和吊车梁，大跨度建筑的屋盖结构，多层和高层建筑骨架，大跨度的桥梁，塔桅结构，可拆卸、搬运的轻型房屋等。

钢结构的优点是：强度高，质量小、材质均匀，可靠性高、安装方便，施工期限短等。它的缺点是：耐火性差、耐锈蚀性差，需定期维护。

4. 木结构

木结构是指全部或大部用木材制成的结构。木结构要消耗大量木材，由于木材产量受到自然生长条件的限制，因此节约木材对我国社会主义建设具有十分重要的意义。目前，在房屋建筑中已很少采用木结构。

二、按承重结构类型进行分类

1. 混合结构

混合结构是指由砌体制成的竖向承重构件（墙、柱）与钢筋混凝土或预应力混凝土楼盖、屋盖组成的房屋建筑结构。

由于混合结构具有就地取材，施工方便，造价低廉等优点，所以，它在城市和广大农村应用颇为广泛。它多用于六层以下的住宅、旅馆、商店、办公楼、教学楼以及单层工业厂房等建筑中。

2. 框架结构

框架结构是由横梁、纵梁和柱组成的结构。目前，我国框架结构多采用钢筋混凝土建造。框架结构布置灵活，可任意分割房间，容易满足生产工艺和使用要求。它既可以用于大空间的商场，工业生产车间、礼堂、食堂，也可用于住宅、办公楼、医院和学校建筑。因此，框架结构在单层和多层工业与民用建筑中得到了广泛应用。

现浇钢筋混凝土框架结构比混合结构有较高的承载力，较好的延性和整体性，因此它的抗震性能好。框架结构超过一定高度后，其侧向刚度将显著减小。这时，在风荷载或水平地震作用下侧向位移较大。因此，钢筋混凝土框架结构多用于 10 层以下的建筑，个别也有超过 10 层的。如北京长城饭店采用的就是 18 层的钢筋混凝土框架结构（图 1-3）。

3. 框架-剪力墙结构

计算表明，房屋在风荷载或水平地震作用下，靠近底层的承重构件的内力（弯矩 M、剪力 V）和屋顶的侧向位移随房屋的高度的增加而急剧增大。因此，当房屋高度超过一定限度时，再采用框架结构，其梁、柱横截面尺寸就会很大。这样，房屋投资不仅增加，而且建筑使用面积也会减小。在这种情况下，通常采用钢筋混凝土框架-剪力墙结构。

钢筋混凝土框架-剪力墙结构，是在框架结构纵、横方向的适当位置，在柱与柱之间设置几道厚度大于 140 mm 的钢筋混凝土墙体而形成的。由于在这种结构中的剪力墙平面内的侧向刚度比框架的侧向刚度大得多，因此，在风荷载或水平地震作用下，产生的剪力主要由剪力墙承担，一小部分由框架承担，而框架主要承受竖向荷载。由于框架-剪力墙结构充分发挥了剪力墙和框架的各自优点。因此，在高层建筑中采用框架-剪力墙结构比框架结构更为合理。如北京饭店东楼（共 18 层，高 80. 55 m）采用的就是钢筋混凝土框架-剪力墙结构。

4. 剪力墙结构

剪力墙结构是由纵、横向的钢筋混凝土墙体所组成的结构。这种墙体除抵抗水平荷载和竖向荷载外，还对房屋起围护和分割作用。这种结构适用于高层住宅、旅馆等建筑。图 1-4 所示的高 115 m、28 层的北京国际饭店，采用的就是钢筋混凝土剪力墙结构。

图 1-3　北京长城饭店

图 1-4　北京国际饭店

5. 筒体结构

随着房屋层数进一步增加，结构需具有更大的侧移刚度，以抵抗风荷载或地震作用，因而出现了筒体结构。筒体结构是用钢筋混凝土墙围成侧移刚度很大的筒体，其受力特点与一个固定于基础上的筒形悬臂构件相似。为了满足采光和通风的要求，在筒壁上开有洞口，这种筒体称为空腹筒。当建筑物高度更高，侧向刚度要求更大时，可采用筒中筒结构。这种筒体由空腹外筒和实腹内筒组成。内外筒之间用平面内刚度很大的楼板相联系，使之共同工作，形成一个空间结构。

筒体结构多用于高层和超高层（$H \geqslant 100$ m）公共建筑，如饭店、银行、通信大楼等。北京彩电中心大楼（高 106 m，26 层），它采用的是钢筋混凝土筒体结构。

6. 大跨结构

大跨结构是指竖向承重构件采用钢筋混凝土柱，屋盖采用钢网架、薄壳或悬索结构。这种结构多用于体育馆、大型火车站、航空港等公共建筑。

图 1-5 为首都体育馆，是我国首先采用钢网架屋盖的大跨度的建筑。它的屋盖宽度 99 m，长度 112.2 m，用钢量仅为 65 kg/m^2。之后，上海体育馆、福州体育馆、南京体育馆等也相继采用了这种屋盖体系，均取得了良好的效果。

图 1-5　首都体育馆

知识链接

现浇钢筋混凝土楼盖

现浇钢筋混凝土楼盖是指在现场支模并整体浇筑而成的楼盖。它具有整体性好、耐久、耐火、刚度大，防水性能好，可适应各种特殊的结构布置要求，施工不需要大型吊装机具等优点，常用于对抗震、防渗、防漏和刚度要求较高以及平面形状复杂的建筑。但这种楼盖也存在着耗费模板多、工期长、受施工季节影响大等缺点。

现浇钢筋混凝土楼盖常见的形式有肋形楼盖、井式楼盖和无梁楼盖。

1. 肋形楼盖

肋形楼盖由板、次梁、主梁（有时没有主梁）组成（图 1-6）。它是现浇楼盖中最常见的结构形式。除用于建造楼盖外，也用于建造筏形基础、挡土墙、蓄水池的顶板和底板以及桥梁等结构。因此，肋形楼盖的设计和计算原理在工程中具有普遍意义。

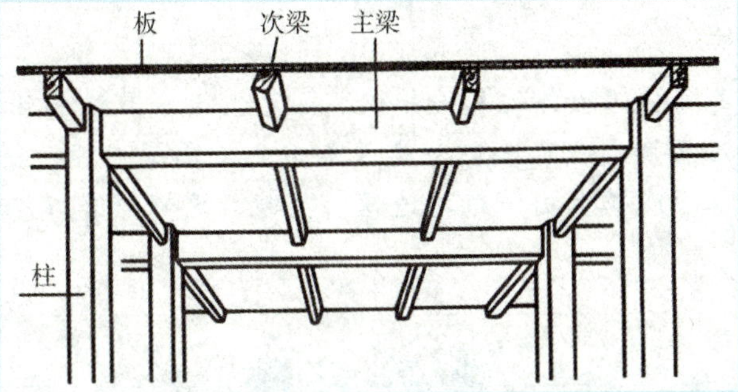

图 1-6　肋形楼盖

2. 井式楼盖

当房间平面形状接近正方形或柱网两个方向的尺寸接近相等时，由于建筑艺术的要求，常将两个方向的梁做成不分主次的等高梁，相互交叉，形成井式楼盖（图 1-7）。这种楼盖的板和梁在两个方向的受力比较均匀，常用于公共建筑的大厅等。

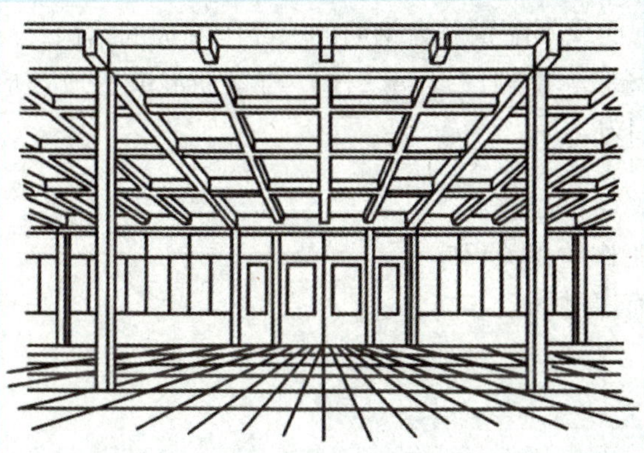
图 1-7　井式楼盖

3. 无梁楼盖

无梁楼盖没有梁，整个楼板直接支承在柱上（图 1-8）。因而它比肋形楼盖和井式楼盖的房间净空高，风、采光条件好。这种楼盖适用于厂房、仓库、商场等建筑。为了节约模板、加快施工进度，可采用升板法施工来建造这种楼盖。

图 1-8　无梁楼盖

项目小结

本项目主要介绍了施工准备的相关知识，主要包括施工技术与工程物资准备、施工现场与劳动组织准备和建筑结构的分类及其应用范围等内容。通过本项目的学习，帮助读者在实际施工中能够做出正确的选择和判断，更好地进行建筑工程施工，确保工程的质量和进度。

课后习题

一、填空题

1. ________为编制施工现场的“三通一平”（路通、水通、电通和场地平整）计划提供了依据。

2. ________是进行施工前必要的步骤，以确保物资供应的可靠性、质量和交付时间。

3. ________是由无筋或不配置受力钢筋的混凝土制成的结构。

4. 由砌体制成的竖向承重构件（墙、柱）与钢筋混凝土或预应力混凝土楼盖、屋盖组成的房屋建筑结构称为 ________。

二、简答题

1. 简述物资准备工作的相关程序。

2. 如何组织物料有序进场？

项目二 土方工程与基础工程施工

项目导读

土方工程具有工程量大、劳动繁重、工期长、施工条件复杂等特点。因工程多为露天作业，因此施工常受地区、气象、水文地质等影响。当工程结构荷载较大，地基土又较软弱，不能作为天然地基时，可对不同情况采取地基处理与加固方法，如地基换填、强夯地基、挤密桩等。随着我国地基处理设计水平的提高、施工工艺的不断改进和施工设备的更新，各种不良地基经过地基处理后，均能满足建造大型、重型或高层建筑的需求。

学习目标

知识目标

◆了解地基处理与加固的方法。

◆掌握换填垫层法、强夯法、挤密桩法地基施工工艺。

◆熟悉浅基础施工与桩基础施工操作工艺。

能力目标

◆能够开展人工回填土、机械回填土，具备基础工程施工的能力。

◆把握基础施工要点，具备处理基础工程常见质量事故的能力。

素质目标

培养学生努力学习专业技术知识，不断提高专业技能，严格执行建设行业有关标准、规范、规程和制度。

思政目标

培养学生扎实的专业知识和操作技能，注重安全环保，遵守规章制度，培养学生工匠精神和团队协作意识，使学生能够在土方和基础工程领域中勇挑重担，争创优秀。

任务工单

一、任务准备

收集土方工程施工、基坑开挖与回填和土方机械、基坑的验槽及质量验收的资料。

二、任务开展

1. 完成基坑验槽整个流程。验槽必备资料和条件；验槽前的准备工作；验槽的主要内容。

2. 完成回填土的整个工艺流程。人工回填土；机械回填土。

3. 安全教育。由指导人员对学生开展施工安全教育。

4. 评价指导。学生按照活动要求分组完成施工，教师进行评价指导。

三、任务评价

展示任务完成情况，并完成表 2-1 所示的考核评价表。

表 2-1　考核评价表

评价项目	评价内容	分值	评分		
			自评	互评	师评
职业素养考核项目（40%）	考勤、仪容仪表	10 分			
	安全意识、责任意识及服从意识	10 分			
	团队合作、沟通交流能力	10 分			
	保持场地、设备及工具等干净整洁	10 分			
专业能力考核项目（60%）	土方基本知识应用能力	20 分			
	土开挖机械及方式选择的能力	20 分			
	基坑验槽与处理的能力	20 分			
合计：综合分数________	自评（20%）+互评（20%）+师评（60%）	100 分			
综合评语		指导教师（签名）：			

任务一　基坑开挖与回填

土方施工必须遵循十六字原则：开槽支撑，先撑后挖，分层开挖，严禁超挖。施工中应防止地面水流入坑、沟内，以免边坡塌方。挖方边坡要随挖随撑，并支撑牢固，且在施工过程中应经常检查，如有松动、变形等现象，要及时加固或更换。土方工程施工机械的种类繁多，有推土机、铲运机、平土机、松土机、单斗挖土机及多斗挖土和各种碾压、夯实机械等。在土木工程施工中，推土机、铲运机和单斗挖土机应用较广，也具有代表性。

一、常用土方施工机械及选择

常用土方施工机械有以下三种。

（1）推土机

推土机具有操作灵活，运转方便，所需工作面小，可挖土、运土，易于转移，行驶速度快等特点，在工程上应用广泛。铲土时应根据土质情况，尽量采用最大切土深度并在最短距离（6~10 m）内完成，以便缩短低速运行时间，然后直接推运到预定地点。回填土和填沟渠时，铲刀不得超出土坡边沿。上下坡坡度不得超过35°，横坡坡度不得超过10°。几台推土机同时作业时，推土机的前后距离应大于8 m。

（2）铲运机

为了提高铲运机的生产效率，可以采取下坡铲土、推土机推土助铲等方法，缩短装土时间，使铲斗的土装得较满。使用铲运机时，要根据填、挖方区分布情况，结合当地具体条件，合理选择运行路线，以提高生产率。铲运机的运行路线一般有环形路线和“8”字形路线两种形式。

（3）单斗挖土机

单斗挖土机按工作装置不同，可分为正铲、反铲、拉铲和抓铲四种；按其操纵机构的不同，可分为机械式和液压式两类。液压式单斗挖土机的优点是能无级调速且调速范围大；快速作业时，惯性小，并能高速反转；转动平稳，可减少强烈的冲击和振动；结构简单，机身轻，尺寸小；附有不同的装置，能一机多用；操纵省力，易实现自动化。

土方开挖方式与机械选择可分为以下几种。

（1）平整场地

平整场地常由土方的开挖、运输、填筑和压实等工序组成。地势较平坦、含水量适中的大面积平整场地，选用铲运机较适宜。地形起伏较大，挖方、填方量大且集中的平整场地，运距在100 m以上时，可选择正铲挖土机配合自卸车进行挖土、运土，在填方区配备推土机平整及压路机碾压施工。挖填方高度均不大，运距在100 m以内时，采用推土机施工，既灵活又经济。

（2）地面上的坑式开挖

单个基坑和中小型基础基坑开挖，在地面上作业时，多采用抓铲挖土机和反铲挖土机。抓铲挖土机适用于开挖一、二类土质和较深的基坑；反铲挖土机适于开挖四类以下土质和深度在4 m以内的基坑。

（3）长槽式开挖

长槽式开挖指在地面上开挖具有一定截面、长度的基槽或沟槽，适于挖大型厂房的柱列基础和管沟，宜采用反铲挖土机；若为水中取土或土质为淤泥，且坑底较深，则可选择抓铲挖土机挖土。若土质干燥，槽底开挖不深，基槽长30 m以上，可采用推土机或铲运机施工。

（4）整片开挖

大型浅基坑且基坑土干燥时，可采用正铲挖土机开挖。若基坑内土潮湿，则采用拉铲或反铲挖土机，可在坑上作业。

（5）独立柱基础的基坑及小截面条形基础基槽的开挖

对于独立柱基础的基坑及小截面条形基础基槽的开挖，则采用小型液压轮胎式反铲挖土机配以翻斗车来完成浅基坑（槽）的挖掘和运土。

二、房屋定位与基坑（槽）土方开挖

1. 房屋定位

在基础施工之前根据建筑总平面图设计要求，将拟建房屋的平面位置和零点标高在地面上固定下来。定位一般用经纬仪、水准仪和钢尺等测量仪器，根据主轴线控制点，将外墙轴线的四个交点用木桩测设在地面上。房屋外墙轴线测定后，根据建筑平面图将内部纵横的所有轴线都一一测出，并用木桩及桩顶面小钉标识出来。

房屋定位后，根据基础的宽度、土质情况、基础埋置深度及施工方法，计算确定基槽（坑）上口开挖宽度，拉通线后用石灰在地面上画出基槽（坑）开挖的上口边线即放线。

2. 基坑（槽）土方开挖

（1）基槽开挖宽度的计算

当基槽（坑）底在地下水位以上时，每边留出工作面宽度为 300 mm，基槽放灰线尺寸为

$$d=a+2c \tag{2-1}$$

式中 d——基础放灰线宽，mm；

a——基础底宽，mm；

c——工作面宽，mm（一般取 300 mm）。

当留工作面并加支撑，基础埋置较深，场地又狭窄不能放坡时，为防止土壁坍塌，必须设置支撑。此时，放灰线尺寸除考虑基础底宽、工作面宽外，还需加上支撑所需尺寸（一般为 100 mm）。

$$d=a+2c+2\times100 \tag{2-2}$$

式中 d——基础放灰线宽，mm；

a——基础底宽，mm；

c——工作面宽，mm（一般取 300 mm）。

如果基槽深度超过《土方与爆破工程施工及验收规范》（GB 50201—2012）的规定时，即使土质良好且无地下水，亦需根据挖土深度和土质情况进行放坡。放灰线尺寸为

$$d=a+2c+2b \tag{2-3}$$

式中 b——放坡宽度，$b=mh$（m 为坡度系数；h 为基槽开挖深度）。

不放坡基槽留工作面如图 2-1 所示，放坡基槽留工作面如图 2-2 所示。

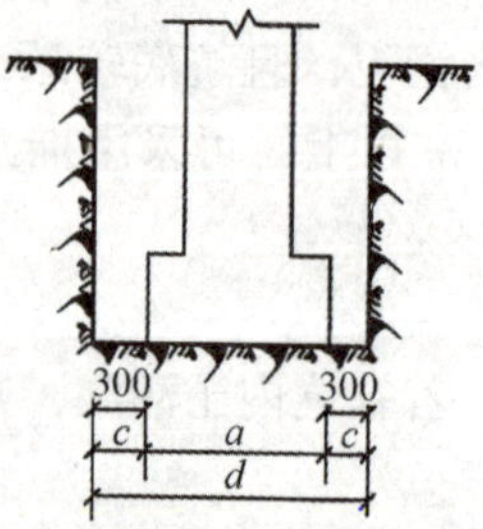

图 2-1 不放坡基槽留工作面（单位：mm）

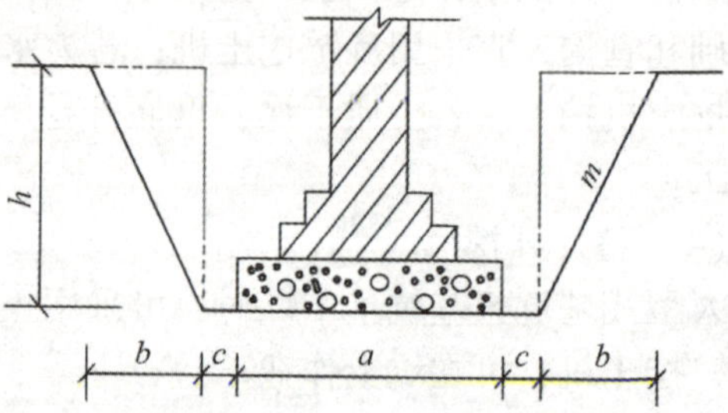

图 2-2 放坡基槽留工作面

(2) 土方开挖

基槽（坑）开挖有人工开挖和小型液压挖土机开挖两种形式。开挖基槽（坑）应按规定的尺寸，合理安排开挖顺序，分层进行，且连续施工。土方开挖的顺序、方法必须与设计工况一致，并遵循“开槽支撑，先撑后挖，分层开挖，严禁超挖”的原则。

提 示

一般情况下，土方开挖的工艺流程为确定开挖的顺序和坡度，沿灰线切出槽边轮廓线，分层开挖，修整槽边，清底。当基槽（坑）挖到离坑底0.5 m左右时，根据龙门板上标高及时用水准仪抄平，在土壁上打上水平桩，作为控制开挖深度的依据。

在开挖基槽（坑）之前，应检查龙门板、轴线桩有无走动现象，并根据设计图纸校核基础轴线的位置、尺寸及水准点的标高等。在施工过程中，基槽（坑）、管沟边堆置土方不应超过设计荷载。基槽（坑）土方施工中及雨后，应对支护结构、周围环境进行观察和监测，如出现异常情况应及时处理，待恢复正常后方可继续施工。基槽（坑）开挖时，要加强垂直高度方向的测量，防止超挖，防止搅动基底土层。对定位标准、轴线引桩、标准水准点、龙门板等，挖运时不得碰撞，并应经常测量和校核其面位置、水平标高和边坡坡度是否符合设计要求。定位标准和标准水准点，也应定期复测，检查是否正确。

知识链接

基坑开挖注意事项

土方开挖时，应防止邻近已有建筑物或构筑物、道路、管线等发生下沉或变形。必要时与设计单位或建设单位协商采取防护措施，并在施工中进行沉降和位移观测。

施工中如发现有测量用的永久性标桩或地质、地震部门设置的长期观测点等，应加以保护。在敷设地上或地下管道、电缆的地段进行土方施工时，应事先取得有关管理部门的书面同意，施工中应采取措施，以防止损坏管线。

施工中应当注意以下问题。

(1) 基底超挖，开挖基坑（槽）或管沟超过基底标高。个别地方超挖时，其处理方法应取得设计单位的同意，不得私自处理。

(2) 在软土地区进行桩基挖土时桩基位移。在密集群桩上开挖基坑时，应在打桩完成后，间隔一段时间，再对称挖土；在密集桩附近开挖基坑（槽）时，应事先确定防桩基位移的措施。

(3) 基底未保护。基坑（槽）开挖后应尽量减少对基土的扰动。基础不能及时施工时，可在基底标高以上留出0.3 m厚土层，待做基础时再挖掉。

(4) 施工顺序不合理。土方开挖宜先从低处进行，分层分段依次开挖，形成一定坡度，以利排水。

(5) 开挖尺寸不足。基坑（槽）或管沟底部的开挖宽度，除结构宽度外，应根据施工需要增加工作面宽度，如排水设施、支撑结构所需的宽度，在开挖前均应考虑。

(6) 基坑（槽）或管沟边坡不直不平。应加强检查，随挖随修，并要认真验收。

3. 基坑验槽

（1）验槽时必须具备的资料和条件

① 勘察、设计、建设（或监理）、施工等单位有关负责人员及技术人员到场。

② 基础施工图和结构总说明。

③ 详勘阶段的岩土工程勘察报告。

④ 开挖完毕，槽底无浮土、松土（若分段开挖，则每段条件相同），条件良好的基槽。

（2）无法验槽的情况

有下列条件之一，不能达到验槽的基本要求，无法验槽。

① 基槽底面与设计标高相差太大。

② 基槽底面坡度较大。

③ 槽底有明显的机械车辙痕迹，槽底土扰动明显。

④ 槽底有明显的机械开挖、未加人工清除的沟槽、铲齿痕迹。

⑤ 现场没有详勘阶段的岩土工程勘察报告或基础施工图和结构总说明。

（3）推迟验槽的情况

推迟验槽的情况有以下几种。

① 设计所使用承载力和持力层与勘察报告所提供不符。

② 场地内有软弱下卧层而设计方未说明相应的原因。

③ 场地为不均匀场地，勘察方需要进行地基处理而设计方未进行处理。

（4）验槽前的准备工作

验槽前的准备工作有以下几点。

① 查看结构说明和地质勘查报告，对比结构设计所用的地基承载力、持力层与报告所提供的是否相同。

② 询问、察看建筑位置是否与勘察范围相符。

③ 察看场地内是否有软弱下卧层。

④ 察看场地是否为特别的不均匀场地，以及是否存在勘察方要求进行特别处理，而设计方没有进行处理的情况。

⑤ 察看场地内是否有地下管线和相应的地下设施。

⑥ 察看场地是否处于采空影响区而未采取相应的地基、结构措施。

（5）验槽的主要内容

不同建筑物对地基的要求不同，基础形式不同，验槽的内容也不同。验槽的主要内容有以下几点。

① 根据设计图纸检查基槽的开挖平面位置、尺寸是否与设计图纸相符，开挖深度是否符合设计要求。

② 仔细观察槽壁、槽底的土质类型、均匀程度和异常土质是否存在，核对基坑土质及地下水情况是否与勘察报告相符。

③ 检查基槽之中是否有旧建筑物基础、古井、古墓、洞穴、地下掩埋物及地下人防工程等。

④ 检查核实分析钎探资料，对存在的异常点位进行复核检查。

（6）验槽方法

验槽方法通常主要采用观察法，而对于基底以下的土层，要先辅以钎探法配合共同完成。

① 观察槽壁、槽底的土质情况，验证基槽开挖深度，初步验证基槽底部土质是否与勘察报告相符，观察槽底土质结构是否被人为破坏。

② 观察基槽边坡是否稳定，是否有影响边坡稳定的因素存在，如地下渗水、坑边堆载或近距离扰动等（对难于鉴别的土质，应采用洛阳铲等工具挖至一定深度仔细鉴别）。

③ 观察基槽内有无旧的房基、洞穴、古井、掩埋的管道和人防设施等。如存在上述问题，应沿其走向进行追踪，查明其在基槽内的范围、延伸方向、长度、深度及宽度。

④ 在进行直接观察时，可用袖珍式贯入仪作为辅助工具。

（7）验槽注意事项

验槽时应重点观察柱基、墙角、承重墙下或其他受力较大部位，如有异常部位，要会同勘察、设计等有关单位进行处理。

三、土方回填与压实

1. 材料与施工要求

（1）材料要求

为了保证填方工程强度和稳定性方面的要求，必须正确选择填土的种类和填筑方法。

碎石类土、砂土和爆破石碴，可用作表层以下的填料。含水量符合压实要求的黏性土，可用作各层填料。碎块草皮和有机质含量大于8%的土，仅用于无压实要求的填方工程；淤泥和淤泥质土一般不能用作填料，但在软土或沼泽地区，经过处理其含水量符合压实要求后，可用于填方中的次要部位；含盐量符合规定的盐渍土，一般可以使用，但填料中不得含有盐晶、盐块或含盐植物的根茎。

碎石类土或爆破石碴用作填料时，其最大粒径不得超过每层铺填厚度的2/3。铺填时，大块料不应集中，且不得填在分段接头处或填方与山坡连接处。填方内有打桩或其他特殊工程时，块（漂）石填料的最大粒径不应超过设计要求。

含有大量有机物、石膏和水溶性硫酸盐（含量大于5%）的土和淤泥、冻土、膨胀土等，均不应作为填方土料；以黏土为土料时，应检查其含水量是否在控制范围内，含水量大的黏土不宜做填土用；碎石类土、砂土和爆破石渣可作表层以下填料，其最人粒径不得超过每层铺垫厚度的2/3。

（2）施工要求

填方前，应根据工程特点、填料种类、设计压实系数、施工条件等因素合理选择压实机具，并确定填料含水量控制范围、铺土厚度和压实遍数等参数。填土应尽量采用同类土填筑。如采用不同类填料分层填筑时，上层宜填筑透水性较小的填料，下层宜填筑透水性较大的填料。填方基土表面应做成适当的排水坡度，边坡不得用透水性较小的填料封闭。填方施工应接近水平的分层填筑。当填方位于倾斜的地面时，应先将斜坡挖成阶梯状，再分层填筑以防填土横向移动。填土应按整个宽度水平分层进行，当填方位于倾斜的山坡时，应将斜坡修筑成1∶2阶梯形边坡后施工，以免填土横向移动，并尽量用同类土填筑。

回填施工前，填方区的积水采用明沟排水法排除，并清除杂物。

2. 填土的压实方法

填土的压实方法一般有碾压、夯实、振动压实等几种。

（1）碾压法

碾压法是指利用沿着填筑表面滚动的鼓筒或轮子的压力压实土壤，主要用于大面积的填土工程，如场地平整、大型车间的室内填土等。碾压机械包括平滚碾（压路机）、羊足碾和气胎碾，碾压机械进行大面积填方碾压时，宜采用“薄填、低速、多遍”的方法。其中，平滚碾适用于碾压黏性和非黏性土；羊足碾只能用来压实黏性土；气胎碾压实的土壤较为均匀，故其填土质量较好。

（2）夯实法

夯实法是指利用夯锤自由下落的冲击力来夯实土壤的方法，适用于小面积填土的压实。夯实机械有夯锤、内燃夯土机和蛙式打夯机等。夯实法的优点是可以夯实较厚的土层。

（3）振动法

振动法是指将重锤放在土层的表面或内部，借助于振动设备使重锤振动，使土壤颗粒发生相对位移达到紧密状态，此法用于振实非黏性土效果良好。

3. 填土质量检查

填土压实后要达到密实度要求，填土密实度以设计规定的控制干密度 ρ_d（或规定的压实系数 λ）作为检查标准。土的控制干密度与最大干密度之比称为压实系数。土的最大干密度乘以规范规定或设计要求的压实系数，即可计算出填土控制干密度 ρ_d 的值。土的实际干密度可用“环刀法”测定。填方施工结束后，应检查标高、边坡坡度、压实程度等，填土工程质量检验标准应符合表 2-2 的规定。

表 2-2　填土工程质量检验标准　　单位：mm

<table>
<tr><th rowspan="3">项目</th><th rowspan="3">序号</th><th rowspan="3">检验项目</th><th colspan="5">允许偏差或允许值</th><th rowspan="3">检验方法</th></tr>
<tr><th rowspan="2">柱基基坑基槽</th><th colspan="2">场地平整</th><th rowspan="2">管沟</th><th rowspan="2">地（路）面基层</th></tr>
<tr><th>人工</th><th>机械</th></tr>
<tr><td rowspan="2">主控项目</td><td>1</td><td>标高</td><td>−50</td><td>±30</td><td>±50</td><td>−50</td><td>−50</td><td>水准仪</td></tr>
<tr><td>2</td><td>分层压实系数</td><td colspan="5">设计要求</td><td>按规定方法</td></tr>
<tr><td rowspan="3">一般项目</td><td>1</td><td>回填土料</td><td colspan="5">设计要求</td><td>取样检查或直接鉴别</td></tr>
<tr><td>2</td><td>分层厚度及含水量</td><td colspan="5">设计要求</td><td>水准仪及抽样检查</td></tr>
<tr><td>3</td><td>表面平整度</td><td>20</td><td>20</td><td>20</td><td>20</td><td>20</td><td>用靠尺或水准仪</td></tr>
</table>

四、人工回填土

1. 施工准备

（1）材料及主要机具

宜优先利用基槽中挖出的土，但不得含有有机杂质，使用前应过筛，其粒径不大于 50 mm，含水量应符合规定。主要机具有蛙式或柴油打夯机、手推车、筛子（孔径 40～60 mm）、木耙、铁锹（尖头与平头）、2 m 靠尺、胶皮管、小线和木折尺等。

（2）作业条件

施工前应根据工程特点、填方土料种类、密实度要求、施工条件等，合理地确定填方土料含水量的控制范围、虚铺厚度和压实遍数等参数；重要回填土方工程，其参数应通过压实试验来确定。回填前应对基础、箱型基础墙或地下防水层、保护层等进行检查验收，并且要办好隐检手续。其基础混凝土强度应达到规定的要求，方可进行回填土。

施工前，应做好水平标志，以控制回填土的高度或厚度。如在室内和散水的边墙上弹上水平线或在地坪上钉上标高控制木桩。

2. 施工工艺

工艺流程：基坑（槽）底清理→检验土质→分层铺土→耙平→夯打密实→检验密实度→找平验收。

（1）基坑（槽）底清理

填土前应将基坑（槽）底的垃圾杂物等清理干净；肥槽回填，必须清理到基础底面标高，将回落的松散土、砂浆、石子等清除干净。

（2）检验土质

检验回填土的含水量是否在控制范围内，如含水量偏高，可采用翻松、晾晒或均匀掺入干土等措施；如遇回填土的含水量偏低，可采用预先洒水润湿等措施。

（3）分层铺土、耙平

回填土应分层铺摊，每层铺土厚度应根据土质、密实度要求和机具性能确定，再用一般蛙式打夯机打平。每层铺土厚度为200~250 mm，人工打夯厚度不大于200 mm，每层铺摊后，随之耙平。

（4）夯打密实

回填土每层至少夯打三遍。打夯应一夯压半夯，夯夯相连，行行相连，纵横交叉，并且严禁采用浇水使土下沉的所谓“水夯法”。深浅两基坑（槽）相连时，应先填夯深基坑，填至浅基坑标高时，再与浅基坑一起填夯。如必须分段填夯时，交接处应填成阶梯形，上下层错缝距离不小于1.0 m。

基坑（槽）回填应在相对两侧或四周同时进行。基础墙两侧标高不可相差太多，以免把墙挤歪；较长的管沟墙，应采用内部加支撑的措施。回填房心及管沟时，为防止管道中心线位移或损坏管道，应用人工先在管子两侧填土夯实，并应由管道两边同时进行，直至管顶0.5m以上时，在不损坏管道的情况下，方可采用蛙式打夯机夯实。在抹带接口处、防腐绝缘层或电缆周围，应回填细粒料。

（5）检验密实度

回填土每层填实后，应按规范规定进行环刀取样，测出干土的质量密度，达到要求后，再进行上一层的铺土。

（6）找平验收

填土全部完成后，应进行表面拉线找平，凡高出允许偏差的地方，及时依线铲平；凡低于标准高程的地方应补土夯实。

提　示

雨期施工时，基坑（槽）或管沟的回填应连续进行，尽快完成。施工中应防止地面水流入基坑（槽）内，以免边坡塌方或基土遭到破坏。现场应有防雨排水措施。

3. 质量标准

基底处理、回填的土料必须符合设计要求和施工规范的规定。回填土必须按规定分层夯压密实。取样测定夯压实后土的干土质量密度，其合格率不应小于90%；不合格的干土质量密度的最低值与设计值的差不应大于0.08 g/cm^3，且不应集中，环刀法取样的方法及数量应符合规定。

回填土工程允许偏差项目如表2-3所示。

表2-3 回填土工程允许偏差项目

项次	项目	允许偏差/mm	检验方法
1	顶板标高	+0，-50	用水准仪或拉线尺量检查
2	表面平整度	20	用2 m靠尺和楔形塞尺检查

4. 成品保护与注意事项

（1）成品保护

施工时，应注意保护定位桩、轴线桩、标高桩，防止碰撞位移。夜间施工时，应合理安排施工顺序，设有足够的照明设施，防止铺填超厚，严禁汽车直接倒土入槽。基础或管沟的现浇混凝土应达到一定强度，不致因填土而受损坏时，方可回填。管沟中的管线、肥槽内从建筑物伸出的各种管线，均应妥善保护后，再按规定回填土料。

（2）注意事项

① 未按要求测定土的干土质量密度。回填土每层都应测定夯实后的干土质量密度，检验其密实度，符合设计要求才能铺摊上层土。试验报告要注明土料种类、干土质量密度、试验日期、试验结论并需试验人员签字。未达到设计要求的部位应有处理方法和复验结果。

② 回填土下沉。虚铺土超过规定厚度或冬季施工时有较大冻土块，或夯实不够遍数甚至漏夯，坑（槽）底有机物或落土清理不干净，以及冬期散水、施工用水渗入垫层中，回填土受冻膨胀等原因都会造成回填土下沉。这些问题均应在施工中认真执行规范规定，发现后须及时纠正。

③ 管道下部夯填不实。管道下部应按要求填夯回填土，如果漏夯或夯不实会造成管道下方空虚，造成管道折断而渗漏。

④ 回填土夯压不密。回填土太干时，应在夯压时对干土进行适当洒水加以润湿；回填土太湿时，同样夯不密实呈“橡皮土”现象，这时应将“橡皮土”挖出，重新换好土再夯实。

五、机械回填土

1. 材料要求与作业条件

（1）材料要求

碎石类土、砂土（使用细砂、粉砂时应取得设计单位同意）和爆破石碴，可用作表层以下填料。这类土的最大粒径不得超过每层铺填厚度的2/3或3/4（使用振动碾时），含水量应符合规定。

黏性土应检验其含水量，达到设计控制范围后方可使用。

盐渍土一般不可使用。但填料中不含有盐晶、盐块或含盐植物的根茎，并符合《土方与爆破工程施工及验收规范》中规定的盐渍土则可以使用。

（2）作业条件

施工前应根据工程特点、填方土料种类、密实度要求、施工条件等，合理地确定填方土料含水量控制范围、虚铺厚度和压实遍数等参数；重要回填土方工程，其参数应通过压实试验来确定。做好水平高程标志布置。填土前应对填方基底和已完工程进行检查与中间验收，合格后要做好隐蔽检查和验收手续。土方机械和车辆的行走路线应事先经过检查，必要时要进行加固加宽等准备工作，同时要编制好施工方案。

2. 主要机具

（1）装运土方机械：铲土机、自卸汽车、推土机、铲运机及翻斗车等。

（2）碾压机械：平碾、羊足碾和振动碾等。

（3）一般机具：蛙式或柴油式打夯机、手推车、铁锹（平头或尖头）、钢尺、20 号铅丝、胶皮管等。

3. 施工工艺

工艺流程：基坑底地坪上清理→检验土质→分层铺土→分层碾压密实→检验密实度→找平验收。

（1）基坑底地坪上清理

填土前，应将基土上的洞穴或基底表面上的树根、垃圾等杂物都处理完毕，清除干净。

（2）检验土质

检验回填土料的种类、粒径，有无杂物，是否符合规定，以及土料的含水量是否在控制范围内。

（3）分层铺土

填土应分层铺摊，每层铺土的厚度应根据土质、密实度要求和机具性能确定，如表 2-4 所示。

表 2-4 填土每层的铺土厚度和压实遍数

压实机具	每层铺土厚度/mm	每层压实遍数
平碾	200~300	6~8
羊足碾	200~350	8~16
振动碾	600~1 500	6~8
蛙式、柴油式打夯机	200~250	3~4

（4）分层碾压密实

用碾压机械压实填方时，应控制行驶速度。碾压时，轮（夯）迹应相互搭接，防止漏压或漏夯。长宽比较大时，填土应分段进行。每层接缝处应做成斜坡形，碾迹重叠。重叠距离为 0.5~1.0 m，上下层错缝距离不应小于 1 m。填方超出基底表面时，应保证边缘部位的压实质量。填土后，如设计不要求边坡修整，宜将填方边缘的宽填取为 0.5 m；如设计要求边坡修平拍实，宽填可为0.2 m。机械施工碾压不到的填土部位，应配合人工推土填充，用蛙式或柴油打夯机分层夯打密实。

（5）检验密实度

回填土方每层压实后，应按规范进行环刀取样，测出干土的质量密度，达到要求后，再进行上一层的铺土。

（6）找平验收

填方全部完成后，表面应进行拉线找平，凡超过标准高程的地方，应及时依线铲平；凡低于标准高程的地方，应补土找平夯实。

冬期施工室外平均气温在-5 ℃以上时，填方高度不受限制；平均温度在-5 ℃以下时，填方高度不宜超过表2-5的规定。但用石块和不含冰块的砂土（不包括粉砂）、碎石类土填筑时，可不受表内填方高度的限制。

表2-5　冬期填方高度限制

平均气温/℃	填方高度/m
-10~-5	4.5
-15~-11	3.5
-20~-16	2.5

冬期回填土方，每层铺筑厚度应比常温施工时减少20%~25%，其中冻土块体积不得超过填方总体积的15%；其粒径不得大于150 mm。铺冻土块要均匀分布，逐层压（夯）实。回填土方的工作应连续进行，防止基土或已填方土层受冻，并且要及时采取防冻措施。

4. 质量标准

（1）基底处理必须符合设计要求或施工规范的规定。

（2）回填的土料必须符合设计要求或施工规范的规定。

（3）回填土必须按规定分层夯压密实。取样测定压实后的干土质量密度，其合格率不应小于90%；不合格的干土质量密度的最低值与设计值的差，不应大于0.08 g/cm^3，且不应集中。环刀取样的方法及数量应符合规定。

5. 成品保护与注意事项

（1）成品保护

施工时，不得碰撞定位标准桩、轴线控制极、标准水准点及龙门板等，也不得在龙门板上休息。并应定期复测检查这些标准桩点是否正确。

夜间施工时，应合理安排施工顺序，要有足够的照明设施。防止铺填超厚，严禁用汽车直接将土倒入基坑（槽）内。但大型地坪不受限制。

基础或管沟的现浇混凝土应达到一定强度，不会因回填土而受破坏时，方可回填土方。

（2）注意事项

① 未按要求测定土的干土质量密度。回填土每层都应测定夯实后的干土质量密度，当其符合设计要求后才能铺摊上层土。试验报告要注明土料种类、试验日期、试验结论，并由试验人员签字。未达到设计要求的部位，应有处理方法和复验结果。

② 回填土下沉。当虚铺土超过规定厚度、冬期施工时有较大的冻土块、夯实不够遍数、漏夯、基底有机物或树根等杂物清理不彻底等情况时，会造成回填土下沉。为此，应在施工中认真执行规范的有关规定，并要严格检查，发现问题及时纠正。

③ 回填土夯压不密实。回填土太干时，应在夯压时对干土进行适当洒水加以润湿；回填土太湿时，应重新换好土再予夯实。

④ 在地形、工程地质复杂地区内填方，且对填方密实度要求较高时，应采取设排水暗沟、护坡桩等措施，以防填方土粒流失，造成不均匀下沉和坍塌等事故。

⑤ 填方基土为杂填土时，应按设计要求加固地基，并要妥善处理基底下的软硬点、空洞、旧基和暗塘等。

⑥ 回填管沟时，为防止管道中心线发生位移或损坏管道，应用人工先在管子周围填土夯实，并从管道两边同时进行，直至管顶以上，在不损坏管道的情况下，可采用机械回填和压实。

⑦ 在抹带接口处、防腐绝缘层或电缆周围，应使用细粒土料回填。

⑧ 填方应按设计要求预留沉降量，如设计无要求时，可根据工程性质、填方高度、填料种类、密实要求和地基情况等，与建设单位共同确定（沉降量一般不超过填方高度的3%）。

任务二　地基处理

一、地基处理的目的

当建筑物的地基强度不足、压缩性过大或不均匀时，为保证建筑物的安全与正常使用，有时必须考虑对地基进行人工处理。需要处理的地基大多为软弱土和不良土，主要有软黏土、湿陷性黄土、杂填土、饱和粉细砂与粉土地基、膨胀土、泥炭土、多年冻土、岩溶和土洞等。随着我国经济建设的发展和科学技术的进步，高层建筑物和重型结构物不断修建，对地基的强度和变形要求越来越高。因此，地基处理问题也就越来越广泛和重要。

在软弱地基上建造工程，可能会发生以下问题：沉降或差异沉降大、地基沉降范围大、地基剪切破坏、承载力不足、地基液化、地基渗漏、管涌等一系列问题。地基处理的目的，就是针对这些问题，采取适当的措施来改善地基条件，这些措施主要包括以下几个方面。

1. 改善剪切特性

地基的剪切破坏以及在土压力作用下的稳定性，取决于地基土的抗剪强度。因此，为了防止剪切破坏以及减轻土压力，需要采取一定的措施以增加地基土的抗剪强度。

2. 改善压缩特性

需要研究采用何种措施来提高地基土的压缩模量，借以减少地基土的沉降。另外，防止侧向流动（塑性流动）产生的剪切变形，也是改善剪切特性的目的之一。

3. 改善透水特性

由于在地下水的运动中所出现的问题，因此，需要研究采取某种措施使地基土变成不透水或减轻其水压力。

4. 改善动力特性

地震时，饱和松散粉细砂（包括一部分粉土）将会产生液化，因此，需要研究采取某种措施防止地基土液化，并改善其振动特性以提高地基的抗震性能。

5. 改善特殊土的不良地基特性

改善特殊土的不良地基特性是指消除或减少黄土的湿陷性和膨胀土的胀缩性等特殊土的不良地基的特性。

二、换填垫层法地基施工

1. 换填法的作用及适用范围

换填法是将基础底面以下一定范围内的软弱土层挖除，然后回填砂、碎石、灰土或素土等强度较大的材料，分层夯压密实后作为地基垫层，也称换土垫层法。垫层按回填材料的不同可分为砂垫层、碎石垫层、灰土垫层和素土垫层等。不同的材料的力学性质也不同，但它们的作用和计算原理相同。

（1）换土垫层的作用

① 提高地基的承载力。挖除原来的软弱土质，换填强度高、压缩性低的砂石垫层，可以提高地基的承载力。

② 减少地基沉降量。通过砂石垫层的应力扩散作用，减小了垫层下天然软弱土层所受附加压力，因而减小了地基的沉降量。

③ 加速软弱土层的排水固结。砂、石垫层透水性大，软弱土层受压力后，砂、石垫层作为良好的排水面，使孔隙水压力迅速消散，从而加速了软土固结过程。

④ 防止冻胀和消除膨胀土地基的胀缩作用。由于砂、石等粗颗粒材料的孔隙大，不会出现毛细管现象，因此用砂石垫层可以防止水的集聚而产生的冻胀。在膨胀土地基上用砂石垫层代替部分或全部膨胀土，可以有效地避免土的胀缩作用。

（2）换土垫层的适用范围

换土垫层法适用于淤泥、淤泥质土、湿陷性黄土、素填土、杂填土及暗沟、暗塘等的浅层处理，且多用于多层或低层建筑的条形基础或独立基础的情况，换土的宽度与深度有限，既经济又安全。

提 示

砂垫层不宜用于处理湿陷性黄土地基，因为砂垫层较大的透水性反而易引起黄土的湿陷。用素土或灰土垫层处理湿陷性黄土地基，可消除 1~3 m 厚黄土的湿陷性。

对于不同的工程，砂垫层的作用是不一样的，在房屋建筑工程中主要起换土作用，而在路堤和土坝工程中则主要起排水固结作用。

下面以砂垫层为例，介绍垫层计算方法和施工要求。

2. 砂垫层的设计与计算

砂垫层设计应满足建筑物对地基的强度和变形的要求。具体内容就是确定合理的砂垫层断面，即厚度和宽度。对于起换土作用的垫层既要有足够的厚度置换可能被剪切破坏的软弱土层，又要有足够的宽度以防止砂垫层的两侧挤出。

（1）砂垫层的厚度

用一定厚度的砂垫层置换软弱土层后，上部荷载通过砂垫层按一定扩散角传递到下卧土层顶面上的全部压力，不应超过下卧土层的容许承载力，如图 2-3 所示。

$$p_z+p_{cz}\leqslant f_{az} \tag{2-4}$$

式中　p_z——相应于荷载效应标准组合时，垫层顶面处的附加应力，kPa；

p_{cz}——垫层底面处自重压力标准值，kPa；

f_{az}——垫层底面处下卧土层经修正后的地基承载力特征值，kPa。

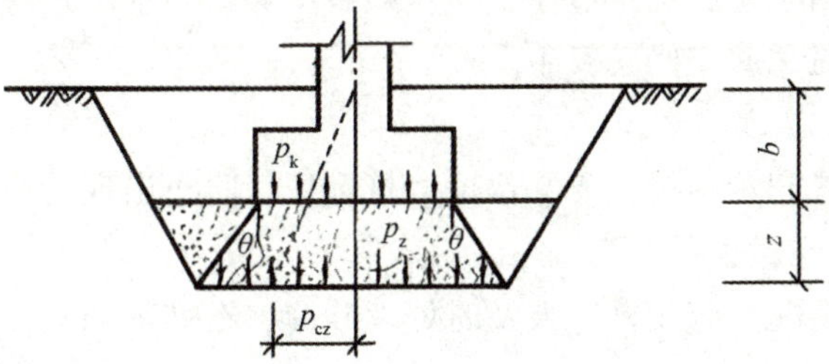

图 2-3　垫层剖面

垫层的厚度不宜大于 3 m。垫层底面处的附加压力值 p_z 可分别按下式简化计算。

条形基础
$$p_z=\frac{b(p_k-p_c)}{b+2z\tan\theta} \tag{2-5}$$

矩形基础
$$p_z=\frac{bl(p_k-p_c)}{(b+2z\tan\theta)(l+2z\tan\theta)} \tag{2-6}$$

式中　b——矩形基础或条形基础底面宽度，m；

l——矩形基础底面长度，m；

p_k——相应于荷载效应标准组合时，基础底面平均压力值，kPa；

p_c——基础底面处土的自重压力值，kPa；

z——基础底面下垫层的厚度，m；

θ——垫层的压力扩散角，按表 2-6 采用。

表 2-6　压力扩散角

单位：(°)

z/b	换填材料		
	碎石土、砾砂、粗中砂、石屑、矿渣	粉质黏土和粉煤灰（8<l<14）	灰土
0.25	20	6	28
≥0.50	30	23	28

（2）垫层的宽度

垫层的宽度应满足两方面要求：一是满足应力扩散要求；二是防止侧面土的挤出。垫层底面的宽度目前常用地区经验确定，或依下式计算。

$$b'=b+2z\tan\theta \tag{2-7}$$

式中　b'——垫层底面宽度，m。

当 $z/b<0.25$ 时，取 $\theta=0°$；当 $0.25<z/b<0.5$ 时，θ 可由内插值法求得。

垫层顶面宽度宜超出基础底面每边不小于 300 mm，或从垫层底面两侧向上按开挖基坑的要求放坡。砂垫层的承载力应通过现场试验确定。一般工程当无试验资料时可按《建筑地基基础设计规范》选用，并应验算下卧层的承载力。对于重要的建筑物或垫层下存在软弱下卧层的建筑，还应进行地基变形计算。对超出原地面标高的垫层或换填材料密度显然高于天然土密度的垫层，应考虑其附加荷载对建筑物的沉降影响。

3. 施工中的质量问题

（1）大面积下沉

大面积下沉多是由于分层铺筑过厚、碾压遍数不够、洒水不足等原因所致，因此必须严格执行操作工艺，避免此类问题发生。

（2）局部下沉

对于局部下沉边缘和转角处，务必保证夯打到位，防止出现类似问题。

（3）级配不良

对于级配不良的情况，应安排专人及时处理砂窝、石堆等问题，确保砂石具有良好的级配。

（4）砂石地基铺筑厚度

在铺筑厚度方面，位于地下水位以下的砂石地基，最下层的铺筑厚度可适当增加 50 mm，以保证施工质量。

（5）密实度不符合要求

必须坚持分层检查砂石地基的质量，确保每层的干砂质量密度符合规定，方可进行下一层的施工。

（6）砂石垫层厚度

砂石垫层的厚度不宜小于 100 mm；冻结的天然砂石不得使用。

三、强夯法地基施工

强夯法指的是为提高软弱地基的承载力，用重锤自一定高度下落夯击土层使地基迅速固结的方法。强夯法适用于碎石土、砂土、低饱和度粉土、黏性土、湿陷性黄土、高回填土、杂填土等地基加固工程，也可用于粉土及粉砂液化的地基加固工程，但不得用于不允许对工程周围建筑物和设备有一定振动影响的地基加固工程，必须用时，应采取防振、隔振措施。经过处理后的地基既提高了地基土的强度，又降低了其压缩性，同时还能改善其抗振动液化的能力，所以这种处理方法还常用于处理可液化砂土地基等。

1. 施工准备

（1）主要机具设备

① 夯锤。锤重可取 10～40 t，底面形式宜采用圆形或多边形。夯锤的材质最好为铸钢，如条件所限，则可用钢板壳内填混凝土。

② 起重机械。宜选用 15 t 以上带有自动脱钩装置的履带式起重机或其他专用的起重设备。当起重机吨位不够时，亦可采取加钢支架的办法，起重能力应大于夯锤质量的 1.5 倍。

③ 自动脱钩器。要求有足够强度，起吊时不产生滑钩；脱钩灵活，能保持夯锤平稳下落，同时挂钩方便、快捷。

④ 推土机。可选用 T-140 型，用于平场、整平夯坑和作地锚。

⑤ 检测设备。有标准贯入重型触探或轻便触探、静力承载力等设备和土工常规试验仪器。

（2）作业条件

① 应有工程地质勘探报告、强夯场地平面图及设计对强夯的夯击能、压实度、加固深度、承载力要求等技术资料。强夯范围内的所有地上、地下障碍物及各种地下管线已经拆除或拆迁，对不能拆除的已采取防护措施。

② 场地已整平，并修筑了机械设备进出道路。表面松散土层已经碾压，雨期施工时周边已挖好排水沟，以防止场地表面积水。已选定试夯区做强夯试验，通过原位试夯和测试，确定强夯施工的各项技术参数，制订强夯施工方案。

③ 当作业区地下水位较高或表层为饱和黏性土层不利于强夯时，应先在表面铺 0.5~2.0 m 厚的砂砾石或块石垫层，以防设备下陷和便于消散孔隙水压，或采取降低地下水位措施后强夯。当强夯所产生的振动对周围邻近建（构）筑物有影响时，应在靠建（构）筑物一侧挖减振沟或采取适当加固防振措施，并设观测点。

④ 测量放线，按设计图坐标定出强夯场地边线，钉木桩、撒白灰标出夯点位置，并在不受强夯影响的场地外缘，设置若干个水准基点。

2. 施工工艺

（1）工艺流程

强夯法施工工艺流程：清理整平场地→标出第一遍夯点位置，测量场地高程→起重机就位，夯锤对准夯点位置→测量夯前锤顶高程→将夯锤吊到预定高度，脱钩自由下落进行夯击，测量锤顶高程→重复夯击，按规定夯击次数及沉量差控制标准，完成一个夯点的夯击→重复以上工序，完成第一遍全部夯点的夯击→用推土机将夯坑填平，测量场地高程→在规定的间隔时间后，按上述程序逐次完成全部夯击遍数→用低能量满夯，将场地表层松土夯实，并测量夯后场地高程。

（2）施工操作要点

强夯前应通过试夯确定施工技术参数，试夯区平面尺寸不宜小于 20 m×20 m。在试夯区夯击前，应选点进行原位测试，并取原状土样，测定有关土性数据，如符合设计要求，即可按试夯时的有关技术参数，确定正式强夯的技术参数。否则，应对有关技术参数进行适当调整或补夯。

强夯应分段进行，从边缘夯向中央。对厂房柱基可一排一排夯，起重机直线行驶，从一边向另一边进行，每夯完一遍，用推土机整平场地，放线定位，即可接着进行下一遍夯击。强夯法的加固顺序：先深后浅，即先加固深层土，再加固中层土，最后加固表层土。两遍点夯完成后，再以低能量满夯一遍，有条件的宜采用小夯锤夯击。强夯法的有效加固深度如表 2-7 所示。

表 2-7　强夯法的有效加固深度　　单位：m

单击夯击能/（kN·m）	碎石土、砂土等粗颗粒土	粉土、黏性土、湿陷性黄土等细颗粒土
1 000	5.0~6.0	4.0~5.0
2 000	6.0~7.0	5.0~6.0
3 000	7.0~8.0	6.0~7.0
4 000	8.0~9.0	7.0~8.0
5 000	9.0~9.5	8.0~8.5
6 000	9.5~10.0	8.5~9.0
8 000	10.0~10.5	9.0~9.5

夯击过程中，每点夯击均要用水平仪进行测量，保证最后两击沉量差满足规范要求。夯击一遍完成后，应测量场地平均下沉量，并做好现场施工记录。强夯结束，待孔隙水压力消散后，间隔 1~2 周后进行检测，检测点一般不少于 3 处。

3. 施工质量标准

（1）验收批划分原则

竣工后的结果（地基压实度或承载力）必须达到设计要求的标准。压实度检验数量为每单位工程不应少于 6 点，1 000 m^2 以上工程，至少应有 6 点，以后每增加 1 000 m^2 则增加 1 点。承载力一般一个工程只做 1 或 2 组，或按设计要求。每一个独立基础下至少应有 1 个压实度检验点或触探，基槽每 20 延米应有 1 点。

（2）主控项目

强夯地基主控项目质量检验标准应符合表 2-8 的规定。

施工结束后，检查被夯地基强度、承载力，消除湿陷程度及液化程度。

（3）一般项目

施工前应检查夯锤质量、尺寸，落距控制手段。施工中应检查夯锤落距、夯击遍数及顺序、夯点间距、夯击范围、前后两遍间歇时间等。

强夯地基一般项目质量检验标准应符合表 2-8 的规定。

表 2-8　强夯地基质量检验标准项目

项目	序号	检验项目	允许偏差和允许值	检验方法
主控项目	1	地基压实度	设计要求	按规定方法
	2	地基承载力	设计要求	按规定方法
一般项目	1	夯锤落距/mm	±300	钢索设标志
	2	锤重/kg	±100	称重
	3	夯击击数及顺序	设计要求	计数法
	4	夯击间距/mm	±500	用钢尺量
	5	夯击范围（超出基础范围距离）	设计或规范要求	用钢尺量
	6	前后两遍间歇时间	设计或规范要求	设计或规范要求

（4）特殊工艺、关键控制点控制方法

特殊工艺、关键控制点控制方法如表 2-9 所示。

表 2-9　特殊工艺、关键控制点控制方法

序号	关键控制点	主要控制方法
1	夯前原位测试	强夯前应做好夯区岩土工程勘察，对不均匀土层适当增加钻孔和原位测试工作，掌握土质情况，用于制订强夯方案和对比夯前、夯后的加固效果，必要时进行现场试验性强夯，确定强夯的各项参数
2	夯后原位测试	夯击后应对地基土进行原位测试，包括室内土工分析试验、野外标准贯入、静力（轻便）触探、旁压仪（或野外载荷试验），测定有关数据，以检验地基的实际影响深度
3	检测时间	检测强夯的测试工作时间，不得在强夯后立即进行，必须根据不同土质条件间歇一至数周，以避免测得的土体强度偏低，而出现较大误差，影响测试的准确性

（5）其他质量控制要求

① 强夯施工前不允许地表水存在，并应挖去含水量较大的土方。

② 强夯过程中如发现橡皮土现象，应停止对该区域的施工，挖去该部分土方并填入含水量符合要求的土方重新施工。

③ 强夯施工时，夯击点中心位移偏差应小于 15 cm。

④ 质检员在施工过程中要严格抽查，严禁少打多记或多打少记。

⑤ 雨天禁止强夯施工，晴天时，夯坑尽量裸露晾晒，使土层含水量加速蒸发。严禁夯坑内带水作业。

⑥ 强夯后，夯坑内出现地下冒出的积水，应采用水泵等措施排除。

⑦ 强夯施工，当坑底倾斜大于 30°时，应加料将坑底填平，再进行施工。

⑧ 按设计要求检查每个夯点的夯击次数和每击的夯沉量。

⑨ 强夯锤底面积 A 和锤底静压强 p 参照表如表 2-10 所示。

表 2-10　强夯锤底面积 A 和锤底静压强 p 参照表

土的名称	湿陷性黄土	一般黏性土、粉土	砂土、碎石土、人工填土等
锤底面积 A/m^2	4~6	3~4	2~4
锤底静压强 p/kPa	25~35	35~40	40~45

四、挤密桩法地基施工

挤密桩法是软土地基加固处理的方法之一。通常在湿陷性黄土地区使用较广，用冲击或振动方法，把圆柱形钢质桩管打入原地基，拔出后形成桩孔，然后进行素土、灰土、石灰土、水泥土等物料的回填和夯实，从而达到形成较大直径的桩体，并同原地基一起形成复合地基。

1. 灰土挤密桩地基施工

（1）施工材料要求

① 土料可采用就地挖出的黏性土及塑性指数大于4的粉土，不得使用含有有机杂质或用耕植土；土料应过筛，其颗粒直径不应大于15 mm。

② 石灰应用I级以上新鲜的块灰，使用前1~2天消解并过筛，其颗粒直径不应大于5 mm，不得夹有未熟化的生石灰块粒及其他杂质，也不得含有过多的水分。

③ 对选定的石灰和土进行原材料和土工试验，确定石灰土的最大干密度、最佳含水量等技术参数。灰土桩的石灰剂量占12%（质量比），配制时确保充分拌和及颜色均匀一致，灰土的夯实最佳含水量宜控制在21%~26%，加水时边拌和边加水，确保灰土的含水量为最优含水量。

（2）主要机具设备

① 成孔设备。0.6 t或1.2 t柴油打桩机或自制锤击式打桩机，亦可采用冲击钻或洛阳铲。

② 夯实设备。卷扬机、提升式夯机或偏心轮夹杆式夯实机及梨形锤。

③ 主要工具。铁锹、量斗、水桶、胶管、喷壶、铁筛、手推胶轮车等。

（3）作业条件

① 岩土工程勘察报告、基础施工图纸、施工组织设计应齐全。

② 施工场地地面上所有障碍物和地下管线、电缆、旧基础等均需全部拆除，保证场地表面平整。沉管振动对邻近结构物有影响时，需采取有效保护措施。

③ 施工场地进行平整，对桩机运行的松软场地进行预压处理，场地形成横坡，做好临时排水沟，保证排水畅通。

④ 设置桩轴线控制桩及水准点桩并编号。桩孔位置已经放线并钉标桩定位或撒石灰。

⑤ 已进行成孔、夯填工艺和挤密效果试验，确定有关施工工艺参数（分层填料厚度、夯击次数和夯实后的干密度、打桩次序），并对试桩进行了测试，承载力及挤密效果等符合设计要求。

⑥ 供水、供电、运输道路、现场小型临时设施已经设置就绪。

（4）施工工艺

工艺流程：基坑开挖→桩成孔→清底夯→桩孔夯填土→夯实。

（5）质量检验及标准

① 主控项目。灰土挤密桩的桩数、排列尺寸、孔径、深度、填料质量及配合比，必须符合设计要求或施工规范规定。

② 一般项目。施工前应对土及灰土的质量、桩孔放样位置等做检查。施工中应对桩孔直径、桩孔深度、夯击次数、填料的含水量等做检查。施工结束后，应检查成桩的质量及复合地基承载力。

③ 特殊工艺、关键控制点的控制方法如表2-11所示。

表2-11 特殊工艺、关键控制点的控制方法

序号	关键控制点	控制措施
1	施工顺序	分段施工
2	灰土拌制	木料、石灰过筛、计量，拌制均匀

续表

序号	关键控制点	控制措施
3	桩孔夯填	石灰桩应打一孔填一孔，若土质较差，夯填速度较慢，宜采用间隔打法，以免因振动、挤压造成相邻桩孔出现颈缩或坍孔
4	管理	施工中应加强管理，认真进行技术交底和检查；桩孔要防止漏钻或漏填；灰土要计量拌匀；干湿要适度，厚度和落锤高度、锤击数要符合规定，以免桩出现漏填灰、夹层、松散等情况，造成严重质量事故

（6）施工注意事项

钻机要求准确平稳，在施工过程中机架不应发生位移或倾斜。桩管上设置醒目牢固的尺度标志，沉管过程中注意桩管的垂直度和贯入速度，发现反常现象及时分析原因并进行处理。桩管沉入设计深度后应及时拔出，不宜在土中搁置较长时间，以免摩阻力增大后拔管困难。拔管成孔后，由专人检查桩孔的质量，观测孔径、深度是否符合要求，如发现缩颈、回淤等情况，可用洛阳铲扩桩至设计值，如情况严重甚至无法成孔时在局部地段可采用桩管内灌入砂砾的方法成孔。

夯击就位要保持平稳、沉管垂直，夯锤对准桩中心，确保夯锤能自由落入孔底。地基土的含水量在达到或接近最佳含水量时，挤密效果最好。当含水量过大时，必须采用套管成孔。如含水量过小，应预先浸湿加固范围的土层，使之达到或接近最佳含水量。

成孔深度应符合设计规定，桩孔填料前，应先夯击孔底 3~4 锤。根据试验测定的密实度要求，随填随夯，对持力层范围内（5~10 倍桩径的深度范围）的夯实质量应严格控制。若锤击数不够，可适当增加击数。每个桩孔回填用料应与计算用量基本相符。夯锤重不宜小于 100 kg，采用的锤型应有利于将边缘土夯实（如梨形锤和枣核形锤等），不宜采用平头夯锤。

2. 砂石桩地基施工

（1）施工材料要求

天然级配砂石或人工级配砂石宜采用质地坚硬的中砂、粗砂、砾砂、碎（卵）石、石屑或其他工业废粒料。在缺少中砂、粗砂和砾石的地区，可采用细砂，但宜同时掺入一定数量的碎石或卵石，其掺量应符合设计要求，颗粒级配应良好。

天然级配砂石材料，不得含有草根、树叶、塑料袋等有机杂物及垃圾；用于排水固结地基时，含泥量不宜超过 3%。碎石或卵石最大粒径不得大于垫层或虚铺厚度的 2/3，且不宜大于 50 mm。

（2）施工工艺

工艺流程：检验砂石质量→分层铺筑砂石→洒水→夯实或碾压→找平验收。

（3）质量标准

① 保证项目。基底土质必须符合设计要求。纯砂检查点的干砂质量密度，必须符合设计要求和施工规范的规定。

② 基本项目。级配砂石的配料正确，拌和均匀，虚铺厚度符合规定，夯压密实。分层留接槎位置正确，方法合理，接槎夯压密实、平整。

③ 允许偏差项目。砂石地基的允许偏差项目如表 2-12 所示。

表 2-12　砂石地基的允许偏差项目

序号	项目	允许偏差/mm	检验方法
1	顶面标高	±15	用水准仪或拉线尺量检验
2	表面平整度	20	用 2m 靠尺和楔形塞尺量检验

（4）成品保护

① 回填砂石时，应注意保护好现场轴线桩、标准高程桩，防止碰撞位移，应经常复测。

② 地基范围内不应留有孔洞，完工后如无技术措施，不得在影响其稳定的区域内进行挖掘工程。

③ 施工中必须保证边坡稳定，防止边坡坍塌。

④ 夜间施工时，应合理安排施工顺序，配备足够的照明设施，防止级配砂石不符合要求或铺筑超厚。

⑤ 级配砂石成活后，应连续进行上部施工，否则应适当洒水润湿。

任务三　浅基础施工

在建筑工程中，建筑物与土层直接接触的部分称为基础，基础是建筑物的组成部分，它承受着建筑物的全部荷载，并将其传给地基。而地基不是建筑物的组成部分，它只是承受建筑物荷载的土壤层。为保证建筑物的安全和正常使用，必须要求基础和地基都有足够的强度与稳定性。基础的强度与稳定性既取决于基础的材料、形状与底面积的大小，以及施工的质量等因素，又与地基的性质有着密切的关系。地基的强度应满足承载力的要求，如果天然地基不能满足要求，应考虑采用人工地基；地基的变形应有均匀的压缩量，以保证有均匀的下沉。若地基下沉不均匀时，建筑物上部会产生开裂变形；地基的稳定性要有防止产生滑坡、倾斜方面的能力，必要时（特别是有较大的高度差时）应加设挡土墙，以防止滑坡变形。

为保证建筑物的稳定和安全，基础底面面积 A 必须满足

$$A \geqslant \frac{N}{p} \tag{2-8}$$

式中　N——建筑物总荷载；

p——地基承载力。

一、钢筋混凝土扩展基础施工

钢筋混凝土扩展基础是指墙下钢筋混凝土条形基础和柱下钢筋混凝土独立基础，分别如图 2-4 和图 2-5 所示。

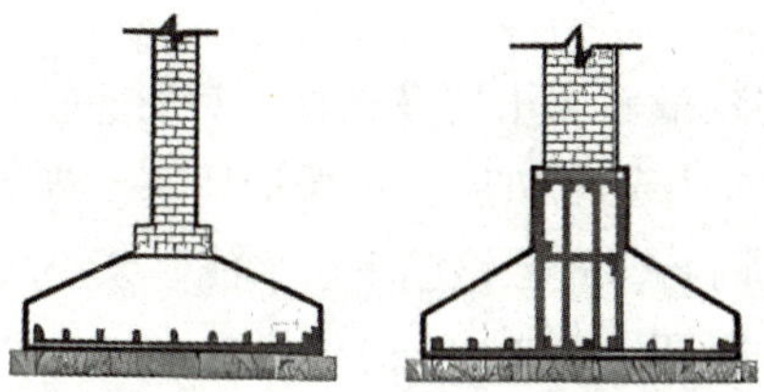

图 2-4 墙下钢筋混凝土条形基础

图 2-5 柱下钢筋混凝土独立基础

1. 钢筋混凝土条形基础施工

（1）施工作业条件

① 由建设、监理、施工、勘察、设计单位进行地基验槽，完成验槽记录及地基验槽隐检手续，如遇地基处理，办理设计洽商，完成后监理、设计、施工三方复验签认。

② 完成基槽验线预检手续。

（2）材质要求

① 水泥。根据设计要求选水泥品种、强度等级。水泥进场时应对其品种、级别、包装或散装仓号、出厂日期等进行检查，并对其强度、安定性及其他必要的性能指标进行复验，其质量应符合现行国家标准《通用硅酸盐水泥》（GB 175—2023）的规定；在使用过程中对水泥质量有怀疑或水泥出厂超过三个月时，应进行复验并按结果使用。

② 砂、石子。有试验报告，符合规范要求。

③ 水。宜采用饮用水。

④ 外加剂、掺合料。根据设计要求通过试验确定。

⑤ 商品混凝土。所用原材须符合上述要求，必须具有合格证、原材试验报告、符合防碱集料反应要求的试验报告。

⑥ 钢筋。要有材质证明、复试报告。钢筋进场时，应按现行国家标准《钢筋混凝土用钢 第 2 部分：热轧带肋钢筋》（GB/T 1499.2—2018）等规定抽样进行力学性能检验，其质量须符合有关标准的规定。

（3）施工工器具

备有搅拌机、磅秤、手推车或翻斗车、铁锹、振捣器、刮杆、木抹子、胶皮手套、溜槽等。

（4）作业条件

① 基础垫层均已施工完毕并验收合格，办理了隐蔽手续。

② 设置了轴线桩，标出了建筑物或构筑物的主要轴线，标出了基础、墙身及柱身轴线和标高。

③ 有混凝土配合比通知单、准备好需要的工器具。

④ 基坑（基槽）安全防护已完成，并通过安全员的检查验收。

⑤ 运输通道通畅，各类机具准备就绪。

（5）施工工艺

基槽清理、验槽→混凝土垫层浇筑、养护→抄平、放线、钢筋绑扎、支模板→相关专业施工→钢筋、模板质量检查、清理，基础混凝土浇筑、混凝土振捣→混凝土找平→混凝土养护→拆除模板。

（6）施工要点

先检查基坑底进行验槽，清除基槽（坑）内的松散软弱土层及杂物。对局部软弱土层应挖去，用灰土或砂砾回填夯实。验槽后应立即浇灌混凝土垫层，以保护地基。当垫层素混凝土达到一定强度后，在其上弹线、支模、铺放钢筋，底层钢筋下设水泥砂浆垫块。

基础混凝土浇筑高度在 2 m 以内，混凝土可直接卸入基槽（坑）；浇筑高度在 2 m 以上时，应通过漏斗、串筒或溜槽下料，以防止混凝土产生分层离析。浇筑时注意先使混凝土充满模板边角，再浇灌中间部分。混凝土宜分段分层灌筑，每层厚 200~250 mm，每段长 2~3 m，各段各层间应相互衔接，使逐段逐层呈阶梯形推进。

混凝土应连续浇灌，以保证结构良好的整体性，如时间超过规定，应设置施工缝，并应待混凝土的抗压强度达到 1.2 MPa 以上时，才允许继续浇灌筑。继续绕筑混凝土前，应清除施工缝处的松动石子，并将之前的混凝土层用水冲洗干净，充分湿润，且不得积水，然后铺一层 15~25 mm 厚水泥砂浆，再继续浇筑混凝土，并仔细捣实，使其紧密结合。

混凝土浇筑完，应覆盖洒水养护。养护达到设计要求强度后及时分层回填土方并夯实。基础混凝土浇筑后，应覆盖表面并洒水养护，必要时采取保湿养护措施。

2. 钢筋混凝土独立基础施工

当建筑物上部采用框架结构或排架结构承重，且柱距较大，地基条件较好时，常采用独立基础，也称作单独基础。独立基础常见的断面形式有阶梯形、锥形、杯形等。独立基础采用扩展基础。其材料为钢筋混凝土，因此也称为钢筋混凝土独立基础。钢筋混凝土独立基础立体图如图 2-6 所示。

（1）施工作业条件

① 办完地基验槽及隐检手续。

② 办完基槽验线验收手续。

③ 有混凝土配合比通知单、准备好试验用工器具。

（2）材料要求

① 水泥。水泥品种、强度等级应根据设计要求确定，质量符合现行水泥标准。工期紧时可做水泥快测。

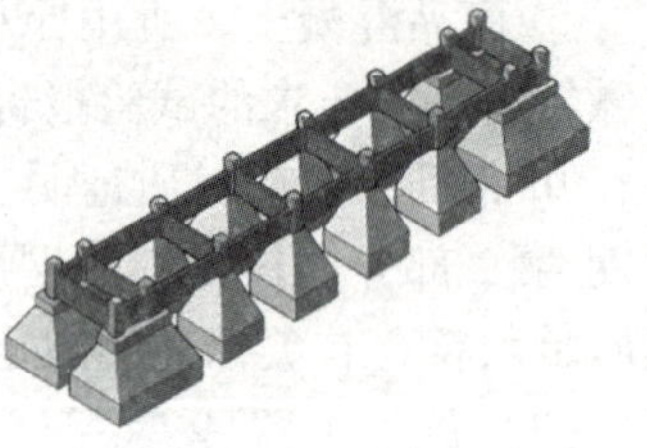

图 2-6　钢筋混凝土独立基础立体图

② 砂、石子。根据结构尺寸、钢筋密度、混凝土施工工艺、混凝土强度等级的要求确定石子粒径、砂子细度。砂、石质量符合现行标准要求。

③ 水。自来水或不含有害物质的洁净水。

④ 外加剂。根据施工组织设计要求，确定是否采用外加剂。外加剂必须经试验合格后，方可在工程上使用。

⑤ 掺合料。根据施工组织设计要求，确定是否采用掺合料。掺合料质量符合现行标准要求。

⑥ 钢筋。钢筋的级别、规格必须符合设计要求，质量符合现行标准要求。钢筋表面应保持清洁，无锈蚀和油污。

⑦ 脱模剂。水质隔离剂。

（3）施工机具

搅拌机、磅秤、手推车或翻斗车、铁锹、振捣器、刮杆、木抹子、胶皮手套、串桶或溜槽、钢筋加工机械、木制井字架等。

(4) 施工工艺流程

清理及混凝土垫层浇灌→钢筋绑扎→相关专业施工→模板安装→清理→混凝土搅拌→混凝土浇筑→混凝土振捣→混凝土找平→混凝土养护→模板拆除。

(5) 施工要点

地基验槽完成后，清除表层浮土及扰动土，不留积水，立即进行垫层混凝土施工，垫层混凝土必须振捣密实，表面平整，严禁晾晒基土。垫层浇灌完成后，混凝土强度达到 1.2 MPa 后，在表面弹线进行钢筋绑扎。注意对钢筋的成品保护，不得任意碰撞钢筋，以免造成钢筋移位。钢筋绑扎及相关专业施工完成后立即进行模板安装。

混凝土应分层连续浇筑，间歇时间不超过混凝土初凝时间，一般不超过 2 h。混凝土浇筑后，表面比较大的混凝土，使用平板振捣器振一遍，然后用刮杆刮平，再用木抹子搓平。收面前必须校核混凝土表面标高，不符合要求处立即整改。

已浇筑完的混凝土，应在 12 h 左右覆盖和浇水。养护设专人检查落实，防止由于养护不及时，造成混凝土表面裂缝。侧面模板在混凝土强度能保证其棱角不因拆模板而受损坏时方可拆除，拆模前设专人检查混凝土强度，以免造成混凝土棱角破坏。

提示

模板采用小钢模或木模，利用架子管或木方加固。锥形基础坡度小于 30°时，采用斜模板支护，利用螺栓与底板钢筋拉紧，防止上浮。模板上部设透气及振捣孔，坡度小于或等于 30°时，利用钢丝网（间距 30 cm）防止混凝土下坠，上口设井字木架控制钢筋位置。不得用重物冲击模板，不允许在吊帮的模板上搭设脚手架，保证模板的牢固和严密。

二、筏形基础施工

当地质条件差、上部荷载大时，可将部分或整个建筑范围的基础连在一起，其形式犹如倒置的楼板，又似筏子，称为筏形基础，又称筏板基础。筏形基础根据有无设梁可分为平板式和梁板式两种，如图 2-7 所示。前者一般在荷载不很大，柱网较均匀，且间距较小的情况下采用；后者用于荷载较大的情况。由于筏形基础扩大了基础底面积，增强了基础的整体性，抗弯刚度大，可以调整建筑物局部发生的显著不均匀沉降。

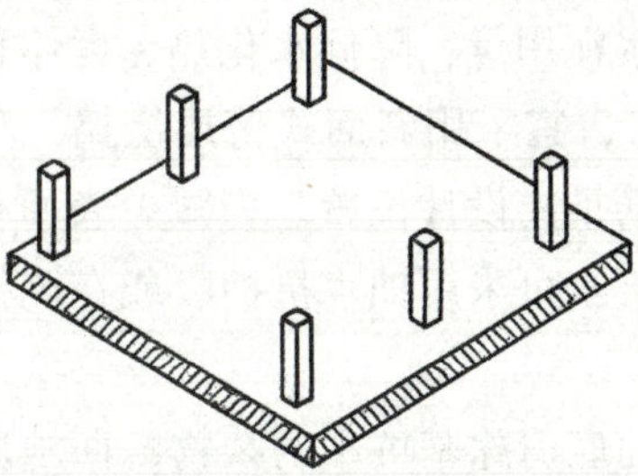

（a）平板式

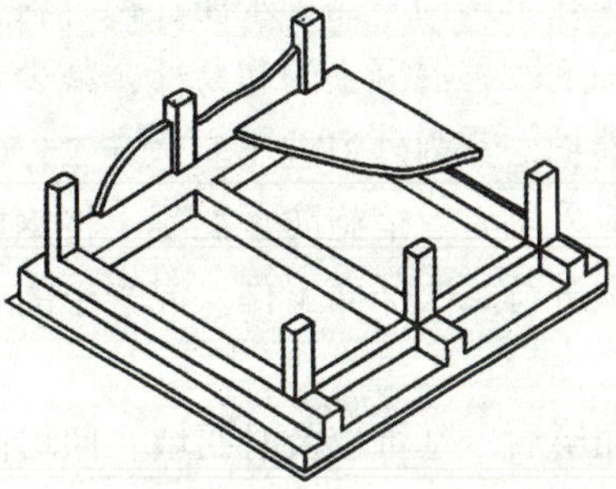

（b）梁板式

图 2-7 筏形基础

高层建筑地下室通常作为地下停车库使用，建筑上不允许设置过多的内墙，因而限制了箱型基础的使用。筏形基础既能充分发挥地基承载力，调整不均匀沉降，又能满足停车库的空间使用要求，因而成为较理想的基础形式。平板式筏形基础由于施工简单，在高层建筑中得到广泛应用。

1. 筏形基础施工工艺流程

测量放线→基坑支护→排水、降水（或隔水）→基坑开挖，验槽→混凝土垫层施工→钢筋绑扎→支基础模板→浇基础混凝土。

筏形基础应根据整个建筑场地、工程地质和水文地质及现场环境等条件进行施工组织设计。施工前应根据工程特点、工程环境、水文地质和气象条件制订监测计划。施工中应做好监测记录并及时反馈信息，发现异常情况及时处理。

2. 施工要点

基坑支护结构应根据当地工程经验，综合考虑水文地质条件、基坑开挖深度、场地条件及周围环境进行设计。在场地宽阔，不影响邻近建筑、周围地下构筑物或地下管线的情况下，宜采用放坡开挖，并根据稳定性分析确定坡度，当基坑深度较大，不具备自然放坡施工条件，或地基土质松软并有地下水或较多的上层滞水时，应采取支护措施；当基坑开挖危及邻近建（构）筑物、道路及地下管线的安全与使用时，也应采取支护措施。

当地下水位影响基坑施工时，应采取人工降低地下水位或隔水的措施。降水、隔水方案应根据水文地质条件、基坑开挖深度、支护方式及降水影响区域内的建筑物，管线对降水反应的敏感程度等因素确定。应设置降水观察井，对降水的效果进行观察。当降低地下水位会影响周边建（构）筑物、道路、地下管线的安全时，宜采取设置隔水帷幕、回灌井点、回灌砂井、回填砂沟等措施进行处理。

当采用机械开挖时，应保留 200~300 mm 土层由人工挖除；基坑边的施工荷载不得超过设计规定的荷载值；冬期施工时，必须采取有效措施，防止基土的冻胀。基坑开挖完成并经验收后，应立即进行基础施工，防止暴晒或雨水浸泡造成基土破坏。基础长度超过 40 mm 时，宜设置施工缝，缝宽不宜小于 80 cm。在施工缝处，钢筋必须贯通；当主楼与裙房采用整体基础，且主楼基础与裙房基础之间采用后浇带时，后浇带的处理方法与施工缝相同。

基础混凝土应采用同一品种水泥、掺合料、外加剂和同一配合比。大体积混凝土可采用掺合料和外加剂改善混凝土的和易性，减少水泥用量，降低水化热。大体积混凝土宜采用蓄热养护法养护，其内外温差不宜大于 25 ℃，宜采用斜面式薄层浇捣，利用自然流淌形成斜坡，并应采取有效措施防止混凝土将钢筋推离设计位置。为减少表面收缩裂缝，大体积混凝土必须进行二次抹面工作。混凝土的泌水可采用抽水机抽吸或在侧模上开设泌水孔排出。

基础施工完毕后，基坑应及时回填，回填前应清除基坑中的杂物；回填应在相对的两侧或四周同时均匀进行，并分层夯实。

3. 常见质量事故及处理方法

（1）基坑开挖造成周边管线破坏、道路开裂。在基坑开挖前要详细了解周边地下管线的情况，制订详细合理的基坑开挖和降水方案。

（2）筏板挖至设计标高时，持力层有局部未达到设计要求。在施工前应进行详细的地质勘探，合理设置筏板埋置深度。当出现局部不能满足承载力要求时，可通过修改设计、加深局部筏板的埋置深度来解决。

任务四　桩基础施工

桩的作用是将上部建筑物的荷载传递到承载力较大的深处土层中，使软弱土层挤密，以提高地基土的密实度及承载力，保证建筑物的稳定和减少其沉降。在土质较差和有地下水的地区进行大开槽施工时，可打桩作为临时土壁支撑，以防止塌方，也可以起防水、防流沙的作用。因此，桩在工业建筑、高层建筑、高耸构筑物和抗震设防建筑中广泛应用。桩按照施工方法分为预制桩和灌注桩两大类。

扫一扫

桩基础工程方案

一、钢筋混凝土预制桩施工

预制桩具有制作和沉桩工艺简单、施工速度快、沉桩机械普及、不受地下水位高低及潮湿变化影响等特点，较钢桩和木桩等坚固耐用。其施工现场干净、文明程度高，但耗钢量较大，桩长也不易适应地层变化。钢筋混凝土预制桩施工包括桩的制作、起吊、运输、堆放和沉桩、接桩等工艺。

1. 桩的制作、起吊、运输和堆放

（1）桩的制作

钢筋混凝土预制桩有实心方桩和空心管桩两种。实心方桩为便于制作，大多数做成方形断面，断面边长一般为 250~550 mm。空心管桩是在工厂用离心法成形的空心圆柱形预制桩，其直径有 400 mm、450 mm 及 500 mm 等几种。与实心方桩相比，使用相同体积混凝土，空心管桩的直径大、表面积大、承载能力高。

钢筋混凝土预制桩所用混凝土强度等级不宜低于 C30，采用静压沉桩时，不宜低于 C20，预应力混凝土桩的混凝土强度等级不宜低于 C40。主筋数量根据桩断面及吊装验算确定，一般为 4~8 根，直径为 12~25 mm；箍筋直径为 6~8 mm，间距不大于 200 mm。在桩顶和桩尖部分应加强配筋。

较短的桩（长度在 12 m 以下）多在预制厂制作；较长的桩一般在施工现场附近露天就地预制。确定单节桩制作长度应考虑桩架的有效高度、制作场地大小、运输和装卸能力等，同时应考虑接桩节点的竖向位置应避开硬夹层。施工现场预制桩多采用叠层浇筑，重叠生产的层数应根据施工条件和地基承载力确定，一般不宜超过 4 层。

（2）桩的起吊、运输

钢筋混凝土预制桩应在混凝土达到设计强度标准值的70%后，方可起吊，达到设计强度标准值的100%才能运输和打桩。如提前起吊，必须做强度和抗裂度验算，并采取必要措施。起吊时，吊点位置应符合设计规定。无吊环时，绑扎点的数量和位置视桩长而定，当吊点或绑扎点不超过3个时，其位置按正负弯矩相等原则计算确定；当吊点或绑扎点大于3个时，应按正负弯矩相等且吊点反力相等的原则确定吊点位置。桩起吊时应保持平稳，保护桩身。

桩的运输应根据打桩进度和打桩顺序确定，宜采用随打随运法，这样可以减少二次搬运工作。运输时，其支点应与吊点位置一致，并使桩身平稳放置，避免较大振动。当桩的运输距离较短时，可以在桩的下面垫滚筒，用卷扬机拖动桩身前进；当运距较远时，可采用平板拖车或轻轨平板车运输；对于工厂生产的短桩，可采用汽车或平板拖车运输。

（3）桩的堆放

打桩前需要将桩运输到现场堆放，桩在堆放和运输时应使桩尖的方向符合桩吊升的要求，避免打桩前因桩掉头发生困难。堆放时，垫木位置应与吊点位置相同，保持在同一平面上，并上下对齐，最下层垫木应适当加宽。堆放场地应平整坚实，堆放层数一般不宜超过4层，不同规格的桩应分别堆放。

2. 锤击沉桩（打入桩）施工

锤击沉桩利用桩锤下落产生的冲击能量将桩沉入土中，是预制钢筋混凝土桩最常用的沉桩方法，该法施工速度快、机械化程度高、适用范围广，但施工时有噪声、污染和振动，对于城市中心和夜间施工有所限制。打桩机具主要有打桩机及辅助设备。打桩机主要包括桩锤、桩架和动力装置三部分。

（1）打桩前的准备工作

① 清除妨碍打桩施工的高空及地下障碍物、平整场地。做好施工现场自然条件、地质状况、附近建筑物及附近地下管线等相关资料的调查。

② 材料、机具准备及接通水、电源，做好对桩的质量检验。

③ 抄平放线、定桩位、设标尺。在桩架或桩侧面设置标尺，以观测、控制桩的入土深度。

④ 打桩试验。试桩时应做好试桩记录，画出各土层深度，记录打入各土层的锤击次数，最后精确测量贯入度。按规范规定，试桩不得少于2根。

⑤ 确定打桩顺序。群桩施打时，为了保证质量和进度、防止周围建筑物破坏，打桩前应根据桩的密集程度、桩的规格、长短和方便桩架移动来正确选择打桩顺序。当桩较稀疏时（桩中心距大于4倍边长或直径），可采用由一侧向单一方向进行施打的方式，即逐排施打，如图2-8（a）所示。这样，桩架单方向移动，打桩效率高。但打桩前进方向一侧不宜有防侧移、防振动的建筑物、构筑物、地下管线等，以防土体挤压破坏。当桩较密集时（桩中心距小于或等于4倍边长或直径），应由中间向两侧对称施打，如图2-8（b）所示，或由中间向四周施打，如图2-8（c）所示。这样，打桩时土体由中间向两侧或四周挤压，易于保证施工质量。当桩数较多时，也可采用分区段施打。

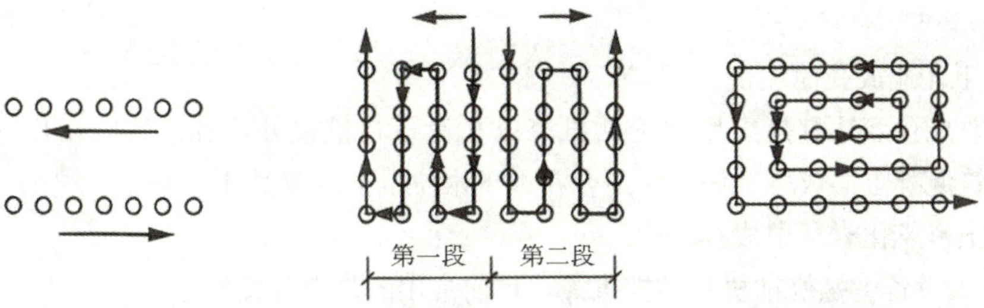

（a）逐排施打　（b）由中间向两侧对称施打　（c）由中间向四周施打

图 2-8　打桩顺序

（2）打桩施工

桩机就位后应平稳垂直，导杆中心线与打桩方向一致并检查桩位是否正确，然后将桩锤和桩帽吊起使锤底高度高于桩顶，以便进行吊桩。吊桩时用桩架上的钢丝绳和卷扬机将桩提升就位，吊点数量和位置与桩运输起吊时相同。桩提升到垂直状态后，送入桩架导杆内，桩尖垂直对准桩位中心，扶正桩身，将桩缓缓下放插入土中。桩的垂直度偏差不得超过0.5%。

桩就位后，待桩稳定，即可脱去吊钩，再将桩锤缓慢落在桩帽上。桩锤底面、桩帽上下面及桩顶应保持水平；桩锤、桩帽（送桩）和桩身应在同一中心线上。此时，在锤重作用下，桩沉入土中一定深度达到稳定位置，再次校正桩位和垂直度后即可打桩。

初打应采用小落距轻击桩顶数锤，落距以0.5~0.8 m为宜，随即观察桩身与桩锤、桩架是否在同一垂线上。待桩入土一定深度，桩尖不易发生偏移时，再全落距施打。打桩时入土速度应均匀，锤击间歇时间不应过长，否则会使桩身与土层之间的摩擦力恢复，造成固结现象，使桩施打困难。

送桩器通常用钢材制作，其长度和尺寸视需要而定。送桩施打时，应保证桩与送桩器尽量在同一垂直轴线上。送桩器两侧应设置拔出吊环，拔出送桩器后，桩孔应及时回填。当设计桩较长时，受桩架有效高度，现场情况，运输、吊装能力等限制，桩只能分节制作、逐节打入、现场接桩。

预制桩施打完毕后，按设计桩顶标高，应将桩头多余部分凿去，凿桩头可用人工或风镐完成，但不得打裂桩身混凝土，并保证桩顶嵌入承台梁内的长度不小于50 mm，当桩主要承受水平力时不小于100 mm。

二、钢筋混凝土灌注桩施工

钢筋混凝土灌注桩是直接在施工现场桩位上成孔，然后在孔内安装钢筋骨架，浇筑混凝土成桩。与预制桩相比，由于避免了锤击和挤土（套管成孔灌注桩除外）的影响，桩混凝土强度和配筋要求相对较低，具有节约钢筋、节省模板、施工方便、工期短、成本低等优点，并可制作大直径、大承载力桩。此外，灌注桩能适应持力层变化制成不同长度的桩，桩径大，不需要接桩，施工时无振动、无挤土，但也存在着不能立即承受荷载，操作要求严，在软土地基中易出现缩颈、断桩等质量问题，冬期施工困难等缺点。施工时应严格遵守操作规程和技术规范。灌注桩按成孔方法可分为钻孔灌注桩、套管成孔灌注桩、人工挖孔灌注桩等。

1. 钻孔灌注桩

（1）干作业成孔灌注桩

干作业成孔灌注桩是先用螺旋钻机等成孔设备在桩位处成孔，然后在孔内放入钢筋笼，再浇筑混凝土而成桩。该方法适合在地下水位以上的黏性土、粉土、填土、中等密实以上的砂土、风化岩层中成孔。

① 施工设备。螺旋钻机和钻扩机等。目前常用的是螺旋钻机。

② 施工方法。钻机钻孔前，应做好现场准备工作。钻孔场地必须平整、碾压或夯实，雨季施工时需要加白灰碾压以保证钻孔行车安全。钻机按桩位就位时，钻杆要垂直对准桩位中心，放下钻机使钻头触及土面。钻孔时，开动转轴旋动钻杆钻进，先慢后快，避免钻杆摇晃，并随时检查钻孔偏移量，有问题应及时纠正。

桩孔钻成并清孔后，先吊放钢筋笼，后浇筑混凝土。为防止孔壁坍塌，避免雨水冲刷，成孔经检查合格后，应及时浇筑混凝土。若土层较好，没有雨水冲刷，从成孔至混凝土浇筑的时间间隔也不得超过 24 h。灌注桩的混凝土强度等级不得低于 C15，坍落度一般采用 80~100 mm；混凝土应连续浇筑，分层捣实，每层的高度不得大于 1.5 m；当混凝土浇筑到桩顶时，应适当超过桩顶标高，以保证在凿除浮浆层后，桩顶标高和质量能符合设计要求。螺旋钻机钻孔灌注桩施工过程如图 2-9 所示。

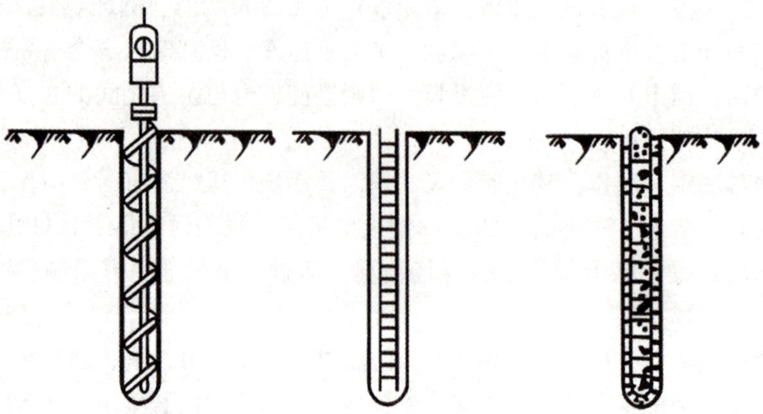

（a）钻机进行钻孔　（b）放入钢筋骨架　（c）浇筑混凝土

图 2-9　螺旋钻机钻孔灌注桩施工过程

提示

施工中应注意钻头在穿过软硬土层交界处时，应保持钻杆垂直，缓慢进尺。在含砖头、瓦块的杂填土或含水量较大的软塑黏性土层中钻进时，应尽量减小钻杆晃动，以免扩大孔径及增加孔底虚土。当出现钻杆跳动、机架摇晃、钻不进等异常现象时，应立即停钻检查。钻进过程中应随时清理孔口积土，遇到地下水、缩孔、坍孔等异常现象，应同有关单位研究处理。

③ 质量要求。垂直度容许偏差1%，孔底虚土容许厚度不大于100 mm。桩位允许偏差：单桩、条形桩基沿垂直轴线方向和群桩基础边沿的偏差是1/6桩径；条形桩基沿顺轴方向和群桩基础中间桩的偏差为1/4桩径。

（2）泥浆护壁成孔灌注桩施工

① 施工程序。当地下水位较高或土质较差（如淤泥、淤泥质土、砂土等）容易塌孔时，应采用泥浆护壁成孔的方法进行施工，这种桩也称为湿作业成孔灌注桩。泥浆护壁成孔灌注桩施工时，先在施工现场测量放线定桩位，修筑泥浆池、安装桩架和导管架等。

② 常见质量问题。泥浆护壁成孔灌注桩施工时常易发生孔壁坍塌、斜孔、孔底隔层、夹泥、流沙等工程问题，因水下混凝土浇筑属隐蔽工程，一旦发生质量事故难以观察和补救，所以必须严格遵守施工操作规程，在有经验的施工技术人员指导下认真施工，并做好隐蔽工程记录，以确保工程质量。

2. 套管成孔灌注桩施工

套管成孔灌注桩首先利用锤击沉桩或振动沉桩方法，将带有桩尖的钢制桩管沉入土中，其次在钢管内放入钢筋骨架，边浇筑混凝土边锤击、振动套管，边上拔套管，最后成桩。前者利用锤击沉管成孔，则称为锤击沉管灌注桩；后者利用振动沉管成孔，称为振动沉管灌注桩。套管成孔灌注桩整个施工过程在套管护壁条件下进行，不受地下水位高低和土质条件好坏的限制，适合于在地下水位高、地质条件差的可塑、软塑、流塑以上黏土、淤泥及淤泥质土、稍密和松散的砂土中施工。但是由于设备性能的特点使桩径、桩长都受到限制，施工有振动，噪音大，施工工艺不当易造成质量问题。

（1）锤击沉管灌注桩施工

① 施工工艺。用锤击沉桩设备（落锤、汽锤、柴油锤）将桩管打入土中成孔，然后灌注混凝土或钢筋混凝土，抽出钢管而成。其施工工艺流程如下：桩机就位→安放桩尖→吊放桩管→扣上桩帽→锤击沉管至要求贯入度或标高，用吊铊检查管内有无泥水并测孔深→提起桩锤→安放钢筋笼→浇筑混凝土→拔管成桩。

② 质量要求。锤击沉管灌注桩混凝土强度等级应不低于C20；混凝土坍落度，在配筋时宜为80~100 mm，无筋时宜为60~80 mm；碎石粒径，配筋时不大于25 mm，无筋时不大于40 mm；桩尖混凝土强度等级不得低于C30。当桩的中心距为桩管外径的5倍以内或小于2 m时，均应跳打，中间空出的桩须待邻桩混凝土达到设计强度的50%以后，方可施打。

（2）振动沉管灌注桩施工

振动沉管灌注桩是采用振动冲击锤（激振器）沉入套管，它与锤击沉管灌注桩的区别是用振动箱代替桩锤。振动箱与桩管刚性联结，桩管下安设活瓣桩尖，活瓣桩尖应有足够的强度和刚度，活瓣间缝隙应紧密。活瓣桩尖如图2-10所示。

振动沉管施工时，先安装好桩机，将桩管下端活瓣闭合，对准桩位，缓慢放下桩管压入土中，然后校正垂直度，即可开动振动器沉管。当降沉到设计要求的深度后，便停止振动，立即利用吊斗向管内灌满混凝土，并再次开动振动器，边振动边拔管，同时在拔管过程中继续向管内浇筑混凝土。如此反复进行，直至桩管全部拔出地面后即形成混凝土桩身。

（3）施工中遇到的问题及处理

套管成孔灌注桩施工时常发生断桩、瓶颈桩、吊脚桩、桩尖进水进泥等问题，出现这些问题应认真分析原因并及时处理。

① 断桩。断桩指裂缝贯通全截面，呈水平或略倾斜状，多出现在地面以下 1~3 m 深的软硬土层交界处。

预防措施：布桩不宜过密，过密时可采用跳打法或控制时间法以减少振动的影响；合理制定打桩顺序和桩架行走路线；当桩身混凝土强度较低时，应避免振动、挤压的影响。断桩检查，可用锤敲击桩头侧面，同时用脚踏在桩头上，如桩已断，会感到浮振。断桩一旦发现，应将断桩段拔去，略增大面积或加铁箍连接，再重新浇筑混凝土补做桩身。

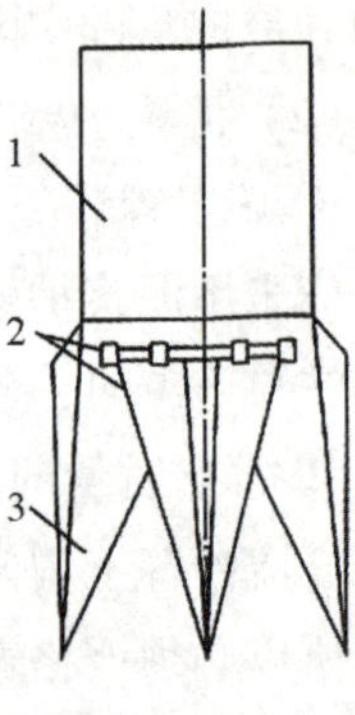

1-桩管；2-锁轴；3-活瓣。

图 2-10　活瓣桩尖

② 瓶颈桩。瓶颈桩指桩的某处直径缩小形似“瓶颈”，其截面面积不符合设计要求。瓶颈桩多数发生在黏性土、土质软弱、含水量大的情况下，特别是饱和的淤泥或淤泥质软土层中。

处理方法：施工中应保持管内混凝土略高于地面，使之有足够的扩散压力，拔管时采用复打或反插法，并严格控制拔管速度。

③ 吊脚桩。吊脚桩指桩的底部混凝土隔空或混进泥沙而形成软弱夹层的桩。因预制钢筋混凝土桩尖承载力或钢活瓣桩尖刚度不够，沉管时被破坏或变形，因而水或泥沙进入桩管；拔管时桩靴未脱出或活瓣未张开，混凝土未及时从管内流出等。

处理方法：应拔出桩管，填砂后重打；或者可采取密振动慢拔，开始拔管时先反插几次再正常拔管等预防措施。

④ 桩尖进水进泥。钢筋混凝土桩尖与桩管接合处或钢活瓣桩尖闭合不紧密；钢筋混凝土桩尖被打破或钢活瓣桩尖变形等。

处理方法：将桩管拔出，清除管内泥沙，修整桩尖钢活瓣变形缝隙，用黄沙回填桩孔后再重打；若地下水位较高，待沉管至地下水位时，先在桩管内灌入 0.5 m 厚度的水泥砂浆做封底，再灌 1 m 高度的混凝土增压，再继续下沉桩管。

3. 人工挖孔灌注桩施工

人工挖孔灌注桩是指桩孔采用人工挖掘方法成孔，然后安放钢筋笼，浇筑混凝土而成的桩。其施工特点是设备简单；无噪声、无振动、不污染环境，对施工挖孔灌汗工现场周围原有建筑物的影响小；施工速度快，可按施工进度要求决定同时开桩的施工工艺挖桩孔的数量，必要时，各桩孔可同时施工；明确土层情况，可直接观察到地质变化，桩底沉渣能清除干净，施工质量可靠，尤其当高层建筑选用大直径的灌注桩，而其施工现场又在狭窄的市区时，采用人工挖孔比机械挖孔具有更大的适应性。但其缺点是人工耗量大，开挖效率低，安全操作条件差等。

（1）适用范围

人工挖孔灌注桩适用于桩径 800 mm 以上，无地下水或地下水位较低的黏土、粉质黏土、含少量砂、砂卵石的黏土层等地质条件，可用于高层建筑、公用建筑、水工结构（如泵站、桥墩）作桩基、支承、抗滑、挡土之用，但对于软土、流沙、地下水位较高、涌水量大的土层不宜采用。

（2）一般构造要求

人工挖孔桩示意图如图 2-11 所示。桩直径（d）一般为 800~2 000 mm，最大直径可达 3 500 mm。桩埋置深度（桩长）一般在 20 m 左右，最深可达 40 m。底部扩底时，扩底直径一般为 $1.3d \sim 3.0d$，最大扩底直径可达 $4.5d$。扩底直径尺寸按 $(d_1-d)/2 : H=1 : 4$，$h \geq (d_1-d_2)/4$ 进行控制。桩底应支承在可靠的持力层上。

（3）施工设备

人工挖孔灌注桩施工设备一般可根据孔径、孔深和现场具体情况加以选用，常用的有电动葫芦、提土桶、潜水泵、鼓风机和输风管、镐、锹、土筐、照明灯、对讲机及电铃等。

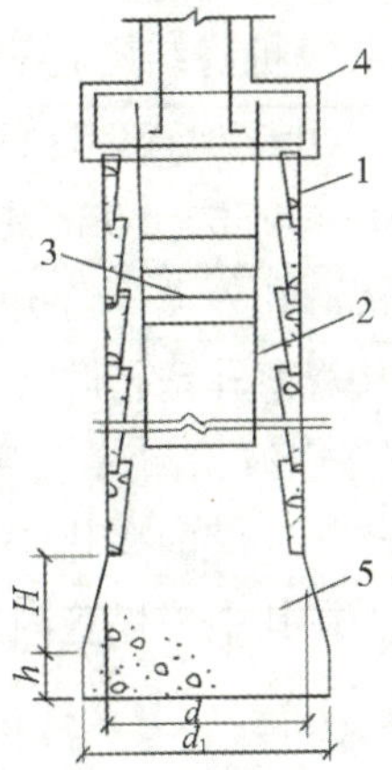

1-现浇混凝土护壁；2-主筋；3-箍筋；4-承台；5-混凝土。

图 2-11　人工挖孔桩示意图

（4）施工工艺

人工挖孔灌注桩的施工程序：场地整平→放线、定桩位→挖第一节桩孔土方→支模浇灌第一节混凝土护壁→在护壁上二次投测标高及桩位十字轴线→安装活动井盖、设置垂直运输架、安装卷扬机或电动葫芦、吊土桶、照明设施等→挖第二节桩孔土方→清理桩孔四壁、校核桩孔垂度和直径→拆上节模板、支第二节模板、浇筑第二节混凝土护壁→重复上述施工过程直至设计深度→检查持力层后进行扩底→对桩孔直径、深度、扩底尺寸、持力层进行全面检查验收→清理虚土、排除孔底积水→吊放钢筋笼→浇筑桩身混凝土。

混凝土护壁分段高度根据土质情况和施工方便而定，一般为 0.9~1.0 m，厚 8~15 cm，或加配适量直径 6~8 mm 的光圆钢筋。混凝土强度采用 C20 或 C25，相邻两节护壁之间用钢筋拉接。

护壁施工采取一节组合钢模板拼装而成，拆上节、支下节，循环周转使用。模板间用 U 形卡连接，上下设两半圆组成的钢圈顶紧，中间用螺栓连接，不另设支撑。第一节混凝土护壁宜高出地面 200 mm，便于挡水和定位，也可防止地面土块滚入桩孔中。

（5）质量要求

① 必须保证桩孔的挖掘质量。桩孔挖成后应有专人下孔检验，检查土质是否符合勘察报告，扩孔几何尺寸与设计是否相符，孔底虚土残渣情况等，检查结果作为隐蔽验收记录归档。

② 按规程规定桩孔中心线的平面位置偏差不大于 20 mm，桩的垂直度偏差不大于 1%桩长，桩径不得小于设计直径。

③ 钢筋骨架要保证不变形，箍筋与主筋要点焊，钢筋笼吊入孔内后，要保证其与孔

壁间有足够的保护层。

④ 混凝土坍落度宜在 100 mm 左右，用浇灌漏斗桶直落浇筑，避免离析，必须振捣密实。

三、桩基础工程检测与验收

1. 桩基础工程检测

桩基础属于地下隐蔽工程，尤其是灌注桩，很容易出现缩颈、夹泥、断桩或泥浆过厚等多种形态的质量缺陷，影响桩身结构完整性和单桩承载力，因此必须进行施工监督、现场记录和质量检测，以保证质量，减少隐患。对于柱下单桩或大直径灌注桩工程，保证桩身质量就更为重要。目前有多种桩身结构完整性和单桩承载力的检测技术，下列几种较为常用。

（1）桩身结构完整性检测

① 开挖检查。这种方法只能对所暴露的桩身进行观察检查。

② 抽芯法。在灌注桩桩身内钻孔（直径 100~150 mm），了解混凝土有无离析、空洞、桩底沉渣和入泥等情况，取混凝土芯样进行观察和单轴抗压试验。有条件时可采用钻孔电视直接观察孔壁孔底质量。

③ 声波检测法。声波检测法是指利用超声波在不同强度（或不同弹性模量）的混凝土中传播速度的变化来检测桩身质量的方法。因此，可预先在桩中埋入 3~4 根金属管，然后，在其中一根管内放入发射器，而在其他管中放入接收器，并记录不同深度处的检测资料。

④ 动测法。动测包括打桩分析仪（pile driving analyzer，PDA）等大应变动测、桩身结构完整性分析仪（pile integrity tester，PIT）和其他（如锤击激振、机械阻抗、水电效应、共振等）小应变动测。对于等截面、质地较均匀的预制桩，这些测试效果可靠（PIT、PDA）或较为可靠。灌注桩的动测检验，目前已有相当多的实践经验，而具有一定的可靠性。小应变动测法常用于普查，其他方法用于抽查。

（2）单桩承载力检测

单桩承载力检测一般采用静载试验法，即对单根桩进行属相抗压试验，通过静载加压，确定单桩承载力。在桩顶逐级施加轴向荷载，直至桩达到破坏状态为止，并在试验过程中测量每级荷载下不同时间的桩顶沉降，根据沉降与荷载及时间的关系，分析确定单桩轴向容许承载力。

2. 桩基础工程验收要求

（1）预制桩打（沉）桩验收要求

打（沉）入桩的桩位偏差按施工验收规范要求进行控制，桩顶标高的允许偏差为（−50 mm，+100 mm）；斜桩倾斜度的偏差不得大于倾斜角正切值的 15%（倾斜角系桩的纵向中心线与铅垂线间夹角）。

施工结束后应对承载力进行检查。桩的静载荷试验根数应不少于总桩数的 1%，且不少于 3 根，当总桩数少于 50 根时，桩的静载荷试验根数应不少于 2 根；当施工区域地质条件单一，又有足够的实际经验时，可根据实际情况由设计人员酌情而定。

桩身质量应进行检验，对多节打入桩不应少于桩总数的15%，且每个柱子承台不得少于1根。由工厂生产的预制桩应逐根检查，工厂生产的钢筋笼应抽查总量的10%，但不少于10根。现场预制成品桩时，应对原材料，钢筋骨架、混凝土强度进行检查；用工厂生产的成品桩时，进场后应对外观及尺寸进行检查，并应附相应的合格证、复验报告。

施工中应对桩体垂直度、沉桩情况、桩顶完整状况、桩顶质量等进行检查，对电焊接桩、重要工程应做10%的焊缝探伤检查。施工结束后，应对承载力及桩体质量进行检验。钢筋混凝土预制桩的质量检验标准按现行施工验收规范执行。

（2）灌注桩验收要求

灌注桩在沉桩后的桩位偏差按施工验收规范要求进行控制，桩顶标高至少要比设计标高高出0.5 m。灌注桩每灌筑50 m^3 应有一组试块，小于50 m^3 的桩应每根桩有一组试块。桩的静载荷载试验根数应不少于总桩数的1%，且不少于3根，当总桩数少于50根时，应不少于2根。

对桩身质量应进行检验，检验数不应少于总数的20%，且每个桩子承台下不得少于1根。对砂子、石子、钢材、水泥等原材料的质量，检验项目、批量和检验方法，应符合国家现行有关标准的规定。

施工中应对成孔、清渣、放置钢筋笼，灌筑混凝土等全过程进行检查；人工挖孔桩应复验孔底持力层土（岩）性。嵌岩桩必须有桩端持力层的岩性报告。

施工结束后，应检查混凝土强度，并对桩体质量及承载力进行检验。混凝土灌筑桩的质量检验标准详见施工验收规范要求。

项目小结

本项目主要介绍了土方工程与基础工程施工的相关知识，包括基坑开挖与回填、地基处理、浅基础施工和桩基础施工等内容。通过本项目的学习，帮助读者合理选择土方施工机械、进行地基处理、施工浅基础和桩基础，可以确保工程的稳定性和安全性，为后续的建筑施工提供良好的基础条件。同时，对施工过程中的质量检测与验收工作也至关重要，确保施工质量符合设计要求和相关标准。

课后习题

一、填空题

1. 模板系统由________、________和连接件三部分系统组成，可简称为模板。

2. 模板支架计算时，应先确定________，明确荷载传递路径，并根据实际受力情况绘出计算简图。

3. 梁高大于________时，应根据实际结构分析其计算简图是简支梁还是多跨连续梁。

4. 多层及高层建筑中，上下层对应的模板支柱应设置在________。

二、简答题

1. 如何进行房屋定位？
2. 如何采取适当的措施来改善地基条件？
3. 如何完成灌注桩验收要求？

项目三

模板工程施工

项目导读

模板工程是混凝土结构施工中的一项重要工作，具有特定的承载和稳定要求。模板的尺寸必须精确，以确保混凝土成型的结构具有准确的形状、位置和尺寸。模板的安装质量直接影响钢筋混凝土结构的施工质量，在混凝土结构工程中占据相当大的费用和时间。有效的模板工程安装过程控制，对于提高施工效率、降低成本、保证工程质量以及实现安全文明施工具有极为重要的意义。在模板工程的实施过程中，必须严格遵守规定，确保每一个环节的质量，以达到预期的施工效果。

学习目标

知识目标

◆了解混凝土结构施工中模板工程的设计原则及其内容。

◆熟悉混凝土结构施工中各种结构构件模板安装、拆除施工的工艺及要求。

◆掌握模板工程的质量验收标准及检测方法。

能力目标

◆能解释模板工程安装的施工要求，能处理模板安装施工中遇到的问题。

◆能应用相关检查工具或表格对模板工程安装质量进行现场检查与检查验收。

素质目标

培养学生工作细致认真的态度和安全意识，促进团队合作和沟通能力，注重施工工艺的规范执行标准。

思政目标

培养学生掌握模板工程的相关知识和技能，注重工程质量和安全生产，严格遵守规章制度、勇于创新，培养学生成为具有专业素养和实践能力的模板工程施工人才。

任务工单

一、任务准备

准备充足的模板支撑系统、模板板材、连接件等必要设备和材料。

二、任务开展

1. 模板工程选型

根据工程结构特点、工程体量大小、现场施工场地、施工机具设备、模板及其支架材料供应等条件，进行综合比较，选定适宜的模板及支架材料与结构体系。

2. 施工顺序选择

根据混凝土结构体量大小（单层面积、长度、是否设缝）以及模板工程施工队组、周转材料准备等情况确定是否分段流水施工，如需要流水施工，确定各个流水段的施工顺序。

同一流水段模板安装顺序一般为柱模板、墙模板→梁模板→楼板模板、楼梯模板。

3. 测量放线

按照设计图纸放出建筑纵横向轴线和各个构件模板安装的控制边线，弹好墨线，测量放出标高控制 500 线，定好标高控制点并做好标记，校核无误。模板按照要求涂刷脱模剂，并按指定的位置分类、分尺寸堆放整齐。

4. 模板安装

确保现浇混凝土构件相互位置和几何尺寸的准确，模板必须按已经弹好的轴线或模板安装控制线就位。安装柱、墙等竖向构件的模板时，必须严格控制竖向构件模板垂直度；模板安装就位时，应吊线控制每一块模板垂直度，确认无误后，方可固定模板；模板拼装配合时，现场施工人员逐一检查模板垂直度，确保垂直度不超过规范允许的偏差。模板工程安装完成后，混凝土浇筑施工前，进行模板工程检查验收。

5. 模板拆除

混凝土达到要求的强度后，方可拆除模板及其支架；拆除作业时不得猛锤硬撬以免损伤混凝土或损坏模板。

6. 评价指导

学生分组认真完成活动操作，遵守施工安全规定，教师进行评价指导。

三、任务评价

展示任务完成情况，并完成表 3-1 所示的考核评价表。

表 3-1　考核评价表

评价项目	评价内容	分值	评分		
			自评	互评	师评
职业素养考核项目（40%）	考勤、仪容仪表	10 分			
	安全意识、责任意识及服从意识	10 分			
	团队合作、沟通交流能力	10 分			
	保持场地、设备及工具等干净整洁	10 分			

续表

评价项目	评价内容	分值	评分		
			自评	互评	师评
专业能力考核项目（60%）	积极参与模板工程施工教学活动并理解活动要求	30 分			
	模板安装与拆除操作符合规范，任务完成度	30 分			
合计：综合分数________	自评（20%）+互评（20%）+师评（60%）	100 分			
综合评语		指导教师（签名）：			

任务一 模板工程概述

一、模板的类型

模板是使混凝土结构和构件按所要求的几何尺寸成型的模型板。模板系统由面板、支架和连接件三部分系统组成，可简称为模板。模板有多种分类方式，通常按以下方式分类：按所用材料不同，分为木模板、组合钢模板、木胶合板模板、竹胶合板模板、塑料模板、玻璃模板、铝合金模板等；按结构类型不同，分为基础模板、柱模板、墙模板、梁和楼板模板、楼梯模板等；按施工方法不同，分为现场装拆式模板、固定式模板和移动式模板。下面介绍常用的组合钢模板和木胶合板模板。

1. 组合钢模板

（1）钢模板

钢模板包括平面模板、阳角模板、阴角模板和连接角模。

① 平面模板。平面模板用于基础、墙体、梁、板、柱等各种结构的平面部位，由面板和肋组成，肋上设有 U 形卡孔和插销孔，利用 U 形卡和 L 形插销等拼装成大块板。

② 阳角模板。阳角模板主要用于混凝土构件阳角。

③ 阴角模板。阴角模板用于混凝土构件阴角，如内墙角、水池内角及梁板交接处阴角等。

④ 连接角模。连接角模用于垂直连接平模板，构成阳角。

（2）连接件

定型组合钢模板的连接件包括 U 形卡、L 形插销、钩头螺栓、紧固螺栓、对拉螺栓、蝶形扣件和山型卡等，如图 3-1 所示。

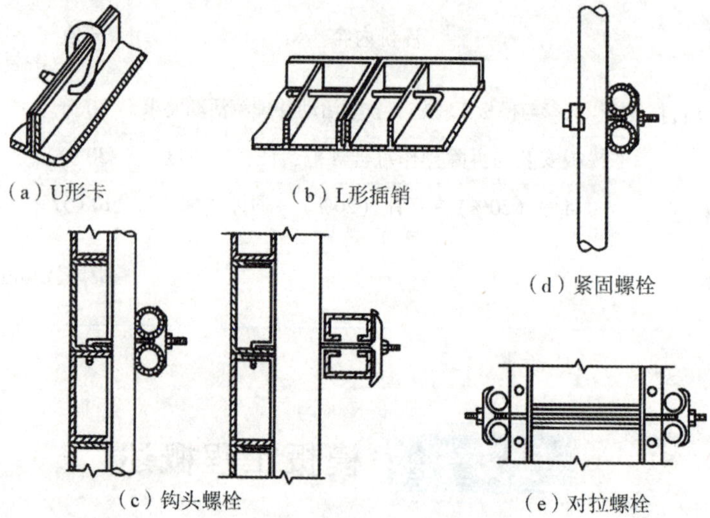

图 3-1　钢模板连接件

① U 形卡：模板的主要连接件，用于相邻模板的拼装。

② L 形插销：用于插入两块模板纵向连接处的插销孔内，以增强模板纵向接头处的刚度。

③ 钩头螺栓：连接模板与支撑系统的连接件。

④ 紧固螺栓：用于内、外钢楞之间的连接件。

⑤ 对拉螺栓：又称穿墙螺栓，用于连接墙壁两侧模板，保持墙壁厚度，承受混凝土侧压力及水平荷载，使模板不致变形。

⑥ 蝶形扣件和山型卡：用于钢楞之间或钢楞与模板之间的扣紧。

（3）支承件

组合钢模板的支承件包括钢楞、钢支架、柱箍、斜撑及钢桁架等。

① 钢楞。钢楞即模板的横档和竖档，分内钢楞与外钢楞。内钢楞的配置方向一般应与钢模板垂直，直接承受钢模板传来的荷载，其间距一般为 700～900 mm。钢楞一般用圆钢管、矩形钢管、槽钢或内卷边槽钢，钢管用得较多。

② 钢支架。常用钢管支架，由内外两节钢管制成，其高低调节距模数为 100 mm；支架底部除垫板外，均用木楔调整标高，以利于拆卸。另一种钢管支架本身装有调节螺杆，能调节一个孔距的高度，使用方便，但成本略高。当荷载较大、单根支架承载力不足时，可用组合钢支架或钢管井架，还可用扣件式钢管脚手架、门型脚手架作支架。

③ 柱箍。柱模板四边设钢柱箍，钢柱箍由相邻钢管互相成直角组成，或用对拉螺栓拉紧，如图 3-2 所示。

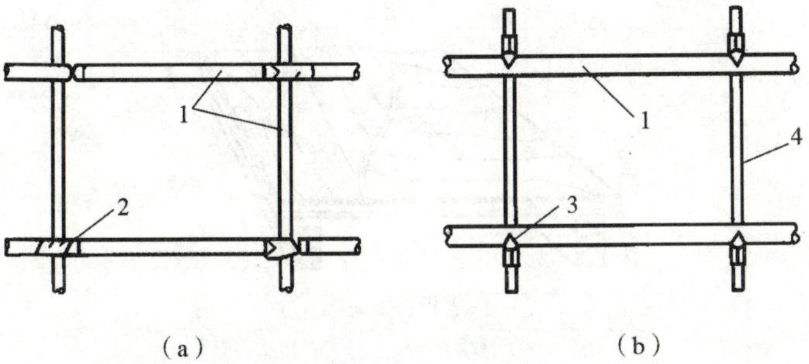

1-圆钢管；2-直角扣件；3-山形卡；4-对拉螺栓。

图 3-2　柱箍

④ 斜撑。斜撑由组合钢模板拼成的整片墙模或柱模，在吊装就位后，应由斜撑调整和固定其垂直位置，如图 3-3 所示。

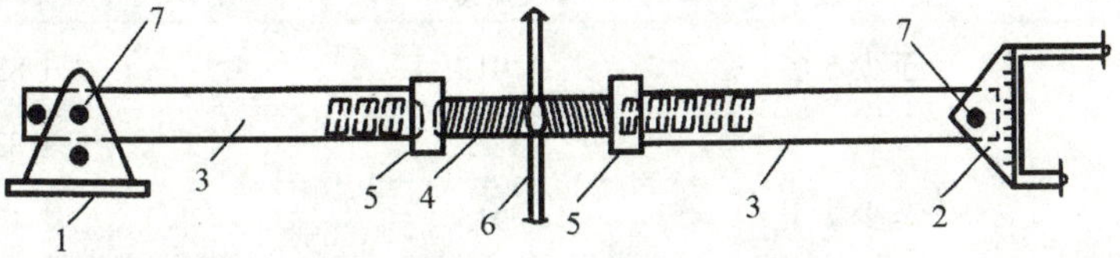

1-底座；2-顶撑；3-钢管斜撑；4-花篮螺栓；5-螺母；6-旋杆；7-销钉。

图 3-3　斜撑

⑤ 钢桁架。钢桁架两端可支承在钢筋托具、墙、梁侧模板的横档以及柱顶梁底横档上，以支承梁或板的模板，如图 3-4 所示。

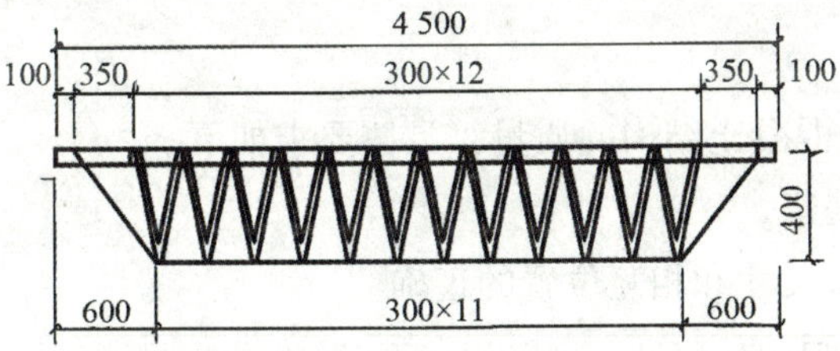

图 3-4　钢桁架（单位：mm）

（4）钢模配板

采用组合钢模板时，同一构件的模板展开可用不同规格的钢模作多种方式的组合排列，因而形成不同的配板方案。配板方案对支模效率、工程质量和经济效益都有一定影响。合理的配板方案应满足以下几点：钢模块数少、木模嵌补量少，并能使支承件布置简单、受力合理。

2. 木胶合板模板

木胶合板是一组单板（薄木片）按相邻层木纹方向相互垂直组坯、相互胶合成的板材。其表板和内层板对称配置在中心层或板芯的两侧。混凝土模板用的木胶合板属于具有高耐候性、高耐水性的 I 类胶合板，胶黏剂为酚醛树脂。模板用的木胶合板通常由 5、7、9、11 层等奇数层单板经热压固化而胶合成型。相邻层的纹理方向相互垂直，通常最外层表板的纹理方向和胶合板板面的长向平行（图 3-5），因此，整张胶合板的长向为强方向，短向为弱方向，使用时必须加以注意。

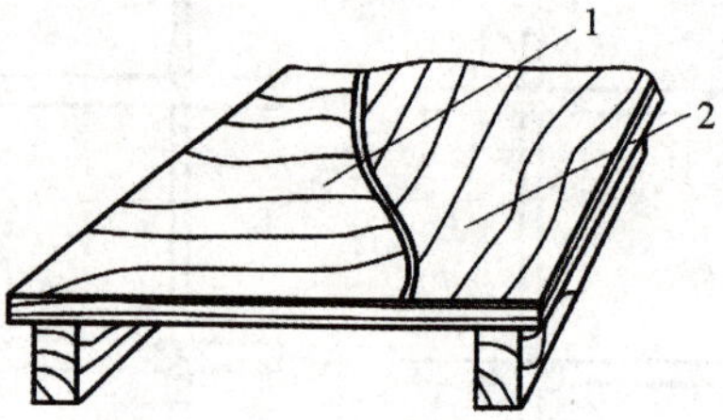

1–表板；2–芯板。

图 3–5　木胶合板纹理方向与使用

模板用木胶合板的幅面尺寸，一般宽度为 1 200 mm 左右，长度为 2 400 mm 左右，厚度为 12~18 mm。表 3–2 列出我国常用模板木胶合板的规格尺寸。

表 3–2　我国常用模板木胶合板的规格尺寸

单位：mm

厚度	层数	宽度	长度
12	至少 5 层	915	1 830
15	至少 7 层	1 220	1 830
18		915	2 135
		1 220	2 440

二、模板工程设计的原则和内容

1. 设计原则

（1）实用性

实用性主要应保证混凝土结构的质量，具体要求如下。

① 接缝严密，不漏浆。

② 保证构件的形状尺寸和相互位置的正确。

③ 构造简单，支拆方便。

④ 便于钢筋的绑扎、安装和混凝土的浇筑、养护等要求。

（2）安全性

安全性是指保证在施工过程中，不产生影响混凝土结构质量的变形，不发生破坏或倒塌等安全事故。

（3）经济性

经济性主要针对工程结构的具体情况，因地制宜，就地取材，在确保工期、质量的前提下，尽量减少一次性投入，增加模板周转，减少支拆用工，实现文明施工。

2. 设计内容

模板设计的内容，主要包括选型、选材、配板、荷载计算、结构设计和绘制模板施工图等。各项设计的内容和详尽程度，可根据工程的具体情况和施工条件确定。

三、荷载与荷载标准值

1. 荷载

计算模板及其支架的荷载，分为荷载标准值和荷载设计值。荷载设计值系荷载标准值乘以相应的荷载分项系数。

2. 荷载标准值

（1）永久荷载标准值应符合下列规定

① 模板及其支架自重标准值（G_{1k}）——模板自重标准值应根据模板设计图纸确定。对肋形楼板及无梁楼板模板的自重标准值，也可参照表 3-3 采用。

表 3-3　模板及其支架自重标准值　　单位：kN/m^2

模板构件的名称	木模板	组合钢模板	钢框胶合板模板
无梁楼板模板	0.30	0.50	0.40
肋形楼板模板（其中包括梁的模板）	0.50	0.75	0.60
楼板模板及其支架（楼层高度 4 m 以下）	0.75	1.10	0.95

注：本表中木模板、组合钢模板的自重标准值依据《建筑施工模板安全技术规范》（JGJ 162—2008）、钢框胶合板模板的自重标准值依据《建筑施工手册》；相关规范没有给出钢管搭设的胶合板模板的自重标准值，建议若无其他更准确数据，则可参照钢框胶合板模板的自重标准值。

支架自重标准值应根据模板支架布置计算确定，钢管支架自重标准值可按模板支架高度乘以 0.15 kN/m 取值。

注：本条引自《建筑施工扣件式钢管模板支架技术规程》（DB33/T 1035—2018）。

② 新浇混凝土自重标准值（G_{2k}）——对普通混凝土，可采用 24 kN/m^3；对其他混凝土，应根据实际重力密度确定。

③ 钢筋自重标准值（G_{3k}）——按设计图纸计算确定。对一般梁板结构，每立方米钢筋混凝土的钢筋自重标准值：梁可取 1.5 kN，楼板可取 1.1 kN。

④ 模板侧面的压力标准值（G_{4k}）——采用内部振捣器时，可按以下两式计算，并取其中较小值。

$$F = 0.22\gamma_c t_0 \beta_1 \beta_2 V^{1/2} \tag{3-1}$$

$$F = \gamma_c H \tag{3-2}$$

式中　F——新浇筑混凝土对模板的最大侧压力，kN/m^2；

γ_c——混凝土的重力密度，kN/m^3；

t_0——新浇筑混凝土的初凝时间，h，可按实测确定；当缺乏试验资料时，可采用 $t_0 = 200/(T+15)$ 计算（T 为混凝土的入模温度，℃）；

V——混凝土的浇筑速度，m/h；

β_1——外加剂影响修正系数，不掺外加剂时取 1.0；掺具有缓凝作用的外加剂时取 1.2；

β_2——混凝土坍落度影响修正系数，当坍落度小于 30 mm 时，取 0.85；当坍落度为 50~90 mm 时，取 1.0；当坍落度为 110~150 mm 时，取 1.15；

H——混凝土侧压力计算位置处至新浇筑混凝土顶面的总高度，m。

混凝土侧压力的计算分布图如图 3-6 所示，图中 h 为有效压头高度，$h = F/\gamma_c$（m）。

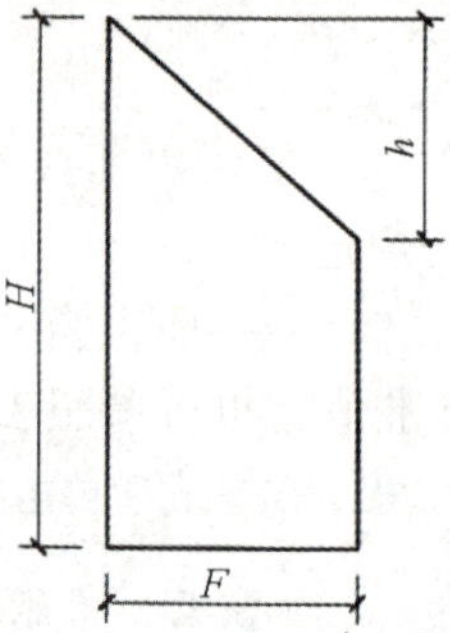

图 3-6　混凝土侧压力的计算分布图

提 示

本条关于混凝土侧压力的计算是采用《混凝土结构工程施工质量验收规范》（GB 50204—2015）中的方法。但是对于目前普遍采用的泵送混凝土，该公式有一定的局限性。泵送混凝土侧压力的计算与传统的施工工艺的混凝土侧压力计算有着很大的差异。就混凝土浇筑对模板侧压力的影响，国内外一些学者开展了较多的研究工作，提出了不同的侧压力计算公式，但目前还没有一个统一适用于现场模板设计操作的公式。

（2）可变荷载标准值应符合下列规定

① 施工人员及设备荷载标准值（Q_{1k}）——计算模板及直接支撑模板的小楞时，均布活荷载可取 2.5 kN/m^2，另应以集中荷载 2.5 kN 作用于跨中再进行验算，比较两者所得的弯矩值，按其中较大者采用。计算直接支撑小楞的大楞时，均布活荷载可取 1.5 kN/m^2。计算支架立杆及其他支撑结构构件时，均布活荷载可取 1.0 kN/m^2。

② 振捣混凝土时产生的荷载标准值（Q_{2k}）——对水平面模板可采用 2.0 kN/m^2；对垂直面模板可采用 4.0 kN/m^2，且作用范围在新浇筑混凝土侧压力的有效压头高度以内。

③ 倾倒混凝土时产生的荷载标准值（Q_{3k}）——倾倒混凝土时对垂直面模板产生的水平荷载标准值，可按表 3-4 采用。

表 3-4　倾倒混凝土时产生的水平荷载

向模板内供料方法	水平荷载/（kN/m^2）
溜槽、串筒或导管	2
容积小于 0.2 m^3 的运输工具	2
容积为 0.2~0.8 m^3 的运输工具	4
容积大于 0.8 m^3 的运输工具	6

注：（1）作用范围在有效压头高度以内。

（2）《混凝土质量控制标准》（GB 50164—2011）第 4.5.3 条规定，柱、墙等结构竖向浇筑高度超过 3 m 时，应采用串筒、溜管或振动溜管浇筑混凝土。

（3）风荷载标准值（ω_k）

应按现行国家标准《建筑结构荷载规范》（GB 50009—2012）中的规定计算，其中风振系数$\beta_z = 1$。

3. 荷载设计值

计算模板及其支架结构或构件的强度、稳定性和连接强度时，应采用荷载设计值（荷载标准值乘以相应的荷载分项系数），荷载分项系数应按表 3-5 采用。

表 3-5 模板及支架荷载分项系数表

荷载类别	γ_i
模板及其支架自重标准值（G_{1k}）	对由可变荷载效应控制的组合，应取 1.2；对由永久荷载效应控制的组合，应取 1.35
新浇筑混凝土自重标准值（G_{2k}）	
钢筋自重标准值（G_{3k}）	
模板侧面的压力标准值（G_{4k}）	
施工人员及设备荷载标准值（Q_{1k}）	一般情况下应取 1.4；对标准值大于 4 kN/m^2 的活荷载应取 1.3
振捣混凝土时产生的荷载标准值（Q_{2k}）	
倾倒混凝土时产生的荷载标准值（Q_{3k}）	
风荷载标准值（ω_k）	1.4

注：计算正常使用极限状态的变形时，应采用荷载标准值。

4. 荷载折减（调整）系数

钢面板及支架作用荷载设计值可乘以系数 0.95 进行折减。当采用冷弯薄壁型钢时，其荷载设计值不应折减。

四、模板结构设计

1. 基本设计规定

（1）模板结构构件的面板（木、钢、胶合板）、大小楞（木、钢）等，均属于受弯构件，可按简支梁或连续梁计算。当模板构件的跨度超过三跨时，可按三跨连续梁计算。

（2）《建筑施工模板安全技术规范》（JGJ 162—2008）规范中规定，面板可按简支跨计算，应验算跨中和悬臂端的最不利抗弯强度和挠度；支撑楞梁计算时，次楞、主楞可根据实际情况按连续梁、简支梁或悬臂梁设计；同时次、主楞梁均应进行最不利抗弯强度与挠度计算。

（3）当纵向或横向水平杆的轴线对立杆轴线的偏心距不大于 55 mm 时，立杆稳定性计算中可不考虑此偏心距的影响。

提 示

注：本条引自《建筑施工扣件式钢管模板支架技术规程》（DB33/T 1035—2018）。

（4）模板支架计算时，应先确定计算单元，明确荷载传递路径，并根据实际受力情况绘出计算简图。

（5）钢管截面特性取值应根据材料进场后的抽样检测结果确定。

（6）优先选用在梁两侧设置立杆的支撑模式，通过调整立杆纵向间距使其满足受力要求。沿梁长方向，支撑梁的立杆间距，应视荷重情况分别取与板底立杆间距相同或取板底立杆间距的1/2、1/3、1/4等。在梁两侧设置立杆的基础上再在梁底增设立杆时，应按等跨连续梁进行计算，并查取相关系数。

（7）用扣件式钢管脚手架作支架立杆时，应符合下列规定：当露天支架立杆为群柱架时，高宽比不应大于5；当高宽比大于5时，必须加设抛撑或缆风绳，保证宽度方向的稳定。

（8）钢材的强度设计值与弹性模量如表3-6所示（支撑立杆等主要受力杆件的钢材品种应采用Q235）。

表3-6　Q235钢材的强度设计值与弹性模量

抗拉、抗压强度设计值f/（N/mm^2）	205
抗弯强度设计值f_m/（N/mm^2）	205
弹性模量E/（N/mm^2）	2.06×10^5

（9）扣件、底座的承载力设计值如表3-7所示。

表3-7　扣件、底座的承载力设计值

项目	承载力设计值/kN
对接扣件（抗滑）	3.20
直角扣件、旋转扣件（抗滑）	8.00
底座（抗压）	40.00

注：扣件螺栓拧紧扭力矩值不应小于40 N·m，且不应大于65 N·m。

（10）木材的强度设计值与弹性模量如表3-8所示。

表3-8　木材强度设计值与弹性模量参考值

名称	抗弯强度设计值f_m/（N/mm^2）	抗剪强度设计值f_v/（N/mm^2）	弹性模量E/（N/mm^2）
枋木	11（13）	1.2（1.3）	9 000（9 000）
胶合板	11.5（15）	（1.4）	4 000（6 000）

注：（1）表中括号里的数字为在《建筑施工扣件式钢管模板支架技术规程》（DB33/T 1035—2018）中采用的强度设计值和弹性模量。

（2）《建筑施工模板安全技术规范》（JGJ 162—2008）中规定，木材的强度设计值和弹性模量的大小与木材树种等因素有关，其取值过于烦琐，而由于施工现场木材树种较难控制，本表木材强度设计值和弹性模量按《建筑施工模板安全技术规范》（JGJ 162—2008）中强度最低的TC11B取值。

（3）《建筑施工模板安全技术规范》（JGJ 162—2008）中规定，木胶合板的强度设计值和弹性模量的取值同样过于烦琐，本表取的是最小值。

（11）《建筑施工模板安全技术规范》（JGJ 162—2008）中规定，受压构件长细比：支架立杆及桁架，不应大于150；拉条、缀条、斜撑等连系构件，不应大于200。受拉构件长细比：钢拉杆，不应大于350；木拉杆，不应大于250。

《建筑施工扣件式钢管模板支架技术规程》（DB33/T 1035—2018）中规定，受压构件的长细比不应超过表3-9中规定的容许值。

表3-9　受压构件的容许长细比

构件类别	容许长细比［λ］
立杆	210
剪刀撑中的压杆	250

2. 水平构件计算

（1）模板支架水平构件的抗弯强度

应按下列公式计算

$$\sigma = \frac{M}{W} \leqslant f_m \tag{3-3}$$

式中　σ——弯曲应力，N/mm^2；

M——弯矩设计值，N·mm；

W——截面模量，mm^3；

f_m——抗弯强度设计值，N/mm^2。

（2）模板支架水平构件弯矩设计值

应按下列公式计算的结果取最大值

$$M = 1.2\sum M_{Gik} + 1.4\sum M_{Qik} \tag{3-4}$$

$$M = 1.35\sum M_{Gik} + 1.4 \times 0.7\sum M_{Qik} \tag{3-5}$$

式中　ΣM_{Gik}——模板自重、新浇混凝土自重与钢筋自重标准值产生的弯矩总和，N·mm；

ΣM_{Qik}——施工人员及设备荷载标准值、振捣混凝土时产生的荷载标准值产生的弯矩总和，N·mm，应取最不利抗弯强度和挠度。

（3）水平构件的抗剪强度计算

底模、枋木应按下列公式进行抗剪强度计算

$$\tau = \frac{3Q}{2bh} \leqslant f_v \tag{3-6}$$

注：根据《建筑施工模板安全技术规范》（JGJ 162—2008）中规定，可不进行模板面板的抗剪强度验算。

钢管应按下列公式进行抗剪强度计算

$$\tau = \frac{2Q}{A} \leqslant f_v \tag{3-7}$$

式中　τ——剪应力，N/mm^2；

Q——剪力设计值，N；

b——构件宽度，mm；

A——钢管的截面面积，mm^2；

h——构件高度，mm；

f_v——抗剪强度设计值为120 N/mm^2。

一般情况下，钢管不需进行抗剪承载力计算，因为钢管抗剪强度不起控制作用。如 Φ48.3 × 3.6 的 Q235-A 级钢管，其抗剪承载力为

$$[V]=\frac{Af_v}{K_1}=\frac{506\ \text{mm}^2\times 120\ \text{N/mm}^2}{2.0}=30.36\ \text{kN} \tag{3-8}$$

式中 K_1——截面形状系数。

一般横向、纵向水平杆上的荷载由一只扣件传递，一只扣件的抗滑承载力设计值只有 8.0 N，远小于 V，故只要满足扣件的抗滑力计算条件，纵、横向水平杆件抗剪承载力也肯定满足。

（4）模板支架水平构件的挠度

应符合下列公式规定

$$v \leqslant [v] \tag{3-9}$$

式中 v——挠度，mm；

$[v]$——容许挠度，mm。

简支梁承受均布荷载时

$$v=\frac{5ql^4}{384EI} \tag{3-10}$$

式中 q——均布荷载，N/mm；

E——弹性模量，N/mm^2；

I——截面惯性矩，mm^4；

l——梁的计算长度，mm。

简支梁跨中承受集中荷载时

$$v=\frac{Pl^3}{48EI} \tag{3-11}$$

式中 P——跨中集中荷载，N。

（5）计算横向、纵向水平杆的内力和挠度

横向水平杆宜按简支梁计算；纵向水平杆宜按三跨连续梁计算。

（6）计算楼板模板的钢管大楞（杠管、主楞）

当楞木的间距≤400 mm 时，可近似按均布荷载作用下的多跨连续构件计算。楞木传来的集中荷载除以楞木间距即得均布荷载。

（7）梁腹部设置对拉螺栓

梁高大于 700 mm 时，应采用对拉螺栓在梁侧中部设置通长横楞并用对拉螺栓紧固（对拉螺栓计算的具体要求见柱模板）

3. 立杆计算

（1）计算立杆段的轴向力设计值 N_{ut}

应按下列公式计算

不组合风荷载时

$$N_{ut}=1.2\sum N_{Gik}+1.4\sum N_{Qik} \tag{3-12}$$

式中 N_{ut}——计算段立杆的轴向力设计值，N；

ΣN_{Gik}——模板及支架自重、新浇混凝土自重与钢筋自重标准值产生的轴向力总和，N；

ΣN_{Qik} ——施工人员及施工设备荷载标准值、振捣混凝土时产生的荷载标准值产生的轴向力总和，N。

（2）单层模板支架立杆的稳定性

对单层模板支架，立杆的稳定性应按下列公式计算

不组合风荷载时
$$\frac{N_{ut}}{\varphi AK_H} \leqslant f \tag{3-13}$$

对两层及两层以上模板支架，考虑叠合效应，立杆的稳定性应按下列公式计算

不组合风荷载时
$$\frac{1.05N_{ut}}{\varphi AK_H} \leqslant f \tag{3-14}$$

式中 N_{ut} ——计算立杆段的轴向力设计值，N；

φ ——轴心受压立杆的稳定系数；

A——立杆的截面面积，mm^2；

K_H——高度调整系数，模板支架高度超过 4m 时采用，按下述规定计算；

f——钢材的抗压强度设计值，N/mm^2。

（3）立杆计算长度 l_0

立杆计算长度 l_0 应按下列表达式计算的结果取最大值

$$l_0 = h + 2a \tag{3-15}$$

$$l_0 = k\mu h \tag{3-16}$$

式中 h——立杆步距，mm；

a——模板支架立杆伸出顶层横向水平杆中心线至模板支撑点的长度，mm；

k——计算长度附加系数；

μ ——考虑支架整体稳定因素的单杆等效计算长度系数。

（4）当模板支架高度超过 4 m 时，应采用高度调整系数 K_H 对立杆的稳定承载力进行调降

按下列公式计算

$$K_H = \frac{1}{1 + 0.005(H - 4)} \tag{3-17}$$

式中 H——模板支架高度，m。

（5）《建筑施工模板安全技术规范》（JGJ 162—2008）中规定的扣件式钢管立杆稳定性计算

① 用对接扣件连接的钢管立柱应按单杆轴心受压构件计算，其计算应符合下式

$$\frac{N}{\varphi A} \leqslant f \tag{3-18}$$

式中 N——立柱轴心压力设计值，其余规定同《建筑施工扣件式钢管模板支架技术规程》（DB33/T 1035—2018）。

上式中计算长度采用纵横向水平拉杆的最大步距，最大步距不得大于 1.8 m，步距相同时应采用底层步距。

② 室外露天支模组合风荷载时，立柱计算应符合下式要求

$$\frac{N_w}{\varphi A}+\frac{M_w}{W}\leqslant f \tag{3-19}$$

其中

$$N_w=0.9\times\left(1.2\sum_{i=1}^{n}N_{Gik}+0.9\times1.4\sum_{i=1}^{n}N_{Qik}\right) \tag{3-20}$$

$$M_w=\frac{0.9^2\times1.4w_k l_a h^2}{10} \tag{3-21}$$

式中 $\sum_{i=1}^{n}N_{Gik}$——各恒载标准值对立杆产生的轴向力之和，N；

$\sum_{i=1}^{n}N_{Qik}$——各活荷载标准值对立杆产生的轴向力之和，另加 $\frac{M_w}{l_b}$ 的值，N；

w_k——风荷载标准值，N/mm²；

h——纵横水平杆的计算步距，m；

l_a——立柱迎风面的间距，m；

l_b——与迎风面垂直方向的立柱间距，m。

4. 扣件抗滑承载力计算

对单层模板支架，纵向或横向水平杆与立杆连接时，扣件的抗滑承载力按下列公式计算

$$R\leqslant R_c \tag{3-22}$$

式中 R——纵向、横向水平杆传给立杆的竖向作用力设计值，kN；

R_c——扣件抗滑承载力设计值，kN。

对两层及两层以上模板支架，考虑叠合效应，纵向或横向水平杆与立杆连接时，扣件的抗滑承载力应按下列公式计算

$$1.05R\leqslant R_c \tag{3-23}$$

$R\leqslant8.0$ kN 时，可采用单扣件；8.0 kN$<R\leqslant$12.0 kN 时，应采用双扣件；$R>$12.0 kN 时，应采用可调托座。

注：《建筑施工模板安全技术规范》（JGJ 162—2008）中规定，钢管立杆顶端应设可调支托，不存在扣件抗滑问题，故在《建筑施工模板安全技术规范》（JGJ 162—2008）中没有扣件抗滑承载力验算的相关条款规定，本条是引自《建筑施工扣件式钢管模板支架技术规程》（DB33/T 1035—2018）中的规定。

5. 对拉螺栓的计算

对拉螺栓应确保内、外侧模能满足设计要求的强度、刚度和整体性。

对拉螺栓强度应按下列公式计算

$$N<N_t^b \tag{3-24}$$

式中 N_t^b——对拉螺栓的允许荷载，N；

N——对拉螺栓最大轴力设计值：$N=abF_s$，N；

a——对拉螺栓横向间距，mm；

b——对拉螺栓竖向间距，mm；

F_s——新浇混凝土作用于模板上的侧压力、振捣混凝土对垂直模板产生的水平荷载或倾倒混凝土时作用于模板上的侧压力设计值：$F_s=0.95(\gamma_G F+\gamma_Q Q_{3k})$ 或 $F_s=0.95(\gamma_G G_{4k}+\gamma_Q Q_{3k})$，kN；其中，0.95 为荷载折减系数。

6. 立杆地基承载力验算

对搭设在地面上的模板支架，应对地基承载力进行验算；对搭设在楼面和地下室顶板上的模板支架，应对楼面承载力进行验算。

立杆基础底面的平均压力应满足下列公式的要求

$$p \leqslant m_f f_{ak} \tag{3-25}$$

式中　p——立杆底垫木的平均压力，N/mm^2，$p=\dfrac{N}{A}$；

N——上部立杆传至垫木顶面的轴向力设计值，N；

A——垫木底面面积，mm^2；

f_{ak}——地基承载力特征值的标准值，N/mm^2，应按现行国家标准《建筑地基基础设计规范》（GB 50007—2011）有关规定或工程地质报告提供的数据采用；

m_f——地基土承载力折减系数，如表 3-10 所示。

表 3-10　地基土承载力折减系数

地基土类别	折减系数 m_f	
	支撑在原土上时	支撑在回填土上时
碎石土、砂土、多年填积土	0.8	0.4
粉土、黏土	0.9	0.5
岩石、混凝土	1.0	—

注：（1）立杆基础应有良好的排水措施，支安垫木前应适当洒水将原土表面夯实夯平。

（2）回填土应分层夯实，其各类回填土的干重度应达到所要求的密实度。

任务二　模板工程设计计算

模板工程设计是一项涉及施工质量和施工安全重要工作。模板工程设计计算包括：梁模板结构体系设计计算、楼板模板结构体系设计计算、柱模板结构体系设计计算、墙模板结构体系设计计算等内容。

扫一扫

模板工程量计算

一、梁模板结构体系设计计算

梁模板荷载传递路径有两条：一是底模→小楞→钢管大楞→扣件→立杆；二是侧模→

立档→外楞钢管→对拉螺栓。因此，梁模板结构体系的设计计算内容应包括底模的设计计算和侧模的设计计算两个方面的内容。

1. 底模的设计计算

（1）底模面板验算

应按三等跨连续梁验算底模面板的抗弯强度、抗剪强度和挠度。

① 对实际模板构件的结构简化可从三方面考虑：一是当支撑条件为小楞时，一般可简化为简支支座；二是当实际跨数超过三跨时，只按三跨来计算结构内力（前提是跨度相等或相近，相近是指各跨长度之差在15%之内）；三是考虑到用于搭设模板的材料需要多次周转使用，因其在使用过程中应使材料处于弹性范围，故应采用弹性算法计算构件的内力，其计算跨度应取支座中心线之间的距离。

② 对梁底模，可按三等跨连续梁计算，也可根据《建筑施工模板安全技术规范》（JGJ 162—2008）的要求，简化为简支梁。但简化为简支梁过于保守，且与实际情况严重不符，现场施工几乎没有用短板铺设梁底模的；若按三跨进行设计计算，则繁简适中，且与实际情况吻合，故建议把梁底模的计算简图简化为三等跨的连续梁进行设计计算。

③ 计算承载能力应考虑 $G_{1k}+G_{2k}+G_{3k}+Q_{2k}$；验算挠度应考虑 $G_{1k}+G_{2k}+G_{3k}$。具体荷载分析应包括荷载形式、作用位置、荷载大小三方面的内容。

④ 模板及其支撑系统属于临时性结构，也需要进行承载能力极限状态和正常使用极限状态的设计，同时也要满足相应的构造要求。由于模板体系多数受力构件均属于受弯构件（在梁模板体系中，梁底模、小楞、钢管大楞、梁侧面模板、立档、外楞钢管均是受弯构件；在板模板体系中，板底模、小楞、钢管大楞均属于受弯构件；在柱模板体系中，柱模面板、竖楞、柱箍均属于受弯构件；在墙模板体系中，墙模面板、次楞、主楞均属于受弯构件），因此，在对受弯构件进行承载能力极限状态的设计时，要满足抗弯强度验算和抗剪强度验算；在对受弯构件进行正常使用极限状态的设计时，要满足变形的要求。

⑤ 根据《建筑施工模板安全技术规范》（JGJ 162—2008）的规定，也可不验算模板面板的抗剪强度。规范所规定的验算内容是下限要求，必须要进行设计计算，没有规定的验算内容是否要进行设计计算由设计者根据需要自定。但目前多数工程的模板设计方案都进行了底模的抗剪强度验算，建议初学者在初次学习的过程中掌握模板面板的抗剪强度验算。

提 示

梁底模的计算简图一般可简化为三等跨的连续梁，上部承受均布的线荷载。在确定梁底模的计算简图后，可求出梁底模所受的弯矩、剪力和挠度，进而进行验算底模面板的抗弯强度、抗剪强度和挠度。

（2）钢管大楞与小楞验算

钢管大楞将所承受的荷载通过扣件传递给立杆，大楞的支座为扣件，将支撑条件简化为简支支座，计算跨度即为梁下立杆的纵距，故可按三等跨连续梁验算大楞的抗弯强度和挠度。此处大楞所受荷载为小楞传来的集中荷载；集中荷载的大小与小楞所受的支座反力相等；集中荷载的作用位置按小楞的间距布置，但需考虑到在施工过程中由于小楞是按一定间距随机铺设的，应将小楞传来的集中荷载作用到对大楞产生最不利内力的位置，集中荷载间距等于小楞的间距。如果在此情况下，精确计算钢管内力比较困难，可将小楞传来的集中荷载间距作近似简化，将原来较大的间距简化为一个较小的间距，以使得集中荷载的布置较为规则，便于求解内力。这是因为模板的设计计算是对承载力的复核，如果在一种更为不利的情况下，承载能力满足要求，则实际情况就更能满足承载力的要求。

小楞验算分析的原理和方法同梁底模，此时小楞的支座是钢管大楞，将支撑条件简化为简支支座，计算跨度即为大楞的间距，故可按简支梁计算或根据实际结构分析。但此处需注意荷载的转化，需将梁底模计算时底模面板所承受的沿梁长方向的线荷载转化为作用在小楞上沿梁宽方向的线荷载，作用位置位于梁底模面板在小楞上所处的位置。

(3) 扣件抗滑承载力验算

扣件抗滑承载力验算的关键是求得纵向或横向水平杆通过扣件传给立杆的竖向作用力设计值，其理论上等于钢管大楞所受的支座反力；另外也可以用每根立杆之间所受小楞传来的集中荷载个数乘以小楞传来的集中荷载来估算大楞传给立杆的竖向作用设计值。

(4) 立杆的稳定性计算

立杆的稳定性应按下列公式计算

$$\frac{N_{ut}}{\varphi A K_H} \leqslant f \tag{3-26}$$

式中 N_{ut}——计算立杆段的轴向力设计值，N；

φ——轴心受压立杆的稳定系数；

A——立杆的截面面积，mm^2，对 ϕ48.3×3.6 钢管，取 506 mm^2；

K_H——高度调整系数；

f——钢材的抗压强度设计值，N/mm^2，取 205 N/mm^2。

注：(1) N_{ut}应包括支架自重设计值和钢管大楞通过扣件传给立杆的轴向力设计值。支架自重设计值可按模板支架高度以 0.15 kN/m 来估算，此处的 0.15 kN/m 是模板支架自重每延米自重标准值，应乘以模板支架高度、恒载分项系数和结构重要性系数；钢管大楞通过扣件传给立杆的轴向力设计值即为上述验算扣件抗滑承载力时计算的水平杆通过扣件传给立杆的竖向作用设计值。

(2) 应按下列两个表达式计算的结果取最大值：$l_0 = h + 2a$，$l_0 = k\mu h$。

2. 侧模的设计计算

(1) 侧模验算

按三等跨连续梁（也可按简支梁计算）验算侧模的抗弯强度、抗剪强度和挠度。其分析方法和计算内容同梁底模，需注意的是，此时侧面模板所受的荷载应根据表 3-5 重新确定，计算承载能力应考虑 $G_{4k}+Q_{2k}$；验算挠度应考虑 G_{4k}。

(2) 立档验算

梁高大于 700 mm 时，应采用对拉螺栓在梁侧中部设置通长横楞用螺栓紧固，故应根据实际结构分析其计算简图是简支梁还是多跨连续梁。

（3）外楞钢管验算

分析方法同梁底模的钢管大楞。

二、楼板模板结构体系设计计算

楼板模板施工支模示意图如图3-7所示，其荷载传递路径为：板底模面板→小楞→钢管大楞→扣件→立杆。

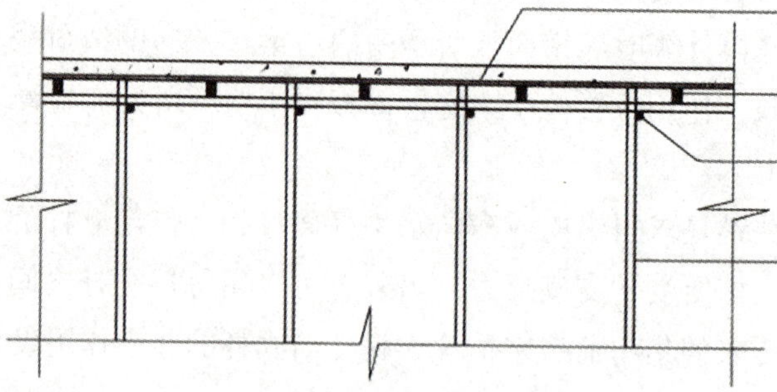

图3-7　楼板模板施工支模示意图

1. 底模验算

按三等跨连续梁（也可按简支梁计算）验算板底模的抗弯强度、抗剪强度和挠度。分析方法同梁底模，计算承载能力应考虑 $G_{1k}+G_{2k}+G_{3k}+Q_{1k}$；验算挠度应考虑 $G_{1k}+G_{2k}+G_{3k}$，尤其在确定施工人员及设备荷载标准值 Q_{1k} 时应按下述三种情况考虑。

（1）验算底模、小楞时，对均布荷载取2.5 kN/m²，另应以集中荷载2.5 kN再进行验算。

（2）验算大楞时，取均布荷载1.5 kN/m²。

（3）验算立杆时，取均布荷载1.0 kN/m²。

2. 小楞、大楞验算、扣件抗滑移验算和立杆的稳定性验算

计算小楞和大楞的受拉和受压应力，要根据受力情况和设计要求，确保其强度和稳定性符合设计要求。扣件在支撑结构中起连接或固定作用，需要检查其受力情况，确保其承受的力合理且安全。立杆作为支撑构件，需要检查其受力情况，主要包括受拉和受压情况的验算，确保其稳定性和承载能力。考虑梁底模及其支撑的受力情况，包括受剪、受弯和受压等情况，确保其强度和稳定性满足设计要求。其中，小楞、大楞、扣件和立杆的验算方法同梁底模及其支撑的验算。

三、柱模板结构体系设计计算

柱模板的支撑由两层组成，第一层为直接支撑模板的竖楞，用以支撑混凝土对模板的侧压力；第二层为支撑竖楞的柱箍，用以支撑竖楞所受的压力；柱箍之间用对拉螺栓相互拉接，形成一个完整的柱模板支撑体系。柱施工支模示意图如图3-8所示。

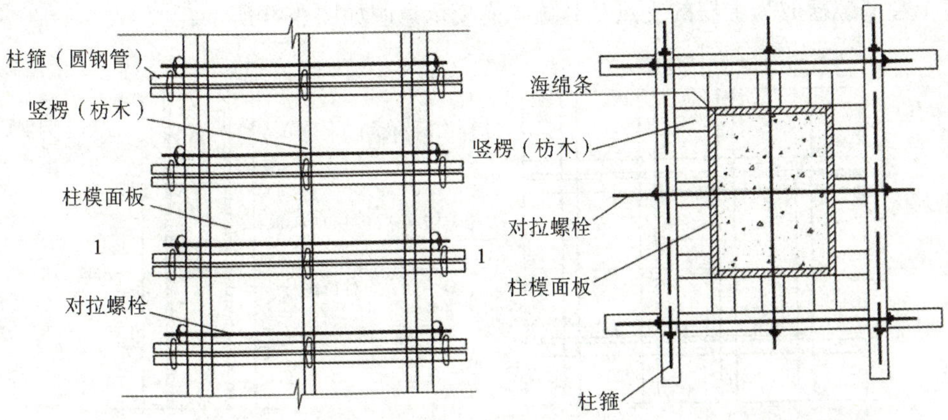

（a）柱立面图 （b）柱1—1剖面图

图 3-8 柱施工支模示意图

1. 柱模板计算内容

（1）验算面板的抗弯强度、抗剪强度和挠度。

（2）验算竖楞枋木的抗弯强度、抗剪强度和挠度。

（3）验算柱箍的抗弯强度和挠度（两个方向：*B* 方向和 *H* 方向）。

（4）验算对拉螺栓（两个方向：*B* 方向和 *H* 方向）的强度。

2. 计算要点

（1）柱模板荷载标准值

强度验算一般要考虑新浇混凝土侧压力 G_{4k} 和倾倒混凝土时产生的荷载 Q_{3k}（或振捣混凝土时产生的荷载 Q_{2k}）；挠度验算只考虑新浇混凝土侧压力 G_{4k}，如表 3-5 所示。

（2）柱模板面板的计算

柱模板面板直接承受新浇混凝土传递来的荷载，可按照均布荷载作用下的多跨连续梁（具体是两跨还是三跨应根据实际结构进行分析），也可按简支梁来验算柱模板面板的抗弯强度、抗剪强度和挠度。

（3）竖楞枋木的计算

竖楞枋木直接承受柱模板面板传递来的荷载，应该按照均布荷载作用下的三跨连续梁或根据实际结构分析得到竖楞的计算简图，然后验算竖楞的抗弯强度、抗剪强度和挠度。

（4）柱箍计算

柱箍承受竖楞传递给柱箍的集中荷载，当不设竖楞时，直接承受柱模板面板传递给柱箍的均布荷载，按实际布置得到柱箍的计算简图，然后验算柱箍的抗弯强度和挠度。

柱箍最大容许挠度：$v=l_0/250$。

（5）对拉螺栓的计算

对拉螺栓应确保内、外侧模能满足设计要求的强度、刚度和整体性。

对拉螺栓强度计算公式

$$N < N_t^b。$$

四、墙模板结构体系设计计算

墙模板的支撑由两层龙骨（木楞或钢楞）组成：直接支撑模板的为次楞，即内龙骨；用以支撑次楞的为主楞，即外龙骨。组装墙体模板时，通过穿墙螺栓将墙体两侧外龙骨拉结，每个穿墙螺栓成为主楞的支点，其施工支模示意图如图 3-9 所示。

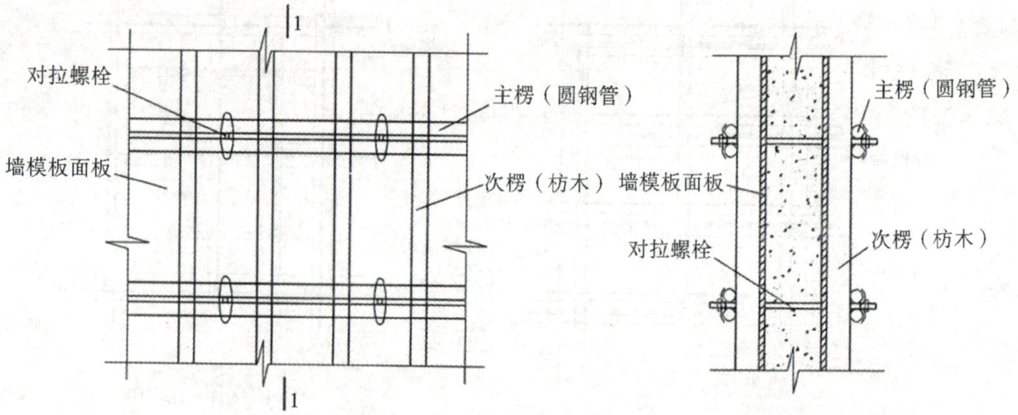

（a）墙模板正立面图　　（b）墙模板1-1剖面图

图 3-9　墙模板施工支模示意图

根据规范，当采用溜槽、串筒或导管时，倾倒混凝土产生的荷载标准值为 2. 00 kN/m²。

1. 墙模板面板的计算

墙模板面板为受弯结构，按支撑在次楞上的三跨连续梁（或简支梁或根据实际情况分析）验算其抗弯强度和刚度。此时应根据表 3-5 重新确定墙模板面板所受的荷载，强度验算要考虑新浇混凝土侧压力 G_{4k} 和倾倒混凝土时产生的荷载 Q_{3k}（或振捣混凝土时产生的荷载 Q_{2k}）；挠度验算只考虑新浇混凝土侧压力 G_{4k}。

2. 墙模板次楞的计算

次楞（木或钢）直接承受墙模板面板传递的荷载，按照均布荷载作用下的三跨连续梁（或根据实际情况分析）验算次楞的抗弯强度、抗剪强度和挠度。

3. 墙模板主楞的计算

主楞（木或钢）承受次楞传递来的集中荷载，按照集中荷载作用下的三跨连续梁计算。

任务三　模板工程施工概述

一、模板安装的规定

按配板设计循序拼装，以保证模板系统的整体稳定。配件必须装插牢固。支柱和斜撑下的支撑面应平整垫实，要有足够的受压面积。支撑件应着力于外钢愣。预埋件与预留孔洞必须位置正确，安设牢固。

基础模板必须支撑牢固，防止变形，侧模斜撑的底部应加设垫木。墙和柱子模板的底面应找平，下端应与事先做好的定位基准靠紧垫平。在墙、柱子上继续安装模板时，模板应有可靠的支撑点，其平直度应进行校正。楼板模板支模时，应先完成一个格构的水平支撑及斜撑安装，再逐渐向外扩展，以保持支撑系统的稳定性。墙柱与梁板同时施工时，应先支设墙柱模板，调整固定后，再在其上架设梁板模板。

支柱所设的水平撑与剪力撑，应按构造与整体稳定性布置。预组装墙模板吊装就位后，下端应垫平，紧靠定位基准；两侧模板均应利用斜撑调整和固定其垂直度。支柱在高度方向所设的水平撑与剪力撑应按构造与整体稳定性布置。

多层及高层建筑中，上下层对应的模板支柱应设置在同一竖向中心线上。对现浇混凝土梁、板，当跨度不小于 4 m 时，模板应按设计要求起拱。当设计无具体要求时，起拱高度宜为跨度的 1/1 000~3/1 000。

曲面结构可用双曲可调模板，采用平面模板组装时，应使模板面与设计曲面的最大差值不超过设计的允许值。

二、模板工程质量检查验收

模板安装前应编制专项模板工程施工方案。模板安装完成后，浇筑混凝土之前，应对模板工程进行验收；模板及其支架拆除的顺序及安全措施应按施工技术方案执行。模板工程验收的依据：一是事先制订的模板设计文件和施工技术方案；二是《混凝土结构工程施工质量验收规范》（GB 50204—2015）及相关规范。同时模板工程安装涉及高空作业，安全文明施工尤其重要。

模板工程在《混凝土结构工程施工质量验收规范》（GB 50204—2015）中称为模板分项工程，是为混凝土浇筑成型用的模板及其支架的设计、安装、拆除等一系列技术工作和完成实体的总称。模板分项工程的质量检验分主控项目、一般项目，按规定的检查方法进行验收。模板分项工程的质量验收应在所含检验批验收合格的基础上进行，由于模板可以连续周转使用，所含检验批通常根据模板安装和拆除的数量确定。

1. 模板分项工程质量检查验收一般规定

（1）模板及其支架应根据工程结构形式、荷载大小、地基土类别、施工设备和材料供应等条件进行设计。模板及其支架应具有足够的承载能力、刚度和稳定性，能可靠地承受浇筑混凝土的重力、侧压力以及施工荷载。

说明：本条提出了对模板及其支架的基本要求，这是保证模板及其支架的安全并对混凝土成型质量起重要作用的项目。多年的工程实践证明，这些要求对保证混凝土结构的施工质量是必需的。本条为强制性条文，应严格执行。

（2）在浇筑混凝土之前，应对模板工程进行验收。模板安装和浇筑混凝土时，应对模板及其支架进行观察和维护。发生异常情况时，应按施工技术方案及时进行处理。

说明：浇筑混凝土时模板及支架在混凝土重力、侧压力及施工荷载等作用下胀模（变形）、跑模（位移）甚至坍塌的情况时有发生。为避免事故，保证工程质量和施工安全，提出了对模板及其支架进行观察、维护和发生异常情况时进行处理的要求。

（3）模板及其支架拆除的顺序与安全措施应按施工技术方案执行。

说明：模板及其支架拆除的顺序与相应的施工安全措施对避免重大工程事故非常重要，在制订施工技术方案时应考虑周全。模板及其支架拆除时，混凝土结构可能尚未形成设计要求的受力体系，必要时应加设临时支撑。后浇带模板的拆除及支顶易被忽视而造成结构缺陷，应特别注意。本条为强制性条文，应严格执行。

2. 模板安装检查验收

（1）主控项目检查验收按照如下要求。

① 模板及支架用材料的技术指标应符合国家现行有关标准的规定。进场时应抽样检验模板和支架材料的外观、规格和尺寸。

检查数量：按国家现行有关标准的规定确定。

检验方法：检查质量证明文件；观察，尺量。

② 现浇混凝土结构模板及支架的安装质量，应符合国家现行有关标准的规定和施工方案的要求。

检查数量：按国家现行有关标准的规定确定。

检验方法：按国家现行有关标准的规定执行。

③ 后浇带处的模板及支架应独立设置。

检查数量：全数检查。

检验方法：观察。

（2）一般项目检查验收按照如下要求。

① 模板的接缝不应漏浆；在浇筑混凝土前，木模板应浇水湿润，但模板内不应有积水。模板与混凝土的接触面应清理干净并涂刷隔离剂，但不得采用影响结构性能或妨碍装饰工程施工的隔离剂。隔离剂不得沾污钢筋和混凝土接槎处。浇筑混凝土前，模板内的杂物应清理干净。对清水混凝土工程及装饰混凝土工程，应使用能达到设计效果的模板。

检查数量：全数检查。

检验方法：观察。

② 用作模板的地坪、胎膜等应平整光洁，不得产生影响构件质量的下沉、裂缝、起砂或起鼓。

检查数量：全数检查。

检验方法：观察。

③ 对跨度不小于 4 m 的现浇钢筋混凝土梁、板，其模板应按要求起拱。当设计无具体要求时，起拱高度宜为跨度的 1/1 000~3/1 000。

检查数量：在同一检验批内，对梁，应抽查构件数量的 10%，且不应少于 3 件；对板，应按有代表性的自然间抽查 10%，且不得小于 3 间；对大空间结构，板可按纵横轴线划分检查面，抽查 10%，且不少于 3 面。当梁跨度大于 18 m 时，应全数检查。

检验方法：水准仪或拉线、钢尺检查。

④ 固定在模板上的预埋件、预留孔洞均不得遗漏，且应安装牢固，其偏差应符合表 3-11 的规定。

检查数量：在同一检验批内，对梁、柱和独立基础，应抽查构件数量的 10%，且不应少于 3 件；对墙和板，应按有代表性的自然间抽查 10%，且不应少于 3 间；对大空间结构，墙可按相邻轴线间高度 5 m 左右划分检查面，板可按纵横轴线划分检查面，抽查 10%，且不少于 3 面。

表 3-11　预埋件和预留孔洞的允许偏差

项目		允许偏差/mm
预埋钢板中心线位置		3
预埋管、预留孔中心线位置		3
插筋	中心线位置	5
	外露长度	+10，0
预埋螺栓	中心线位置	2
	外露长度	+10，0
预留洞	中心线位置	10
	尺寸	+10，0

注：检查中心线位置时，应沿纵、横两个方向量测，并取其中的较大值。

检验方法：钢尺检查。

⑤ 现浇结构模板安装的偏差应符合表 3-12 的规定。

表 3-12　现浇结构模板安装的允许偏差及检验方法

项目		允许偏差/mm	检验方法
轴线位置	柱、墙、梁	5	钢尺检查
底模上表面标高		±5	水准仪或拉线、钢尺检查
模板内部尺寸	基础	±10	钢尺检查
	柱、墙、梁	±5	
	楼梯相邻踏步高差	5	
柱、墙垂直度	层高不大于 6 m	8	经纬仪或吊线、钢尺检查
	层高大于 6 m	10	经纬仪或吊线、钢尺检查
相邻两板表面高低差		2	钢尺检查
表面平整度		5	2 m 靠尺和塞尺检查

注：检查轴线位置时，应沿纵、横两个方向量测．并取其中的较大值。

检查数量：在同一检验批内，对梁、柱和独立基础，应抽查构件数量的 10%，且不应少于 3 件；对墙和板，应按有代表性的自然间抽查 10%，且不应少于 3 间；对大空间结构，墙可按相邻轴线间高度 5 m 左右划分检查面，板可按纵横轴线划分检查面，抽查 10%，且不少于 3 面。

检验方法：水准仪、经纬仪或钢尺检查。

3. 模板分项工程质量检验实务

根据模板分项工程上述质量检验的相关规定，模板安装后，施工单位和项目监理机构应使用表 3-13 现浇结构模板安装检验批质量验收记录（一）和表 3-14 现浇结构模板安装检验批质量验收记录（二）对模板安装质量进行检查验收，若发现有错误或安全隐患，应及时进行处理，并重新检查验收；拆除模板前，施工单位和项目监理机构应对模板拆除施工进行检查验收，达到验收条件，方可拆除。

表 3-13　现浇结构模板安装检验批质量验收记录（一）

工程名称			子分部工程名称		验收部位	
施工单位					项目经理	
专业工长			施工班组长			
施工执行标准名称及编号						
检查项目			质量验收规范的规定		施工单位检查评定记录	监理（建设）单位验收记录
主控项目	1	模板及支架用材料	材料的技术指标应符合国家现行有关标准的规定。进场时应抽样检验模板和支架材料的外观、规格和尺寸			
	2	模板及支架的安装质量	安装质量应符合国家现行有关标准的规定和施工方案的要求			
	3	后浇带处的模板及支架	后浇带处的模板及支架应独立设置			
一般项目	1	模板接缝、木模湿润、清理杂物	不应漏浆、湿润无积水、无杂物			
	2	与混凝土的接触面	清理干净并涂刷隔离剂，隔离剂不得影响结构性能和妨碍装饰工程施工			
	3	清水混凝土、装饰混凝土工程模板	能达到设计效果			
	4	用作模板的地坪、胎模	无影响构件质量的下沉、裂缝、起砂或起鼓			
	5	梁、板模起拱高度（L≮4m）	1‰~3‰或按设计要求			
	6	预埋件、预留孔洞	无遗漏、牢固			

注：本表所列项目的检查方法和检查数量。

（1）主控项目、一般项目的第1~4项：用检查质量证明文件和观察方法，全数检查。

（2）一般项目的第5项：用水准仪或拉线、钢尺检查。在同一检验批内，对梁抽查10%，且不应少于3件；对板抽查有代表性自然间的10%，且不应少于3间，如为大空间，可按纵、横轴线划分检查面，抽查10%，且不应少于3面。对梁跨度大于18 m时，应全数检查。

（3）一般项目的第6项：以观察方法全数检查有无遗漏。

表3-14　现浇结构模板安装检验质量验收记录（二）

检查项目					允许偏差/mm	检查方法	施工单位检查评定记录	监理（建设）单位验收记录
一般项目	1	预埋件和预留空洞的偏差	预埋钢板中心线		3	用钢尺		
			预埋管、预留孔中心线		3			
			插筋	中心线	5			
				外露长度	+10，0			
			预埋螺栓	中心线位置	2			
				外露长度	+10，0			
			预留洞	中心线位置	10			
				尺寸	+10，0			
			轴线位置		5			
	2	模板安装偏差	底模上表面标高		±5	水准仪或拉线、钢尺		
			截面内部尺寸	基础	±10	用钢尺		
				柱、墙、梁	±5			
				楼梯相邻踏步高差	5	经纬仪或吊线、钢尺		
			柱、墙垂直度	层高≯6 m	8			
				层高>6 m	10	用钢尺		
			相邻两板表面高低差		2	2 m靠尺或塞尺		
			表面平整度		5			
施工单位	项目专业质量检查员： 年　月　日					监理（建设）		监理工程师：（建设单位项目专业技术负责人） 年　月　日

注：（1）本表所列项目的检查数量：在同一检验批内，对梁、柱、独立基础抽查10%，且不应少于3件；对墙、板抽查有代表性自然间的10%，且不应少于3间，如为大空间，墙可按相邻轴线高度5 m左右划分检查面，板可按纵、横轴线划分检查面，抽查10%，且不应少于3面。

（2）检查中心线、轴线位置时，应沿纵横两个方向量测，取大值。

（3）表中允许偏差的实测数据填入“施工单位检查评定记录”栏，在允许值内的数值填光身数字，如5等；超出允许值的数值打上圈，如㉕等。

（4）使用《混凝土结构工程施工质量验收规范》（GB 50204—2015）的检验批质量合格的判定标准：

①主控项目的质量经抽样检验合格；②一般项目的质量经抽样检验合格；当采用计数检验时，除有专门要求外，一般项目的合格点率达到80%及以上，且不得有严重缺陷。

4. 模板拆除的规定

混凝土浇筑施工后，模板的拆除时间取决于混凝土的强度、模板的用途、结构的性质。及时拆模，可提高模板的周转率，也可以为其他工作创造条件。但过早拆模，混凝土会因强度不足以承担本身自重，或受到外力作用而变形甚至断裂，造成重大的质量事故，因此，《混凝土结构工程施工规范》（GB 50666—2011）对模板拆除也给出明确的检验标准。

（1）主控项目拆除规定

① 底模及其支架拆除时的混凝土强度应符合设计要求；当设计无具体要求时，混凝土强度应符合表3-15的规定。

表3-15　底模拆除时的混凝土强度要求

结构类型	构件跨度/m	达到设计混凝土强度标准值百分率/%
板	≤2	≥50
	>2，≤8	≥75
	>8	≥100
梁、拱、壳	≤8	≥75
	>8	≥100
悬臂构件	—	≥100

检验方法：检测同条件养护试块强度。

② 后浇带模板的拆除和支顶应按施工技术方案执行。

检查数量：全数检查。

检验方法：观察。

（2）一般项目拆除规定

① 侧模拆除时的混凝土强度应能保证其表面及棱角不受损伤。

检查数量：全数检查。

检验方法：观察。

② 模板拆除时，不应对楼层形成冲击荷载。拆除的模板和支架宜分散堆放并及时清运。

检查数量：全数检查。

检验方法：观察。

5. 模板拆除施工一般要求

拆模程序一般按先支后拆、后支先拆，先拆除非承重模板（如侧模）、后拆除承重模板（底模），并应从上而下进行拆除。重大复杂模板的拆除，事前应制订拆模方案。肋形楼板的拆模顺序为：柱模板→楼板底模板→梁侧模板→梁底模板。拆除较大跨度梁的下支柱时，应先从跨中开始，分别向梁两端拆除。

拆模时不要用力过猛，不得抛扔，尽量避免混凝土表面或模板受到损坏。拆完后，应及时运走、清理，按类别及尺寸分别堆放，以便下次使用。对钢模板，如果背面油漆脱落，应补刷防锈漆。

多层楼板模板的支柱拆除，上层楼板正在浇筑混凝土时，下一层楼板的支柱不得拆除，再下一层楼板的支柱，仅可部分拆除。跨度≥4 m 的梁下均应保留支柱，其间距不得大于3 m。已拆除模板及其支架结构的混凝土，应在其强度达到设计强度标准值后，才允许承受全部使用荷载。当承受施工荷载产生的效应比使用荷载更为不利时，必须经过核算，加设临时支撑。

提 示

在拆除模板过程中，如发现混凝土有影响结构安全的质量问题时，应暂停拆除，先处理后拆模。

知识链接

支模不妥引起的工程质量事故

1. “工”字形薄腹大梁扭曲事故

某工程预制“工”字形薄腹大梁，共200余根，在春节过后即将解冻时浇筑混凝土。浇筑时，对地基冻溶后的软化情况估计不足，未采取有效预防措施，致使大梁在浇筑后模板局部下陷，部分大梁发生扭曲，不能使用。

2. 现浇混凝土楼盖板裂缝事故

某教学楼为现浇钢筋混凝土楼盖。在支梁模板时，板的底模不是压在梁的侧模上。在浇筑混凝土的过程中，由于施工人员浇筑混凝土时小车来回行走，引起板与梁相接部分的模板受震变形，以致混凝土凝固后，在这个部位的板面上发生很长的裂缝而影响使用。说明板底模下的支撑不牢造成梁、板模板的错位而引起混凝土的开裂。

3. 模板膨胀、板面裂缝事故

某工程为现浇钢筋混凝土楼板，由于用了过分干燥的木料做板面模板，在浇筑混凝土以后的养护期间，模板受潮膨胀，发生上拱现象，使混凝土板面产生上宽下窄的裂缝。这种裂缝在初期不很明显，随着混凝土的收缩和气温变化而逐步扩展。有时这种裂缝并不贯通楼板，而是顶面有裂缝，底面无裂缝，但会影响楼板的寿命。

4. 支撑方法不当，结构质量受损事故

某工程为3层混合结构，现浇钢筋混凝土梁、板，房间跨度为6 m。为了浇筑混凝土楼盖时不影响地面的施工，决定在支撑楼盖模板时不用顶柱，改用斜支撑。在距地1 m高的砖墙上挑出12 cm的砖牛腿，五皮砖高，作为支撑斜支撑的支座。在浇筑大梁混凝土的过程中发现土砖牛腿被压坏，模板局部塌陷，严重影响结构的质量，后来不得不临时改用立柱。

5. 支撑垫木不当，梁裂事故

某厂同时建造三个仓库，结构形式相同，外墙为承重砖墙，中部为现浇钢筋混凝土梁和柱，屋面板为预制板。第一个仓库施工时，当梁柱拆模后，发现部分梁上有裂缝，位置在跨度的1/3处。起初认为这种裂缝是由于模板立柱下陷引起的，所以在第二个仓库施工时，将立柱下面进行适当加固。但在拆模后，仍发现与前一仓库相同的裂缝。后经检查发现，在施工过程中，当运砖的小车经过模板立柱下面的横向垫木时，经常发生振动，这种振动通过立柱传给了大梁模板，使刚凝固的混凝土大梁受震开裂。在第三个仓库施工时，针对此因素采取相应措施，将垫木断开，使小车压不上，于是裂缝不再出现了。

三、模板安装施工安全文明措施

1. 安全措施

模板工程施工时，应采取各种措施，切实做好如下安全工作。

（1）高耸建筑施工时，应有防雷击措施。装拆模板时，必须采用稳固的登高工具，支模前必须搭好相关脚手架，模板安装作业高度超过2 m时，必须搭设脚手架或操作平台，悬空作业处应有牢靠的立足作业面，不得站在拉杆、支撑杆上操作及在梁底模板上行走操作。登高作业时，各种配件应放在工具箱或工具袋中，严禁放在模板或脚手架上；各种工具应系挂在操作人员身上或放在工具袋内不得掉落。

（2）高空作业人员严禁攀登模板、斜撑杆、拉条、绳索或脚手架等，也不得在高空的墙顶、独立梁及其模板等上面行走；装拆施工时，除操作人员外，下面不得站人；高处作业时，操作人员应挂上安全带。在电梯间进行模板施工作业时，必须层层搭设安全防护平台；模板的预留孔洞、电梯井口等处，应加盖或设置防护栏，必要时应在洞口处设置安全网。模板上架设的电线和使用的电动工具，应采用36 V的低压电源或采取其他有效的安全措施。

（3）木工机械必须严格使用倒顺开关和专用开关箱，一次线不得超过3 m，外壳接保护零线，且绝缘良好。电锯和电刨必须连接漏电保护器，锯片不得有裂纹（使用前检查，使用中随时检查）；且电锯必须具备皮带防护罩、锯片防护罩、分料器和护手装置。使用木工多功能机械时严禁电锯和电刨同时使用；使用木工机械严禁戴手套；长度小于50 cm或厚度大于锯片半径的木料严禁使用电锯；两人操作时相互配合；机械停用时断电加锁。

（4）装拆模板时，上下应有人接应，随装拆随运转，并应把活动部件固定牢靠，严禁堆放在脚手板上和抛掷。安装墙、柱模板时，应随时支撑固定，防止倾覆。

（5）预拼装模板的安装，应边就位、边校正、边安设连接件，并加设临时支撑稳固。预拼装模板垂直吊运时，应采取两个以上的吊点；水平吊运应采取四个吊点。吊点应作受力计算，合理布置。

（6）浇筑混凝土前必须检查支撑是否可靠、扣件是否松动。浇筑混凝土时必须由模板支设班组设专人看模，随时检查支撑是否变形、松动，并组织及时恢复。经常检查支设模板吊钩、斜支撑及平台连接处螺栓是否松动，发现问题及时组织处理。

（7）在拆墙模前不准将脚手架拆除，用塔吊拆时与起重工配合；拆除顶板模板前划定安全区域和安全通道，将非安全通道用钢管、安全网封闭，挂“禁止通行”安全标志，操作人员不得在此区域作业，必须在铺好跳板的操作架上操作。

（8）拆模时操作人员必须挂好、系好安全带。预拼装模板应整体拆除。拆除时，先挂好吊索，再拆除支撑及拼接两片模板的配件，待模板离开结构表面后再起吊。拆除承重模板时，必要时应先设立临时支撑，防止突然整块坍落。注意避免整块下落伤人；拆下来的模板，有钉子时，要使钉尖朝下，以免扎脚。

（9）支模过程中如遇中途停歇，应将已就位模板和支架连接稳固，不得浮搁或悬空。拆模中途停歇时，应将已松扣或已拆松的模板、支架等拆下运走，防止构件坠落或作业人员扶空坠落伤人。模板运输时装车高度不宜超过车栏杆，如少量高出，必须拴牢；零配件宜分类装袋（或装箱）运输，不得散运；装车时，应轻搬轻放；卸车时，严禁从车上推下或抛掷。堆放时，宜放平放稳，严禁放于倾斜或不稳的支撑上。

2. 文明施工

（1）夜间现场停止模板加工和其他模板作业。

（2）现场模板加工垃圾及时清理，并存放进指定地点，做到工完场清。

（3）整个模板堆放场地与施工现场要达到整齐有序、干净无污染、低噪声、低扬尘、低能耗的整体效果。

项目小结

本项目主要介绍了模板工程施工的相关知识，主要包括对模板工程的概述、设计计算和施工过程的合理安排和控制。通过本项目的学习，帮助读者了解模板工程施工是建筑施工中不可或缺的重要环节，直接关系到混凝土构件的质量和形状。

课后习题

一、填空题

1. 模板系统由________、________和连接件三部分系统组成，可简称为模板。

2. 模板支架计算时，应先确定________，明确荷载传递路径，并根据实际受力情况绘出计算简图。

3. 梁高大于________时，应根据实际结构分析其计算简图是简支梁还是多跨连续梁。

4. 多层及高层建筑中，上下层对应的模板支柱应设置在________。

二、简答题

1. 简述模板工程设计原则。

2. 简述柱模板计算内容与要点。

项目四

钢筋工程施工

项目导读

钢筋工程属于混凝土结构施工中的隐蔽工程，其施工工艺包括钢筋进场验收、钢筋下料、钢筋加工制作及钢筋的绑扎安装等。目前，钢筋工程施工中，大力推广应用HRB400钢筋、冷轧带肋钢筋等高效钢筋、低松弛高强度钢绞线及钢筋网焊接技术，粗直径钢筋的机械连接与焊接。同时，在电渣压力焊、气压焊、套筒挤压连接技术、锥螺纹及直螺纹连接技术和线性规划用于钢筋下料等方面取得了不少成绩。

学习目标

知识目标

◆了解钢筋的种类、主要技术性能和验收存放方法。

◆熟悉钢筋的下料计算方法及钢筋代换原则和方法。

◆掌握钢筋性能、进场验收方法和程序。

◆掌握钢筋的连接方法、加工制作和绑扎安装方法。

◆掌握钢筋的质量检查、验收和评价。

能力目标

◆掌握钢筋工程施工中的基本技能，具备钢筋下料、加工、绑扎安装和质量检测的能力。

◆能够开展安全操作，具备解决钢筋加工、绑扎、安装施工过程中一般施工技术问题的能力。

素质目标

培养学生努力学习专业技术知识，不断提高专业技能；遵纪守法，具有良好的职业道德。

思政目标

培养学生掌握钢筋工程的相关知识和技能，注重施工质量和安全，强化规范意识，培养学生成为具有专业素养的工程施工专业人才。

任务工单

一、任务准备

钢筋、扎丝、垫块等。

二、任务开展

1. 底板钢筋的绑扎安装

底板钢筋绑扎前，应划线以确保钢筋位置准确。用粉笔或专用钢筋划线笔在垫层上划线，或在两个方向头尾两根钢筋上分别划线。每个方向的头尾两根钢筋分别在另一个方向钢筋端部向内 15 mm 的位置，其他钢筋按设计要求的间距划线。绑扎时，每个十字交叉均满扎。底板钢筋绑扎完成后放置在基础模板内，应保证四周及下部的保护层符合设计要求（本工程基础保护层厚度为 50 mm），下部用 50 mm×50 mm×50 mm 砂浆垫块来控制保护层，垫块间距≤1 000 mm。

2. 柱插筋的绑扎安装

平面图在基础垫层上弹出柱的定位线。基础底板钢筋放置后，柱插筋可以直接在基础底板钢筋上绑扎，也可以先在基坑外绑扎柱插筋骨架，再安装在基础底板钢筋上绑扎。绑扎时，四根长的柱纵向主筋放在柱子四个角上，四根短的柱纵向主筋放在柱子四条边中间。

3. 柱插筋安装

因本工程没有浇筑基础垫层，无法通过垫层上的柱定位线来确定柱插筋的位置，只能通过龙门架上的轴线来控制柱插筋的位置；又因为轴线交叉点是柱的位置，拉通龙门架上的轴线后柱插筋无法安装，所以只能拉通轴线辅助线（轴线向一边偏离一定距离，如 300 mm），根据轴线辅助线确定柱插筋的位置，把柱插筋骨架绑扎在基础底板钢筋上。

4. 指导评价

学生分组按照要求完成相关操作，教师进行指导评价。

三、任务评价

展示任务完成情况，并完成表 4-1 所示的考核评价表。

表 4-1 考核评价表

评价项目	评价内容	分值	评分		
			自评	互评	师评
职业素养考核项目（40%）	考勤、仪容仪表	10 分			
	安全意识、责任意识及服从意识	10 分			
	团队合作、沟通交流能力	10 分			
	保持场地、设备及工具等干净整洁	10 分			

续表

评价项目	评价内容	分值	评分		
			自评	互评	师评
专业能力考核项目（60%）	积极参与钢筋工程施工教学活动并理解活动要求	30 分			
	钢筋的绑扎安装符合规范，任务完成度	30 分			
合计：综合分数________	自评（20%）+互评（20%）+师评（60%）	100 分			
综合评语		指导教师（签名）：			

任务一 钢筋性能与质量要求

一、钢筋的分类与检验

《混凝土结构设计规范》（GB 50010—2010）规定，用于钢筋混凝土结构和预应力混凝土结构中的普通钢筋，可采用热轧钢筋；用于预应力混凝土结构中的预应力筋，可采用预应力钢丝、钢绞线和预应力螺纹钢筋。

1. 钢筋的分类

钢筋种类很多，通常按轧制外形、直径大小、生产工艺、在结构中的作用以及力学性能进行分类。

（1）按轧制外形分

① 热轧光圆钢筋：经热轧成型，横截面通常为圆形、表面光滑的成品钢筋，牌号为 HPB300（hot-rolled plain bars，HPB）。

② 热轧带肋钢筋：表面带肋，横截面通常为圆形的钢筋。普通热轧带肋钢筋有 HRB335、HRB400、HRB500 三个牌号（hot-rolled ribbed bars，HRB）；细晶粒热轧带肋钢筋有 HRBF335、HRBF400、HRBF500 三个牌号。

③ 钢线（分为低碳钢线和碳素钢线两种）及钢绞线。

④ 冷轧扭钢筋：经冷轧并冷扭成型的钢筋。

（2）按直径大小分

钢筋按直径大小分有：钢丝（直径 3~5 mm）、细钢筋（直径 6~10 mm）、中粗钢筋（直径 12~20 mm）、粗钢筋（直径大于 22 mm）。

（3）按生产工艺分

钢筋按生产工艺分有：热轧、冷轧（冷轧扭、冷轧带肋）、冷拉钢筋，还有以Ⅳ级钢筋经热处理而成的热处理钢筋（又称为调直钢筋）。HRB 是由低碳钢、普通低合金钢或细晶粒钢在高温状态下轧制而成，其强度由低到高分为 HPB300（工程符号为ϕ）、

HRB400（Φ）、HRBF400（ΦF）、RRB400（ΦR）、HRB500（Φ）、HRBF500（ΦF）级。HPB300级为低碳钢，外形为光面圆形如图4-1（a）所示，称为光圆钢筋（plain bar）；HRB400级和HRB500级为普通低合金钢筋，HRBF400级和HRBF500级为细晶粒钢筋，均在表面轧有月牙肋如图4-1（b）所示，称为带肋钢筋（ribbed bar，RB）或变形钢筋（deformed bar，DB）。RRB400级钢筋为余热处理月牙纹变形钢筋，是在生产过程中，钢筋热轧后经淬火提高其强度，再利用芯部余热回火处理而保留一定延性的钢筋。

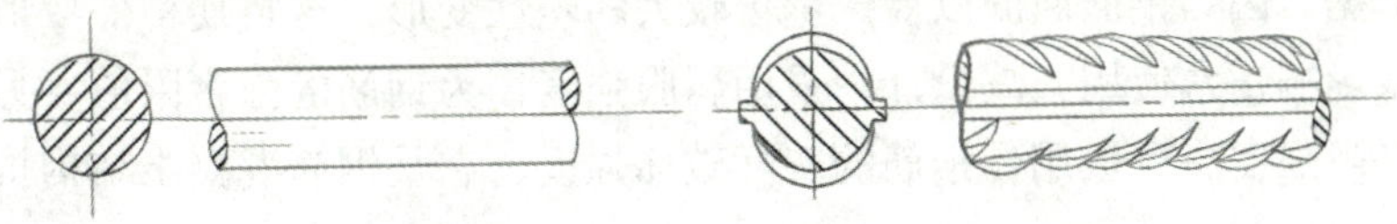

（a）光圆钢筋　（b）月牙肋钢筋

图4-1　热轧钢筋的外形

（4）按在结构中的作用分

钢筋按在结构中的作用分有：受压钢筋、受拉钢筋、架立钢筋、分布钢筋、箍筋等。

（5）按力学性能分

钢筋按力学性能分有：Ⅰ级钢筋（300/420级）用Φ表示、Ⅱ级钢筋（335/455级）用Φ表示、Ⅲ级钢筋（400/540级）用Φ表示、Ⅳ级钢筋（500/630级）用Φ表示。

2. 钢筋进场检验

钢筋进场应有产品合格证、出厂检验报告，每捆（盘）钢筋均应有标牌，同时还应进行外观检查，要求钢筋应平直、无损伤，表面不得有裂纹、油污、颗粒状或片状老锈。进场钢筋应按现行国家相关标准的规定抽取试件做力学性能和重量偏差检验，合格后方可使用。

钢筋在加工过程出现脆断、焊接性能不良或力学性能显著不正常等现象时，还应进行化学成分检验或其他专项检验。

二、钢筋的强度和变形性能

1. 钢筋的应力-应变曲线

根据钢筋在受拉时应力-应变曲线特点的不同，可将钢筋分为有明显流幅和无明显流幅两类。

（1）有明显流幅的钢筋

热轧钢筋属于有明显流幅的钢筋，也称为软钢，其拉伸试验的典型应力-应变曲线如图4-2（a）所示。图中所示各点应力-应变曲线的特点是：a点以前应力-应变呈直线变化，故a点对应的应力称为比例极限。过a点以后，应变的增长速度略快于应力的增长速度，但在应力达到弹性极限b点之前卸载，应变中的绝大部分仍能恢复。在应力超过b点以后，钢筋开始塑流，应力-应变图形接近于水平线，这种塑流变形一直延续到c点。bc段称为流幅或屈服平台，相应于b点的应力称为钢筋的屈服强度（yield strength，YS）。过c点以后，钢筋应力开始重新增长，直到d点达到极限抗拉强度（ultimate tensile strength，

UTS)，简称抗拉强度。曲线 cd 段通常称为强化段。超过 d 点后，在试件内部某个薄弱部位的截面将突然急剧缩小，发生局部颈缩现象，如图 4-2（b）所示。此后若应力仍按初始横截面计算，则应力是逐渐降低的，至 e 点试件被拉断，e 点对应的应变称为钢筋的极限应变。实用上，图 4-2（a）所示曲线可分为 4 个阶段：弹性阶段 Ob 、屈服阶段 bc 、强化阶段 cd 和破坏阶段 de 。

软钢有两个强度指标：一是 b 点的屈服强度，它是钢筋混凝土构件承载力设计时钢筋强度取值的依据。因为钢筋屈服以后产生了较大的塑性变形，这将使构件变形和裂缝宽度大大增加以致影响正常使用，故设计中采用屈服强度作为钢筋的强度限值。另一个强度指标是 d 点的极限强度，一般用作钢筋的实际破坏强度，它是钢筋混凝土结构抗倒塌验算时钢筋强度取值的依据。

（2）无明显流幅的钢筋

预应力螺纹钢筋和各类钢丝属于无明显流幅的钢筋，也称为硬钢。这类钢筋拉伸时典型应力-应变曲线如图 4-2（c）所示，图中各点所示应力-应变曲线的特点如下：钢筋应力达到比例极限（图中 a 点，约为 $0.75\sigma_b$ ，σ_b 为强度极限）之前，应力-应变按直线变化，钢筋具有明显的弹性性质。超过 a 点之后，钢筋表现出一定的塑性性质，但应力与应变均持续增长，应力-应变曲线上没有明显的屈服点。到达极限强度 b 点后，同样由于钢筋的颈缩现象出现下降段，至 c 点钢筋被拉断。

由图 4-2（c）可知，这类钢筋只有一个强度指标，即 b 点所对应的极限抗拉强度。工程上一般取残余应变为 0.2%时的应力（ $\sigma_{0.2}$ ）作为无明显流幅钢筋的屈服强度，通常称为条件屈服强度（specified yield strength）。根据试验结果，$\sigma_{0.2} = (0.8 \sim 0.9)\sigma_b$ ，为简化计算，《混凝土结构设计规范》（GB 50010—2010）对消除应力钢丝和钢绞线，取 $\sigma_{0.2} = 0.85\sigma_b$ ；对中强度预应力钢丝和螺纹钢筋，考虑工程经验做了适当调整。

（3）钢筋的弹性模量

钢筋的弹性模量是根据拉伸试验中测得的弹性阶段的应力-应变曲线确定的。由图 4-2 可见，弹性模量 $E = \sigma/\varepsilon = \tan\alpha_0$。由于钢筋在弹性阶段的受压性能与受拉性能类同，所以同一种钢筋的受压弹性模量与受拉时相同。

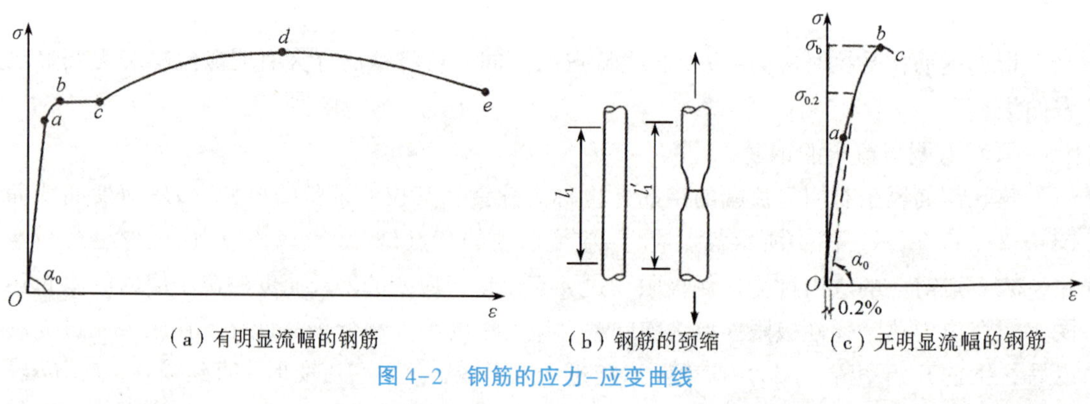

（a）有明显流幅的钢筋　　（b）钢筋的颈缩　　（c）无明显流幅的钢筋

图 4-2　钢筋的应力-应变曲线

2. 钢筋的变形性能

钢筋除了有上述的两个强度指标（屈服强度和极限强度）外，还有两个塑性指标：延伸率（或总延伸率）和冷弯性能。这两个指标反映了钢筋的塑性性能和变形能力。

钢筋的延伸率是指钢筋试件上标距为 10d 或 5d（d 为钢筋试件直径）范围内的极限伸长率，记为 δ_{10} 或 δ_5。钢筋的延伸率越大，表明钢筋的塑性和变形能力越好。钢筋的变形能力一般用延性（ductility）来表示，钢筋应力-应变曲线上屈服点至极限应变点之间的应变值反映了钢筋延性的大小。

延伸率仅能反映钢筋拉断时残余变形的大小，其中还包含了断口颈缩区域的局部变形。一方面，使不同量测标距长度所得的结果不一致，即对同一钢筋，当量测标距长度取值较小时，所得的延伸率值较大，而当量测标距长度取值较大时，则所得的延伸率值较小；另一方面，延伸率忽略了钢筋的弹性变形，不能反映钢筋受力时的总体变形能力；此外量测钢筋拉断后的标距长度时，需将拉断的两段钢筋对合后再量测，也容易产生人为误差。为此，近年来国际上已采用钢筋最大力总延伸率（均匀伸长率）δ_{gt} 来表示钢筋的变形能力。

钢筋在达到最大应力 σ_b 时的变形包括塑性变形和弹性变形两部分（图 4-3），故最大力总延伸率（total elongation at maximum force，TEMF）δ_{gt} 可表示如下

$$\delta_{gt} = \left(\frac{L - L_0}{L_0} + \frac{\sigma_b}{E_s}\right) \times 100\% \tag{4-1}$$

式中 L_0——试验前的原始标距（不包含颈缩区）；

L——试验后量测标记之间的距离；

σ_b——钢筋的最大拉应力（即极限抗拉强度）；

E_s——钢筋的弹性模量。

上式括号中的第一项反映了钢筋的塑性变形，第二项反映了钢筋在最大拉应力下的弹性变形。

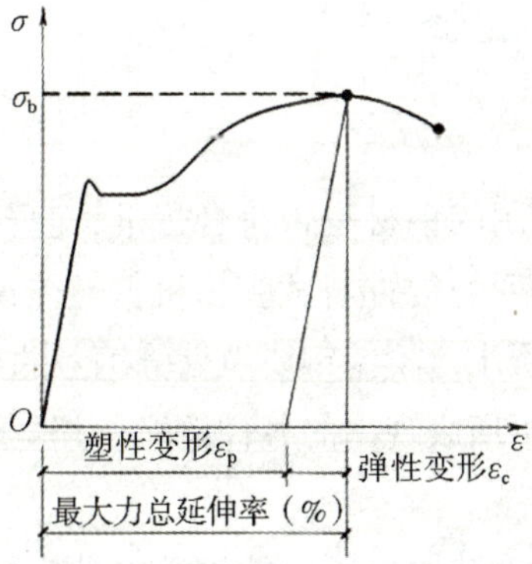

图 4-3 钢筋最大力总延伸率

δ_{gt} 的量测方法如图 4-4 所示。在离断裂点较远的一侧选择 Y 和 V 两个标记，两个标记之间的原始标距 L_0 在试验前至少应为 100 mm；标记 Y 或 V 与夹具的距离不应小于 20 mm 或

钢筋公称直径 d 二者中的较大值，标记 Y 或 V 与断裂点之间的距离不应小于 50 mm 或 2 倍钢筋公称直径二者中的较大值。钢筋拉断后量测标记之间的距离为 L，求出钢筋拉断时的最大拉应力 σ_b，按公式计算 δ_{gt}。钢筋最大力总延伸率 δ_{gt} 既能反映钢筋的塑性变形，又能反映钢筋的弹性变形，量测结果受原始标距 L_0 的影响较小，也不产生人为误差。

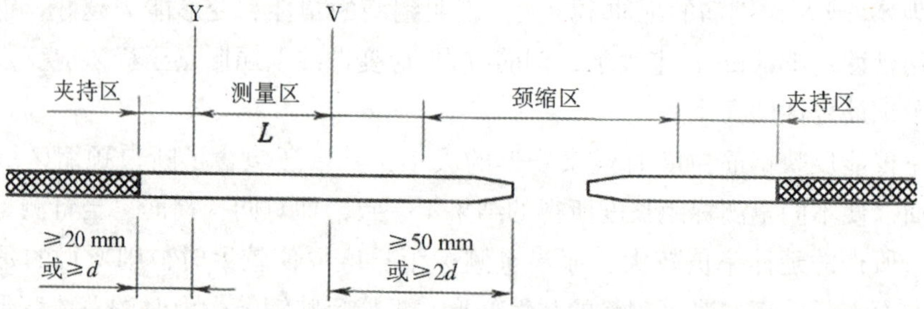

图 4-4　最大力总延伸率量测方法

为了使钢筋在使用时不会脆断，加工时不致断裂，还要求钢筋具有一定的冷弯性能。冷弯是在常温下将钢筋围绕某个规定直径 D（D 规定为 $1d$、$2d$、$3d$ 等）的辊轴弯曲一定的角度（如 90°或 180°），如图 4-5 所示。弯曲后的钢筋应无裂纹、鳞落或断裂现象。

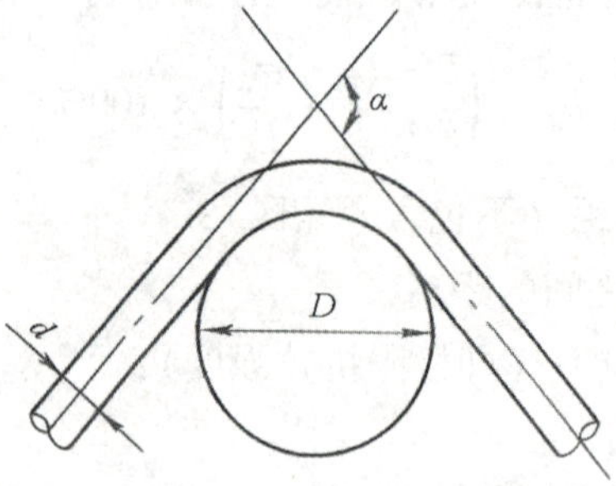

图 4-5　钢筋的冷弯

三、混凝土结构对钢筋性能的要求

1. 钢筋的主要力学性能

在钢筋混凝土结构中所使用的钢材是否符合标准，直接关系着工程的质量，因此，在使用前，必须对钢筋进行一系列的检查与试验，机械性能试验就是其中的一个重要检验项目，是评估钢材能否满足设计要求，检验钢质及划分钢号的重要依据之一。力学性能又叫机械性能，是指钢材在外力作用下所表现出的各种性能。其主要指标有抗拉性能和塑性性能。

（1）抗拉性能

钢筋混凝土及预应力混凝土结构中所用的钢筋可分为两类：有明显屈服点的钢筋（一般称为软钢）和无明显屈服点的钢筋（一般称为硬钢）。低碳钢为碳含量低于 0.25%的碳素钢，因其强度低、硬度低而软，故又称软钢。热处理钢筋、高强钢丝和钢绞线都属于硬钢。软钢应力-应变曲线如图 4-6 所示。

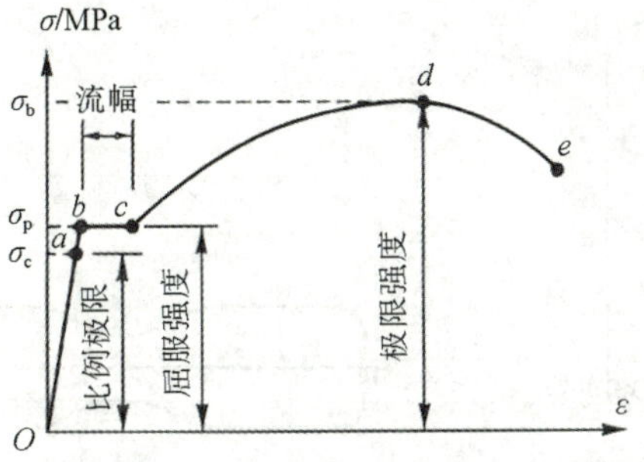

图 4-6 软钢应力-应变曲线

应力-应变曲线上的 Ob 段为材料的弹性阶段。在此阶段内，可以认为变形是完全弹性的。如果在试件上加载，使其应力不超过与 B 点对应的应力 σ_p，然后卸载，则应力-应变曲线仍沿着 Ob 段退回到原点，表示变形完全消失。试件能恢复到原状，说明在这阶段内只产生弹性变形，因此这个阶段称为弹性阶段。与这段曲线的最高点 b 相对应的应力值 σ_p 称为材料的弹性极限，它是卸载后试件上不产生塑性变形的应力最大值。

在弹性阶段内，曲线上有一段是直线 Oa，它表示应力与应变成正比，材料服从虎克定律。过 a 点后应力-应变曲线开始微弯，表示应力与应变不再成正比，a 点所对应的应力值 σ_e，即应力与应变成正比例关系的最高值，称为比例极限。低碳钢的比例极限在 200 MPa 左右。

另外，由应力-应变曲线也可以知道，在比例极限范围内，Oa 直线的斜率 $\tan\alpha=\sigma/\varepsilon=E$，是一个常数，它就是材料的弹性模量。因此，材料的弹性模量可以通过拉伸试验测得。

在应力超过弹性极限 σ_p 以后，应力-应变曲线逐渐变弯。到达 c 点后，应变迅速增加，在应力-应变图上呈现出接近于水平的“锯齿”形段，这说明应力在很小的范围内波动，而应变却急剧地增加，此时材料好像对外力屈服了一样，所以此阶段称为屈服阶段，也称流动阶段。

在屈服阶段内，材料的应力几乎不增加，但应变迅速增加，材料暂时失去抵抗变形的能力。如果试件表面光滑，则应力达到屈服极限后，就会在其表面出现许多倾斜的条纹，这些条纹与试件轴线的夹角接近 45°，一般称为滑移线，如图 4 7 所示。

滑移线是由于材料内部的晶格之间发生相互滑移而引起的，晶格间的滑移是产生塑性变形的根本原因。在应力到达屈服阶段以后，若将试件所受的荷载卸除，则试件存在显著的残余变形。由于工程中一般不允许构件出现塑性变形，所以通常规定钢材的最大工作应力不能到达屈服极经过屈服阶段后，材料内部的结构组织起了变化，使材料重新产生了抵抗变形的能力，故应力-应变曲线又继续上升，到达 d 点时，与之对应的应力达到最大值。材料经过屈服阶段后抗力增加的这种现象称为材料的强化，这个阶段（Dd 段）称为强化阶段。对应于最高点 d 的应力称为强度极限，用 σ_b 表示。低碳钢的强度极限 σ_b 在 400 MPa 左右。

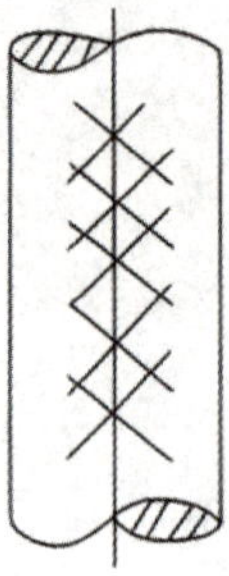

图 4-7　滑移线

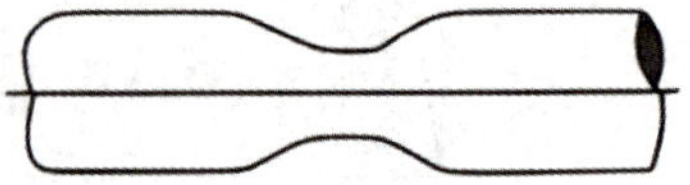

图 4-8　颈缩现象

材料强化到达最高点 E 之后，试件不断伸长，它的横截面不断缩小，然后在某一较弱的横截面处显著变细，出现“颈缩”现象，如图 4-8 所示。

在这之前，试件在整个标距内的变形是均匀的，但一开始颈缩后，“颈”部就急剧地缩细和伸长，同时荷载急剧下降，很快达到应力-应变曲线的终点 F，试件突然断裂。

上述每一阶段都是由量变到质变的过程。四个阶段的质变点就是比例极限 σ_e、屈服极限 σ_s 和强度极限 σ_b。σ_e 表示材料处于弹性状态的范围，σ_s 表示材料开始进入塑性变形，σ_b 表示材料最大的抵抗力。故 σ_s、σ_b 是衡量材料强度的重要指标。

硬钢的应力-应变曲线如图 4-9 所示，可以看出其屈服现象不明显，无法测定其屈服点。一般常以发生 0.2%残余变形时的应力值当作屈服点，用 $\sigma_{0.2}$ 表示。

（2）塑性性能

通过钢材受拉时的应力-应变图，可对其塑性性能进行分析。钢筋对塑性性能有较高的要求，以防止钢筋在加工过程中出现弯曲处断裂和构件受荷过程中出现脆断破坏。表示钢材塑性性能的指标有两个，一个是伸长率，另一个是断面收缩率。

① 伸长率。伸长率用 δ 表示，它的计算公式为

$$\delta = \frac{\text{标距长度内总伸长值}}{\text{标距长度}L\text{(包括断口)}} \times 100\% = \frac{\Delta L}{L} \times 100\% \tag{4-2}$$

此公式的表示方法对于长试件，一般热轧钢筋的标距取 10 倍钢筋直径长度，作为量测检验标准，用 δ_{10} 表示；钢丝的标距取 100 倍直径，用 δ_{100} 表示；钢绞线的标距取于 200 倍直径，用 δ_{200} 表示；对于短试件，标距取 5 倍直径，用 δ_5 表示。低碳钢试件原尺寸及断裂后尺如图 4-10 所示。

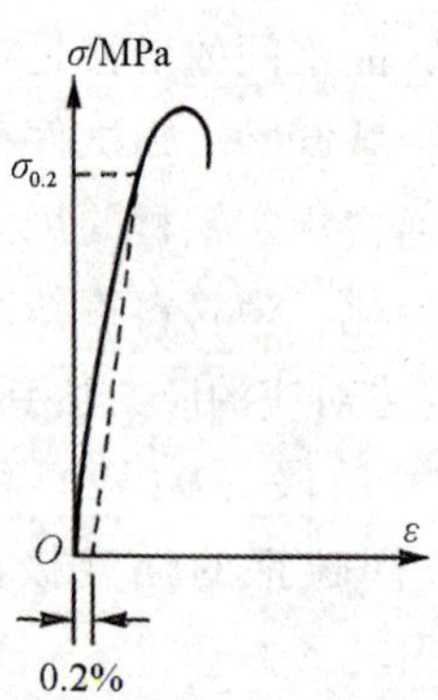

图 4-9 硬钢应力-应变曲线

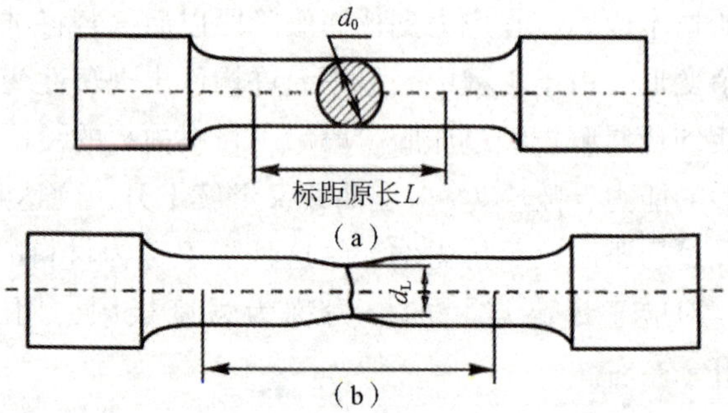

图 4-10　低碳钢试件原尺寸及断裂后尺寸

例如，直径为 12 mm 的 I 级钢筋，取两根做试验，因而试样标距长度 $L_5=60$ mm，$L_{10}=120$ mm，经试验拉断后测得标距长度分别为 $L'_5=77$ mm，$L'_{10}=150$ mm。

代入已知数据即可得实测伸长率

$$\delta_5=\frac{77-60}{60}\times 100\%=28\%$$

$$\delta_{10}=\frac{150-120}{120}\times 100\%=25\%$$

伸长率是衡量钢筋（钢丝）塑性性能的重要指标，伸长率愈大，钢筋的塑性愈好；伸长率也是钢材冷加工的保证条件。

② 断面收缩率。钢筋混凝土在施工后会因为混凝土的收缩而产生应力，这可能影响混凝土梁、板、柱等构件的性能。而钢筋的周围也有一定程度的混凝土，所以也会受到混凝土的收缩影响。然而，通常情况下，并不直接单独考虑钢筋的断面收缩率。

$$断面收缩率=\frac{试件的原始断面面积(mm^2)-试件拉断时的断面面积(mm^2)}{试件的原始断面面积(mm^2)}$$

热轧钢筋的力学性能如表 4-2 所示。

表 4-2 热轧钢筋的力学性能

牌号	公称直径/mm	σ_s（$\sigma_p 0.2$）/ MPa	σ_b/ MPa	δ_5/%	弯曲试验弯心直径
		不小于			
HRB335	6~25 28~50	335	490	16	3a 4a
HRB400	6~25 28~50	400	570	14	4a 5a
HRB500	6~25 28~50	500	630	12	6a 7a

2. 钢筋质量要求

钢筋质量表如表 4-3 所示。

表 4-3 钢筋质量表

直径/mm	每米质量/kg	直径/mm	每米质量/kg
6	0. 222	16	1. 580
8	0. 395	18	2. 000
10	0. 617	20	2. 470
12	0. 888	22	3. 000
14	1. 210	25	3. 860

任务二　基础钢筋工程施工

一、基础钢筋的加工与制作

1. 钢筋的冷加工

为了节约钢材和扩大钢筋的应用范围，常对热轧钢筋进行冷拉、冷拔和冷轧等机械加工。钢筋经冷加工后，其力学性能发生了较大变化。

（1）钢筋的冷拉

冷拉是在常温下用机械方法将有明显流幅的钢筋拉到超过屈服强度即强化阶段中的某一应力值，如图 4-11 中的 k 点，然后卸载至零。由于 k 点的应力已超过弹性极限，故卸载至应力为零时应变并不等于零，其残余应变为 oo'。若卸载后立即重新加载，则应力-应变曲线将沿着 $o'kde$ 变化，k 点为新的屈服点（大致等于冷拉应力值），表明钢筋经冷拉后，屈服强度提高，但塑性降低。这种现象称为冷拉强化。

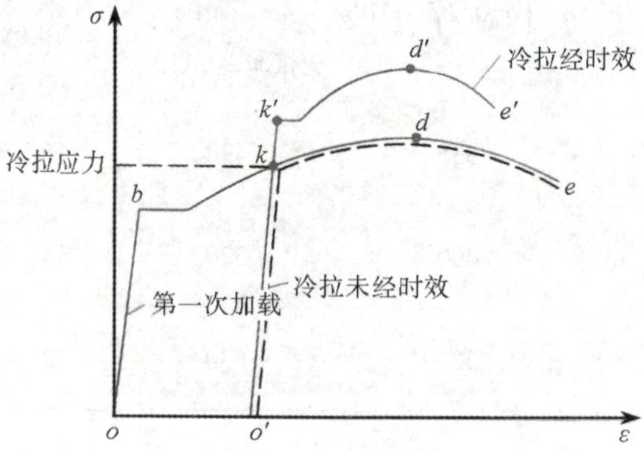

图 4-11　冷拉钢筋的应力-应变曲线

如果卸去拉力后，在自然条件下放置一段时间或进行人工加热后再进行拉伸，则应力-应变曲线将沿着 $o'k'd'e'$ 变化，屈服强度提高到 k' 点（高于冷拉应力值）。由此可见，钢筋在冷拉后，未经时效前，一般没有明显的屈服台阶，而经过停放或加热后进一步提高了屈服强度并恢复了屈服台阶，这种现象称为时效硬化。

冷拉只能提高钢筋的抗拉屈服强度，其抗压屈服强度将降低。因此，在设计中冷拉钢筋不宜作受压钢筋使用。另外，在焊接时的高温作用下，冷拉钢筋的冷拉强化效应将完全消失，因此，钢筋应先焊接，再进行冷拉。

（2）钢筋的冷拔

冷拔一般是将 Φ6 中的光圆热轧钢筋强行拔过小于其直径的硬质合金拔丝模具，如图 4-12（a）所示。钢筋纵向经拉伸长度拔长，横向经挤压直径减小，使钢筋纵、横向都产生塑性变形。经过几次冷拔的钢丝，强度大为提高，但塑性降低。图 4-12（b）为 Φ6 的光圆钢筋经三次冷拔到 $\phi^b 3$ 钢丝的应力-应变曲线，可见冷拔后的钢筋没有明显的屈服点和流幅（即由软钢变为硬钢），强度由 260 N/mm^2 提高到 750 N/mm^2，而极限应变则由 21.9%降至 3.3%。其中第一次冷拔后极限应变降至 6.66%。冷拔可同时提高钢筋的抗拉和抗压强度。

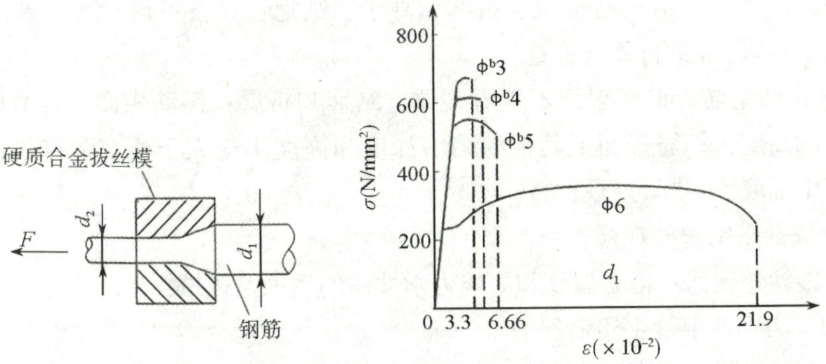

（a）钢筋冷拔示意图　　（b）冷拔低碳钢丝的应力-应变曲线

图 4-12　钢筋的冷拔

（3）钢筋的冷轧

冷轧带肋钢筋（cold-rolled ribbed steelwiresandbars，CRB）指采用普通低碳钢、中碳钢或低合金钢热轧圆盘条为母材，经冷轧减径后在其表面形成具有三面或二面月牙形横肋的钢筋。高延性冷轧带肋钢筋是对热轧低碳盘条钢筋进行冷轧后增加了回火处理过程，使钢筋有屈服台阶，强度和变形指标均有明显提高，最大力总延伸率大于等于 5%。其牌号主要有 CRB600H、CRB650H 和 CRB800H，其中数字表示其抗拉屈服强度标准值（N/mm^2）。

扫一扫

冷轧带肋钢筋

直径 4 mm 的冷轧带肋钢筋不宜作为混凝土构件中的受力钢筋。由于冷轧带肋钢筋的延性不如普通热轧钢筋，故其主要用于混凝土结构构件中的楼板配筋、墙体分布钢筋、梁柱箍筋及先张法预应力混凝土中小型结构构件的预应力筋。

提 示

加工钢筋的允许偏差：对受力钢筋，顺长度方向，全长的净尺寸偏差不应超过±10 mm；弯起筋的弯折位置偏差不应超过±20 mm；箍筋的内净尺寸偏差不应超过±5 mm。

2. 钢筋检验

对进场的钢筋除应检查其标牌、外观、尺寸外，还应按规定采取试样检验。按一、二、三级抗震等级设计的框架和斜撑构件中的纵向受力钢筋，其检验所得的强度实测值，应符合下列要求：钢筋的抗拉强度实测值与屈服强度实测值的比值不应小于 1.25。钢筋的屈服强度实测值与屈服强度标准值的比值，不应大于 1.3。

（1）热轧钢筋外观检查

① 热轧光圆钢筋。钢筋表面不得有裂纹、结疤和折叠；钢筋表面凸块和其他缺陷的深度和高度不得大于所在部位尺寸的允许偏差。从每批中抽取5%进行外观检查。

② 热轧圆盘条钢筋。盘条应将头尾有害缺陷部分切除；盘条的截面不得有分层及夹杂；盘条表面应光滑，不得有裂纹、折叠、耳子、结疤；盘条不得有夹杂及其他有害缺陷。从每批中抽取5%进行外观检查。

③ 热轧带肋钢筋。钢筋表面不得有裂纹、结疤和折叠；钢筋表面允许有凸块，但不得超过横肋的高度，钢筋表面上其他缺陷的深度和高度不得大于所在部位尺寸的允许偏差。从每批中抽取5%进行外观检查。

（2）冷拔低碳钢丝外观检查

冷拔低碳钢丝表面不得有裂纹和影响力学性质的锈蚀及机械损伤。

（3）预应力钢筋混凝土用钢丝

预应力钢筋混凝土用钢丝检查包括光面钢丝和刻痕钢丝。钢丝表面不得有裂纹、小刺、机械损伤、氧化铁皮和油污；除非供需双方另有协议，否则钢丝表面只要没有目视可见的麻坑，就不应被拒收。表面浮锈不应作为拒收的理由。

（4）热处理钢筋（RRB400）

钢筋表面不得有肉眼可见的裂纹、结疤和折叠；钢筋表面允许有凸块，但不得超过横肋的高度，钢筋表面允许有不影响使用的缺陷；钢筋表面不得沾有油污。钢筋在制造过程中，除端部外，应使钢筋不受到切割火花或其他方式造成的局部加热影响，从每批中抽取5%进行外观检查。

知识链接

热轧钢筋机械性能试验

1. 热轧光圆钢筋

热取样方法：每批钢筋由同一牌号、同一炉罐号、同一规格的钢筋组成，重量不大于60 t。从每批钢筋中，任选二根钢筋，去掉钢筋端头500 mm。

取样数量：在每根钢筋中取二个试样，一个试样做拉力试验，测定屈服点、抗拉强度和伸长率三向指标；另一个试样做冷弯试验。每批钢筋总计取拉力试样二个，冷弯试样二个。

试样规格：拉力试验试样为$5d$+200 mm；冷弯试验试样取$5d$+150 mm（d为标距部分的钢筋直径）。

试验结果评定：若各项技术指标全部符合标准要求，应评定为合格，若有某一项试验结果不符合标准要求，应从同一批中再任取双倍数量的试样进行不合格项目的复验。复验结果包括该项试验要求的任一指标，即使有一个指标不合格，则评定为该批钢筋为不合格品，应降级使用。

2. 热轧圆盘条钢筋

热轧圆盘条钢筋取样方法及数量：每60 t为一批；拉伸试验仅取一个试件，从任一盘中切取；冷弯试验取两个试件，从不同盘切取。

试样规格：同热轧光圆钢筋。

试验结果评定：同热轧光圆钢筋。

3. 热轧带肋钢筋

热轧带肋钢筋取样方法、取样数量、试样规格、试验结果评定均同热轧光圆钢筋。

3. 钢筋的验收

钢筋是钢筋混凝土中的主要组成部分，所以使用的钢筋是否符合质量标准，直接影响着建筑物的使用安全，因此在施工过程中必须做好钢筋的验收工作，不合格者不得使用。

（1）钢筋进入现场（加工厂）验收

① 应有产品质量证明文件（试验报告单）。

② 每捆（盘）钢筋均应有标牌。

③ 应按炉罐（批）号及直径（d）分批堆放、分批验收。

④ 应按国家标准抽取试件做屈服强度、抗拉强度、伸长率、弯曲性能和重量偏差检验。

（2）钢筋的保管

为了确保质量，钢筋验收合格后，还要做好保管工作，主要是防止生锈、腐蚀和混用。

① 堆放场地要干燥，并用方木或混凝土板等作为垫件，一般保持离地20 cm以上。非急用钢筋，宜放在有棚盖的仓库内。

② 钢筋必须严格分类、分级、分牌号堆放，不合格钢筋另作标记分开堆放。

③ 钢筋不要和酸、盐、油这一类的物品放在一起，要在远离有害气体的地方堆放，以免腐蚀。

4. 钢筋的配料

（1）钢筋配料的含义

钢筋配料是根据构件的配筋图计算构件各钢筋的直线下料长度、根数及质量，然后编制钢筋配料单，作为钢筋备料加工的依据。钢筋配料单的形式如表4-4所示。

表4-4 钢筋配料单的形式

构件名称	钢筋编号	简图	直径	下料长度	单位根数	合计根数	质量

（2）进行钢筋下料长度计算的原因

构件配筋图中注明的尺寸一般是钢筋外轮廓尺寸，即从钢筋外皮到外皮量得的尺寸，称为外包尺寸。钢筋加工前直线下料，如果下料长度按钢筋外包尺寸的总和来计算，则加工后的钢筋尺寸将大于设计要求的外包尺寸，或者弯钩平直段太长造成材料的浪费。这是由于钢筋弯曲时外皮伸长，内皮缩短，只有中轴线长度不变。按外包尺寸总和下料是不准确的，只有按钢筋轴线长度尺寸下料加工，才能使加工后的钢筋形状、尺寸符合设计要求。所以在施工现场施工时，要对钢筋进行翻样，翻样内容包括：将设计图纸上钢材明细表中的钢筋尺寸改为施工时的适用尺寸；根据施工图纸计算钢筋的下料长度；列出钢筋配料单。

（3）计算方法

钢筋下料时，其下料长度应为

钢筋的下料长度=钢筋各段长度之和-钢筋保护层厚度+搭接长度+弯曲调整值

① 钢筋长度。钢筋长度在施工图中是指钢筋外缘至外缘之间的长度，即外包尺寸。

② 混凝土保护层厚度。混凝土保护层厚度指钢筋外缘至混凝土表面的距离，其作用是保护钢筋在混凝土中不被锈蚀。

③ 钢筋搭接长度。由于钢筋直条的供货长度一般为6~10 m，而有的钢筋混凝土构件尺寸较大，需要对钢筋直条进行接长，因此钢筋下料要考虑接头增加值。钢筋绑扎接头的最小搭接长度、钢筋对焊长度的损失值、钢筋焊接搭接的最小搭接长度分别如表4-5、表4-6和表4-7所示。

表4-5　钢筋绑扎接头的最小搭接长度（d为钢筋直径）

钢筋级别	Ⅰ级钢筋	Ⅱ级钢筋	Ⅲ级钢筋
受拉区	30d	35d	40d
受压区	20d	25d	30d

表4-6　钢筋对焊长度损失值

钢筋直径/mm	<16	16~25	>25
损失值/mm	20	25	30

表4-7　钢筋焊接搭接的最小搭接长度（d为钢筋直径）

钢筋级别	Ⅰ级钢筋	Ⅲ级钢筋
双面焊	4d	5d
单面焊	8d	10d

④ 弯曲调整值。钢筋弯曲后的特点：一是外壁伸长、内壁缩短，轴线长度不变；二是在弯曲处形成圆弧。钢筋的量度方法是沿直线量外包尺寸，因此弯起钢筋的量度尺寸大于下料尺寸，两者之间的差值称为弯曲调整值。

5. 钢筋的代换

在施工中，当确认工地不可能供应设计图要求的钢筋品种和规格时，在征得设计单位的同意，并办理设计变更文件后，才允许根据库存条件进行钢筋代换。进行钢筋代换时，除应考虑代换后仍能满足结构各项技术性能要求之外，还要保证用料的经济性和加工操作的方便。钢筋代换计算可参考如下内容。

(1) 等强度代换

当结构构件按强度控制时，可按强度相等的原则代换，称为等强度代换。代换前后，钢筋的钢筋抗力不小于施工图上原设计配筋的钢筋抗力，即

$$A_{s2}f_{y2} \geqslant A_{s1}f_{y1} \quad (4\text{-}3)$$

将圆面积公式：$A_s = \pi d^2/4$ 代入式（4-3），有

$$n_2 d_2^{\,2} f_{y2} \geqslant n_1 d_1^{\,2} f_{y1} \quad (4\text{-}4)$$

当原设计钢筋与拟代换的钢筋直径相同时（$d_1 = d_2$）

$$n_2 f_{y2} \geqslant n_1 f_{y1} \quad (4\text{-}5)$$

当原设计钢筋与拟代换的钢筋级别相同时（$f_{y1} = f_{y2}$）

$$n_2 d_2^{\,2} \geqslant n_1 d_1^{\,2} \quad (4\text{-}6)$$

式中 f_{y1}、f_{y2}——原设计钢筋和拟代换钢筋的抗拉强度设计值，N/mm^2；

A_{s1}、A_{s2}——原设计钢筋和拟代换钢筋的计算截面面积，mm^2；

n_1、n_2——原设计钢筋和拟代换钢筋的根数；

d_1、d_2——原设计钢筋和拟代换钢筋的直径，mm。

(2) 等面积代换

当构件按最小配筋率配筋时，可按钢筋面积相等的原则进行代换，称为等面积代换。

$$A_{s2} \geqslant A_{s1}$$

或

$$n_2 d_2^{\,2} \geqslant n_1 d_1^{\,2} \quad (4\text{-}7)$$

式中 A_{s1}、n_1、d_1——原设计钢筋的计算截面面积（mm^2）、根数、直径（mm）；

A_{s2}、n_2、d_2——拟代换钢筋的计算截面面积（mm^2）、根数、直径（mm）。

当构件受裂缝宽度或抗裂性要求控制时，代换后应进行裂缝或抗裂性验算。代换后，还应满足构造方面的要求（如钢筋间距、最小直径、最少根数、锚固长度、对称性等）及设计中提出的其他要求。

6. 钢筋的加工

钢筋的加工包括钢筋的冷加工（冷拉和冷拔）、焊接、调直、除锈、切断、弯曲成型等。下面主要介绍以下四种加工。

(1) 钢筋的调直

调直就是将弯的钢筋进行拉直。钢筋调直方法可分为人工调直和机械调直两类。

① 人工调直。直径不大于 12 mm 的钢筋可以在工作台上用小锤敲直，也可以采用绞磨拉直。直径大于 12 mm 的粗钢筋，一般仅出现一些慢弯，常用人工在钢筋调直工作台上调直。钢筋调直工作台两端都设有底盘，底盘上有四根板柱，板柱两旁方向的净空距离一般为 34 mm。在调直 32 mm 的钢筋时，都在板柱中间配上钢套，钢套尺度根据需要调直的钢筋粗细来决定。调直时把钢筋放在底盘板柱间，把有弯的地方对着板柱，然后用手扳动钢筋，就可使钢筋调直，如图 4-13 所示。

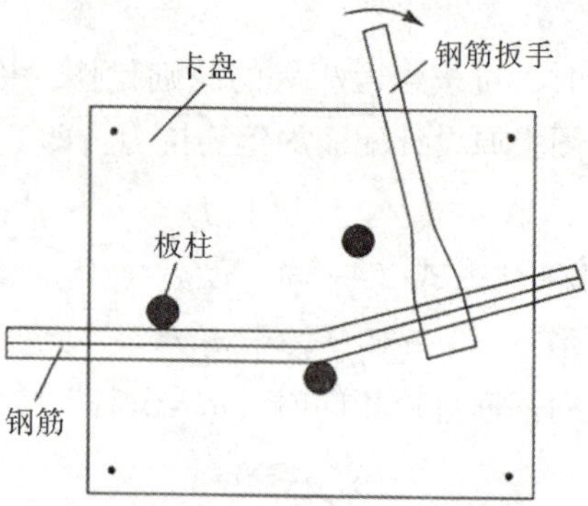

图 4-13　钢筋调直操作示意图

② 机械调直。使用钢筋调直机或数控钢筋调直切断机进行机械调直。

（2）钢筋的除锈

钢筋锈蚀现象与原材料保管条件优劣和存放时间长短相关，长期处于潮湿环境或堆放于露天场地会导致严重的锈蚀。因此，应有一定的措施预防钢筋锈蚀。钢筋原材料应存放在仓库或料棚内，保持地面干燥，钢筋不得堆置在地面上，必须用混凝土墩、砖或垫木垫起，使其离地面 200 mm 以上；库存期限不得过长，原则上先进库的先使用。工地上临时保管原材料时，应先选择地势较高、地面干燥的露天场地。根据天气情况，必要时加盖雨布。场地四周要有排水措施，堆放期尽量缩短。

（3）钢筋的切断

① 克子切断法。一般是在钢筋工作量较小的工程上采用克子切断法切断钢筋，该方法用到的主要工具有上克、下克、铁砧等，如图 4-14 所示。操作时将下克插在铁砧的孔里，把钢筋放在克子槽内，上克边紧贴下克边，用锤击打上克使钢筋切断。

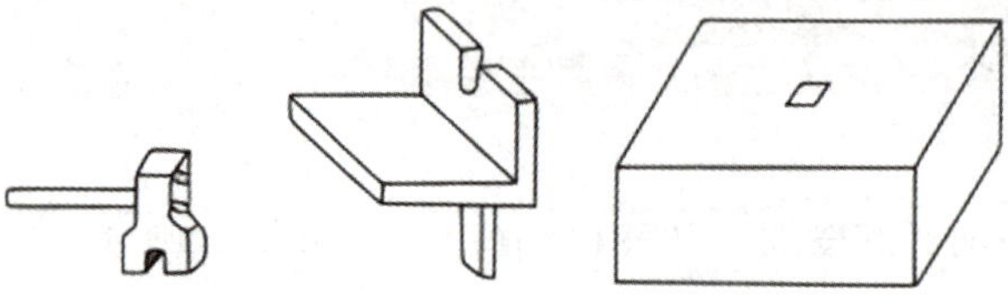

（a）上克　　（b）下克　　（c）铁砧

图 4-14　克子法切断钢筋工具

② 断线钳。切断钢丝可用断线钳。

③ 手动切断机。直径为 16 mm 以下的钢筋可用手动切断机切断。

④ 机械切断。40 mm 及以上的钢筋可用钢筋切断机切断。

（4）弯曲成型

钢筋的弯曲成型是将已切断、配好的钢筋，按图纸规定的要求，将钢筋准确地加工成规定的形状尺寸。钢筋弯曲有手工弯曲和机械弯曲两种方法。

① 手工弯曲。手工弯曲钢筋的方法设备简单、成型正确，工地经常采用。弯曲钢筋的工作台，台面尺寸为 4 m×0. 8 m，可用 10 cm 厚的木板钉制，其高度为 90~100 cm，也

可以用20号以上槽钢拼制的钢制工作台。台面要求光滑，便于操作。弯曲粗钢筋的工作台，台面尺寸为8 m×0.8 m，用20 cm×20 cm的方木拼成，要求平稳牢固。

手摇扳是弯曲细钢筋的主要工具，弯曲单根钢筋的手摇扳，可以弯12 mm以下的钢筋；弯曲多根钢筋的手摇扳，每次可以弯曲4根Φ8的钢筋，主要适宜弯制箍筋。

卡盘是弯曲粗钢筋的主要工具，如图4-15所示，由一块钢板底盘和板柱（Φ20~Φ25）组成，底盘固定在工作台上。卡盘有两种形式：一种是由一块钢板上焊四个板柱，如图4-15（a）所示，水平方向净距约为100 mm，垂直方向净距约为34 mm，可弯32 mm钢筋；另一种钢板上焊三个板柱，如图4-15（b）所示，板柱的两条斜边净距为100 mm，底边净距为80 mm，板柱直径一般为20~25 mm，1卡盘钢板厚约12~16 mm。

（a）四板柱卡盘　　（b）三板柱卡盘

图4-15　卡盘

钢筋扳子主要和卡盘配合使用，钢筋扳子的扳口尺寸要比弯制的钢筋大2 mm较为合适，所以在准备钢筋弯曲工具时，应配有各种规格的扳子。

② 机械弯曲。采用钢筋弯曲机，可将钢筋弯曲成各种形状和角度，使用方便。

7. 钢筋的连接

钢筋的连接主要有绑扎、焊接和机械连接三种形式。

（1） 钢筋的绑扎

绑扎仍是目前钢筋连接的主要形式之一，尤其是板筋。钢筋绑扎时，应采用钢丝扎牢；板和墙的钢筋网，除外围两行钢筋的相交点全部扎牢外，中间部分交叉点可相隔交错扎牢，保证受力钢筋位置不产生偏移；梁和柱的钢筋应与受力钢筋垂直设置。弯钩叠合处应沿受力钢筋方向错开设置。钢筋绑扎搭接接头的末端与钢筋弯起点的距离不得小于钢筋直径的10倍，接头宜设在构件受力较小处。钢筋搭接处应在中部和两端用钢丝扎牢。受拉钢筋和受压钢筋的搭接长度及接头位置应符合现行规范的规定。

（2） 钢筋的焊接

钢筋焊接的接头形式、焊接工艺和质量验收应符合《钢筋焊接及验收规程》（JGJ 18—2012）的规定。

① 对焊。闪光对焊广泛用于钢筋接长及预应力钢筋与螺栓端杆的焊接。热轧钢筋的焊接宜优先采用闪光对焊，条件不可能时才用电弧焊。闪光对焊适用于焊接直径为10~40 mm的Ⅰ~Ⅲ级钢筋及直径为10~25 mm的Ⅳ级钢筋。钢筋闪光对焊原理（图4-16）是利用对焊机使两段钢筋接触，通过低电压的强电流，待钢筋被加热到一定温度变软后，进行轴向加压顶锻，形成对焊接头。钢筋闪光对焊的焊接工艺根据具体情况选择：钢筋直径小时，可采用连续闪光焊；钢筋直径较大，端面比较平整时，宜采用预热闪光焊；端面不够平整时，宜采用闪光—预热—闪光焊。

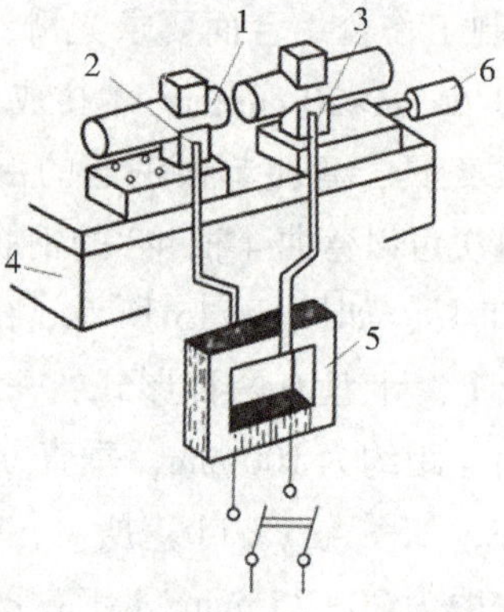

1-焊接钢筋；2-固定电极；3-可动电极；4-机座；5-变压器；6-手动顶压机构。

图 4-16　钢筋闪光对焊原理

焊接大直径的钢筋（直径在 25 mm 以上）时，多用预热闪光焊与闪光—预热—闪光焊。施焊时，先闭合电源，然后使两个钢筋端面交替地接触和分开。这时钢筋端面间隙中即发出断续的闪光，形成预热过程。当钢筋达到预热温度后进入闪光阶段，随后顶锻而成。在预热闪光焊前加一次闪光过程。目的是使不平整的钢筋端面烧化平整，使预热均匀，然后按预热闪光焊操作。钢筋闪光对焊后，除对接头进行外观检查（无裂纹和烧伤，接头弯折不大于 4°，接头轴线偏移不大于钢筋直径的 1/10，也不大于 2 mm）外，还应按《钢筋焊接及验收规程》（JGJ 18—2012）的规定进行抗拉强度和冷弯试验。

② 电渣压焊。现浇钢筋混凝土框架结构中，竖向钢筋的连接宜采用自动或手工电渣压焊进行焊接（直径为 14~40 mm 的 HRB335 级钢筋）。与电弧焊比较，电渣压焊工效高、节约钢材、成本低，在高层建筑施工中得到广泛应用。

③ 电弧焊。利用弧焊机使焊条与焊件之间产生高温电弧，使电弧燃烧范围内的焊条和焊件熔化，待其凝固后，便形成焊缝或接头。钢筋电弧焊有帮条焊接头、搭接焊接头、坡口焊接头和熔槽帮条焊接头四种接头形式。焊接电流的大小应根据钢筋直径和焊条的直径间隙选择。如对焊接质量有怀疑或发现异常情况，还应进行无损检测（X 射线、□射线、超声波探伤等）。

④ 电阻点焊。利用点焊机进行交叉钢筋的焊接，可成型为钢筋网片或骨架，以代替人工绑扎。同人工绑扎相比较，电阻点焊具有功效高、节约劳动力、成品整体性好、节约材料、降低成本等特点。

⑤ 气压焊。气压焊接钢筋时，利用乙炔-氧混合气体燃烧的高温火焰，对已有初始压力的两根钢筋端面接合处加热，使钢筋端部产生塑性变形，并促使钢筋端面的金属原子互相扩散。当钢筋加热到 1 250~1 350 ℃（相当于钢材熔点的 0.80~0.90 倍，此时钢筋加热部位呈橘黄色，有白亮闪光出现）时，进行加压顶锻，使钢筋内的原子得以再结晶而焊接在一起。

钢筋加热前，先对钢筋施加 30~40 MPa 的初始压力，使钢筋端面贴合。当加热到缝隙密合后，上下摆动加热器，适当增大钢筋加热范围，促使钢筋端面金属原子互相渗透，也便于加压顶锻。加压顶锻的压应力为 34~40 MPa，使焊接部位产生塑性变形。直径小于

22 mm 的钢筋可以一次顶锻成型，大直径钢筋可以进行二次顶锻。

气压焊的接头应按规定的方法检查外观质量，并进行拉力试验。

（3）钢筋的机械连接

钢筋的机械连接主要有套管式挤压连接、锥螺纹套筒连接、直螺纹套筒连接三种形式。

① 套管式挤压连接。将需连接的带肋钢筋插入特制钢套管内，利用液压驱动的挤压机进行侧向加压数道，使钢套管产生塑性变形的连接方式。套管塑性变形后即与带肋钢筋紧密咬合，达到连接的效果（图 4-17）。套管挤压连接适用于竖向、横向及其他方向的较大直径带肋钢筋的连接。

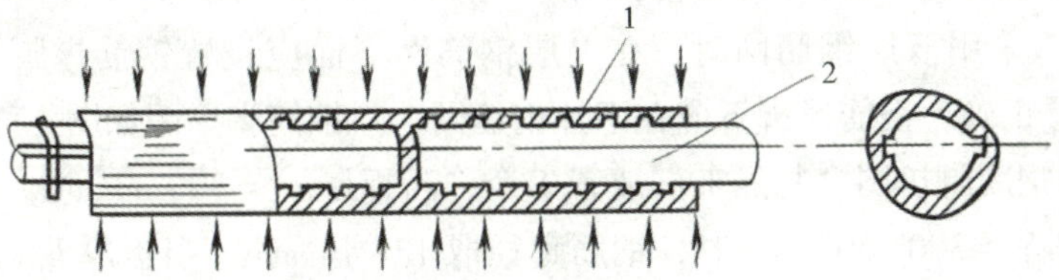

1–钢套管；2–被连接的钢筋。

图 4-17 钢筋径向挤压连接原理图

钢筋检验连接的工艺参数主要是压接顺序、压接力和压接道数。压接顺序从中间逐道向两端压接。压接力要能保证套管与钢筋紧密咬合，压接力和压接道数取决于钢筋直径、套管型号和挤压机型号。

② 锥螺纹套筒连接。利用锥形螺纹套筒将两根钢筋端头对接在一起，利用螺纹的机械咬合力传递拉力或压力的连接方式。钢筋锥螺纹套筒连接施工过程：钢筋下料→钢筋套螺纹→钢筋连接。

③ 直螺纹套筒连接。将钢筋待连接的端头用滚轧加工工艺滚轧成规整的直螺纹，再用相配套的直螺纹套筒将两根钢筋相对拧紧，实现连接如图 4-18 所示。

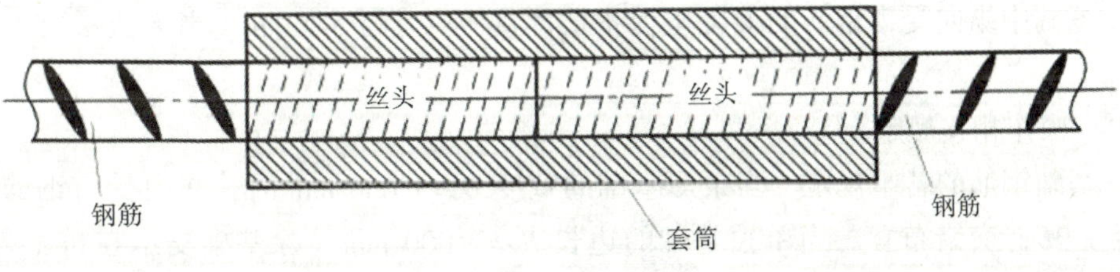

图 4-18 直螺纹套筒连接

根据钢材冷作硬化的原理，钢筋上滚轧出的直螺纹强度大幅提高，从而使直螺纹接头的抗拉强度普遍高于母材的抗拉强度。钢筋直螺纹套筒连接中的螺纹是专用的滚轧螺纹设备加工的，钢筋接头质量好、强度高；钢筋连接操作方便，速度快；钢筋滚丝可在工地的钢筋加工场地预制，不占工期；在施工面上连接钢筋时，不用电、不用气、无明火作业，可全天候施工；可用于水平、竖直等各种不同位置钢筋的连接。直螺纹工艺流程为：钢筋平头→钢筋滚压或挤压（剥肋）→螺纹成型→丝头检验→套筒检验→钢筋就位→拧下钢筋保护帽和套筒保护帽→接头拧紧→做标记→施工质量检验。

二、基础钢筋绑扎施工工艺

1. 操作工艺及相关规定

（1）操作工艺流程

① 将基础垫层清扫干净，用石笔和墨斗在上面弹放钢筋位置线。

② 按钢筋位置线布放基础钢筋。

③ 绑扎钢筋。四周两行钢筋交叉点应每点绑扎牢。中间分交叉点可相隔交错扎牢，但必须保证受力钢筋不位移。双向主筋的钢筋网，则需将全部钢筋相交点扎牢。相邻绑扎点的钢丝扣成八字形，以免网片歪斜变形。

④ 基础底板采用双层钢筋网时，在上层钢筋网下面应设置钢筋撑脚或混凝土撑脚，以保证钢筋位置正确，钢筋撑脚下应在下片钢筋网上。钢筋脚撑图如图 4-19 和图 4-20 所示。图 4-19 为钢筋脚撑图，每隔 1 m 放置 1 个，当板厚 h_w = 300 mm 时，钢筋直径取 8~10 mm；当板厚 h_w = 300~500 mm 时，钢筋直径取 12~14 mm。当板厚 h_w > 500 mm 时，选用图 4-20 所示撑脚，钢筋直径为 16~18 mm，沿短向通长布置。

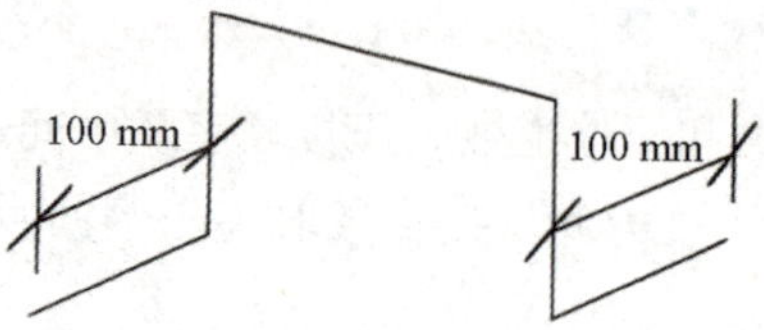

图 4-19　钢筋脚撑图（一）

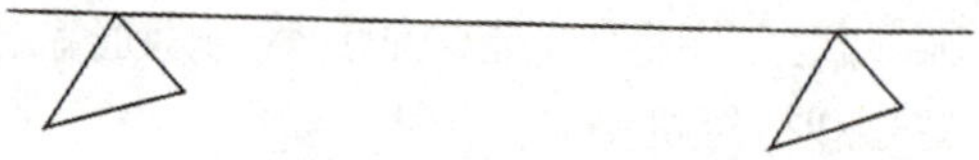
图 4-20　钢筋脚撑图（二）

⑤ 钢筋的弯钩应朝上，不要倒向一边；双层钢筋网的上层钢筋弯钩应朝下。

⑥ 独立柱基础为双向弯曲，其底面短向钢筋应放在长向钢筋上面。

⑦ 现浇筑与基础连用的插筋，其箍筋应比柱的箍筋小一个柱筋直径，以便连接。箍筋的位置一定要绑扎固定牢靠，以免造成柱轴线偏移。

⑧ 基础中纵向受力钢筋的混凝土保护层厚度不应小于 40 mm，当无垫层时不应小于 70 mm。

（2）操作相关规定

① 基础钢筋的若干规定。当条形基础的宽度 $B \geqslant 1\ 600$ mm 时，横向受力钢筋的长度可减至 $0.9B$，交错布置。当单独基础的边长 $B \geqslant 3\ 000$ mm（除基础支承在桩上外）时，受力钢筋的长度可减至 $0.9B$，交错布置。

② 基础浇筑完毕后，把基础上预留墙柱插筋扶正理顺，保证插筋位置准确。

③ 承台钢筋绑扎前，一定要保证桩基伸出钢筋到承台的锚固长度。

2. 质量验收要点

《混凝土结构工程施工质量验收规范》（GB 50204—2015）对钢筋分项工程有如下规定。

（1）隐蔽工程验收

在浇筑混凝土之前，应进行钢筋隐蔽工程验收，其验收的内容包括以下几方面。

① 纵向受力钢筋的牌号、规格、数量、间距、位置。

② 钢筋的连接方式、接头位置、接头质量、接头面积百分率、搭接长度、锚固方式及锚固长度。

③ 箍筋、横向钢筋的牌号、规格、数量、间距、位置，箍筋弯钩的弯折角度及平直段长度。

④ 预埋件的规格、数量、位置。

（2）钢筋、成型钢筋进场检验

当满足下列条件之一时，钢筋进场检验批容量可扩大一倍。

① 获得认证的钢筋、成型钢筋。

② 同一厂家、同一牌号、同一规格的钢筋，连续三批均一次检验合格。

③ 同一厂家、同一类型、同一钢筋来源的成型钢筋，连续三批均一次检验合格。

（3）材料

① 主控项目：钢筋进场时，应按现行国家标准的规定抽取试件进行力学性能和重量偏差检验，检验结果应符合相应标准的规定。

检查数量：按进场批次和产品的抽样检验方案确定。

检验方法：按检查质量证明文件和抽样检验报告确定。

② 一般项目：钢筋应平直、无损伤，表面不得有裂纹、油污、颗粒状或片状老锈。

检查数量：全数检查。

检验方法：观察。

（4）钢筋加工

① 主控项目：光圆钢筋末端应做180°弯钩，其弯孤内直径不应小于钢筋直径的2.5倍，弯钩的弯后平直部分长度不应小于钢筋直径的3倍。335 MPa级、400 MPa级带肋钢筋的弯弧内直径不应小于钢筋直径的4倍；500 MPa级带肋钢筋的弯孤内直径，当直径为28 mm以下时不应小于钢筋直径的6倍，当直径为28 mm及以上时不应小于钢筋直径的7倍，弯钩的弯后平直部分长度应符合设计要求。

箍筋弯钩的弯折角度：对一般结构，不应小于90°；对有抗震等要求的结构，应为135°；箍筋弯钩的弯弧内直径尚应不小于受力钢筋直径。

箍筋弯后平直部分长度：对一般结构，不宜小于箍筋直径的5倍；对有抗震设防要求或设计有专门要求的结构构件，不应小于箍筋直径的10倍。

检查数量：按每工作班同一类型钢筋、同一加工设备抽查不应少于3件。

检验方法：尺量。

② 一般项目：钢筋加工的形状、尺寸应符合设计要求，其偏差应符合表4-8的规定。

表4-8 钢筋加工的允许偏差

项目	允许偏差/mm
受力钢筋沿长度方向的净尺寸	±10
弯起钢筋的弯折位置	±20
箍筋外廓尺寸	±5

检查数量：按每工作班同一类型钢筋、同一加工设备抽查不应少于 3 件。

检验方法：尺量。

（5）钢筋连接

① 主控项目：钢筋的连接方式应符合设计要求。

检查数量：全数检查。

检验方法：观察。

②一般项目：钢筋接头的位置应符合设计和施工方案要求。

◆有抗震设防要求的结构中，梁端、柱端箍筋加密区范围内不应进行钢筋搭接。接头末端至钢筋弯起点的距离不应小于钢筋直径的 10 倍。

检查数量：全数检查。

检验方法：观察，尺量。

◆钢筋机械连接接头、焊接接头的质量应符合现行行业标准《钢筋机械连接技术规程》（JGJ 107—2016）及《钢筋焊接及验收规程》（JGJ 18—2012）的规定。

检查数量：按现行行业标准《钢筋机械连接技术规程》（JGJ 107—2016）和《钢筋焊接及验收规程》（JGJ 18—2012）的规定确定。

检验方法：观察，尺量。

◆螺纹接头应检验拧紧扭矩值，挤压接头应量测压痕直径，检验结果应符合现行行业标准《钢筋机械连接技术规程》（JGJ 107—2016）的相关规定。

检查数量：按现行行业标准《钢筋机械连接技术规程》（JGJ 107—2016）的规定确定。

检验方法：采用专用扭力扳手和专业量规检查。

◆当纵向受力钢筋采用机械连接接头或焊接接头时，同一连接区段内纵向受力钢筋的接头面积百分率应符合设计要求。

检查数量：在同一检验批内，对梁、柱和独立基础，应抽查构件数量的 10%，且不应少于 3 件；对墙和板，应按有代表性的自然间抽查 10%，且不应少于 3 间；对大空间结构，墙可按相邻轴线间高度 5 m 左右划分检查面，板可按纵横轴线划分检查面，抽查 10%，且均不应少于 3 面。

检验方法：观察，尺量。

◆当纵向受力钢筋采用绑扎搭接接头时。接头的横向净间距不应小于钢筋直径，且不应小于 25 mm；同一连接区段内，纵向受拉钢筋的接头面积百分率应符合设计要求。

梁、柱类构件的纵向受力钢筋搭接长度范围内箍筋的设置应符合设计要求。

检查数量：在同一检验批内，应抽查构件数量的 10%，且不应少于 3 件。

检验方法：观察、尺量。

（5）钢筋安装

① 主控项目：钢筋安装时，受力钢筋的牌号、规格和数量必须符合设计要求。

检查数量：全数检查。

检验方法：观察，尺量。

◆受力钢筋安装位置、锚固方式应符合设计要求。

检查数量：全数检查。

检验方法：观察，尺量。

② 一般项目：钢筋安装允许偏差及检验方法如表 4-9 所示。

表 4-9 钢筋安装允许偏差和检验方法

<table>
<tr><th colspan="2">项目</th><th>允许偏差/mm</th><th>检验方法</th></tr>
<tr><td rowspan="2">绑扎钢筋网</td><td>长、宽</td><td>±10</td><td>尺量</td></tr>
<tr><td>网眼尺寸</td><td>±20</td><td>钢尺量连续三挡，取最大偏差值</td></tr>
<tr><td>绑扎钢筋骨架</td><td>长</td><td>±10</td><td>尺量</td></tr>
<tr><td>绑扎钢筋骨架</td><td>宽、高</td><td>±5</td><td>尺量</td></tr>
<tr><td rowspan="3">纵向受力钢筋</td><td>锚固长度</td><td>-20</td><td>尺量</td></tr>
<tr><td>间距</td><td>±10</td><td rowspan="2">尺量两端、中间各一点，取最大偏差值</td></tr>
<tr><td>排距</td><td>±5</td></tr>
<tr><td rowspan="3">纵向受力钢筋、箍筋的混凝土保护层厚度</td><td>基础</td><td>±10</td><td>尺量</td></tr>
<tr><td>柱、梁</td><td>±5</td><td>尺量</td></tr>
<tr><td>板、墙、壳</td><td>±3</td><td>尺量</td></tr>
<tr><td colspan="2">绑扎箍筋、横向钢筋间距</td><td>±20</td><td>尺量连续三挡，取最大偏差值</td></tr>
<tr><td colspan="2">钢筋弯起点位置</td><td>20</td><td>尺量，沿纵、横两个方向量测，并取其中偏差的较大值</td></tr>
<tr><td rowspan="2">预埋件</td><td>中心线位置</td><td>5</td><td>尺量</td></tr>
<tr><td>水平高差</td><td>+3，0</td><td>塞尺量测</td></tr>
</table>

梁板类构件上部受力钢筋保护层厚度的合格点率应达到 90%及以上，且不得有超过表中数值 1.5 倍的尺寸偏差。

检查数量：在同一检验批内，对梁、柱和独立基础，应抽查构件数量的 10%，且不应少于 3 件；对墙和板，应按有代表性的自然间抽查 10%，且不应少于 3 间；对大空间结构，墙可按相邻轴线间高度 5 m 左右划分检查面，板可按纵、横轴线划分检查面，抽查 10%，且均不应少于 3 面。

任务三 墙、柱钢筋工程施工

墙、柱钢筋工程是建筑工程中至关重要的组成部分，涉及到混凝土结构的强度和稳定性，墙、柱钢筋工程施工涉及多个环节，每个环节都需严格按照规范进行操作。通过对钢筋工程施工的全面了解，可以提高施工质量，确保建筑结构的安全性和稳定性。

一、墙、柱钢筋的加工、制作及绑扎

1. 墙、柱钢筋的冷加工

墙、柱钢筋冷加工的常见的品种有冷拉热轧钢筋、冷拔低碳钢丝和冷轧钢筋。

（1）冷拉热轧钢筋

在常温下将热轧钢筋拉伸至超过屈服点小于抗拉强度的某一应力，然后卸荷，即制成了冷拉热轧钢筋。卸荷后立即重新拉伸，卸荷点成为新的屈服点，因此冷拉可使屈服点提高，材料变脆，屈服阶段缩短，塑性、韧性降低。若卸荷后不立即重新拉伸，而是保持一定时间后重新拉伸，钢筋的屈服强度、抗拉强度进一步提高，而塑性、韧性继续降低，这种现象称为冷拉时效。

对于普通钢筋混凝土结构的钢筋，冷拉仅是调直、除锈的手段（拉伸过程中钢筋表面锈皮会脱落），与钢筋的力学性能无关，当采用冷拉方法调直钢筋时，冷拉率 HPB235 级钢筋不宜大于4%，HRB335、HRB400 级钢筋不宜大于1%。冷拉的另一个目的是提高强度，在冷拉过程中，也同时完成了调直、除锈工作，此时钢筋的冷拉率为4%～10%，强度可提高30%左右，主要用于预应力筋。

（2）冷拔低碳钢丝

将直径6.5～8 mm 的 Q235 或 Q215 盘圆条钢筋在常温下强力拉拔，使其通过特制的钨合金拔丝模孔，使钢筋变细，逐步拉拔而成直径3～5 mm 的冷拔低碳钢丝。钢筋冷拔并非一次拔成，而要反复多次，由于经多次拔制，产生较大塑性变形，提高强度。冷拔后，屈服强度可提高40%～60%，塑性低、脆性大，具有硬质钢材的特点。

（3）冷轧钢筋

冷轧钢筋就是将圆钢在冷轧机上轧成断面形状规则的钢筋，可提高其强度及与混凝土的黏结力，冷轧钢筋通常有冷轧带肋钢筋和冷轧扭钢筋。

冷轧带肋钢筋是用低碳钢热轧盘圆条直接冷轧或经冷拔后再冷轧，形成三面或两面横肋的钢筋。现行国家标准《冷轧带肋钢筋》（GB/T 13788—2017）规定，冷轧带肋钢筋分为 CRB500、CRB650、CRB800、CRB970、CRB1170 五个牌号。CRB500 用于非预应力钢筋混凝土，其他牌号用于预应力混凝土。目前，CRB500 的应用最广泛。

冷扎扭钢筋是将低碳热轧圆盘条（Q235）经钢筋冷轧扭机组调直、冷轧扁、冷扭转一次成型，具有规定截面尺寸和节距的连续螺旋状钢筋。

冷轧带肋与冷轧扭工艺相比少了冷扭转，切在钢筋表面形成肋装条纹，黏结力增强。

2. 墙、柱钢筋的焊接

常用的焊接方法有闪光对焊、电阻点焊、电弧焊、电渣压力焊、埋弧压力焊、气压焊等。

（1）闪光对焊

闪光对焊广泛用于焊接直径为10～40 mm 的 HPB235、HRB335、HRB400 热轧钢筋和直径为10～25 mm 的 RRB400 余热处理钢筋及预应力筋与螺丝端杆的焊接。

① 焊接原理。利用低电压、强电流在钢筋接头处产生高温，使钢筋熔化，再施加压力顶锻，使两根钢筋焊接在一起，形成对焊接头。对焊机由机架、导轨、动夹具、固定夹

具、送进机构、夹紧机构、顶座（支座）、变压器、控制系统等几部分组成，对焊机的外形如图 4-21 所示。

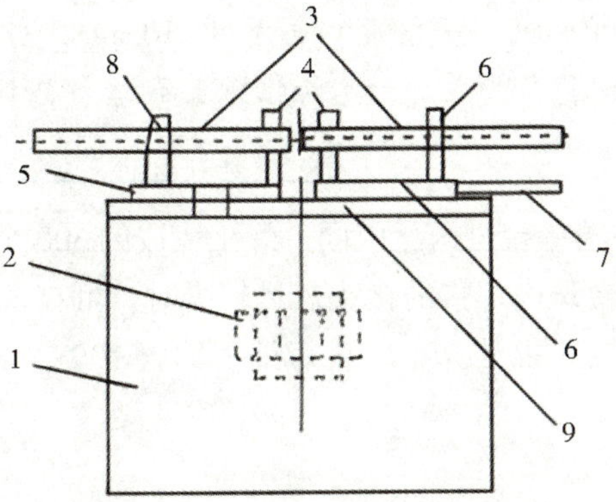

1-机架；2-变压器；3-钢筋；4-夹紧机构；
5-固定夹具；6-动夹具；7-送进机构；8-顶座；9-导轨。

图 4-21　对焊机的外形

② 焊接工艺。根据钢筋的品种、直径和选用的对焊机功率，闪光对焊分为连续闪光焊、预热闪光焊、闪光-预热闪光焊三种工艺。对焊接头的外形图焊性差的钢筋，对焊后采取通电热处理的方法，以改善对焊接头的塑性。钢筋对焊接头的外形如图 4-22 所示。

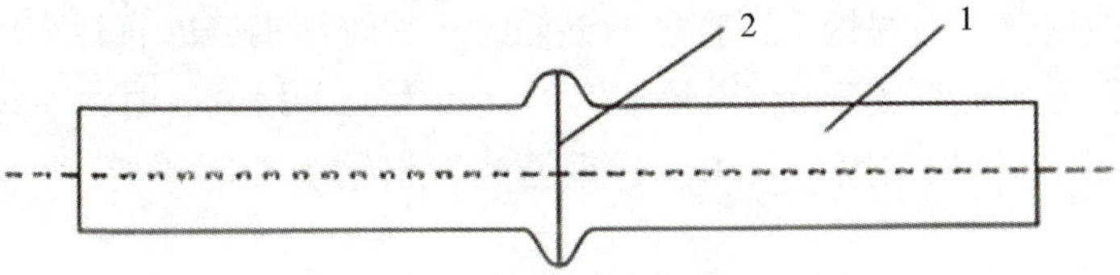

1-钢筋；2-接头。

图 4-22　钢筋对焊接头的外形

对于 RRB400 级余热处理钢筋，为改善其焊接接头的塑性，可在焊后进行通电热处理。焊后通电热处理在对焊机上进行，钢筋对焊完毕当焊接接头温度降低至呈暗黑色（300 ℃以下），松开夹具将电极钳口调至最大距离，重新夹紧，然后进行脉冲式通电加热，钢筋加热至表面呈橘红色（750~850 ℃）时，通电结束，松开夹具，待钢筋稍冷后取下，在空气中自然冷却。

③ 闪光对焊参数。闪光对焊参数包括调伸长度、烧化留量、预热留量、顶锻留量和变压器级数等。调伸长度的选择，应随着钢筋牌号的提高和钢筋直径的加大而增长，主要是减缓接头的温度梯度，防止热影响区产生淬硬组织。烧化留量的选择，应根据焊接工艺方法确定。需要预热时，宜采用电阻预热法。预热留量应为 1~2 mm，预热次数应为 1~4 次；每次预热时间应为 1.5~2 s，间歇时间应为 3~4 s。顶锻留量应为 3~7 mm，并应随钢筋直径的增大和钢筋牌号的提高而增加。变压器级数应根据钢筋牌号、直径、焊机容量及焊接工艺方法等具体情况选择。

提 示

当连续闪光焊时，闪光过程应较长；烧化留量应等于两根钢筋在断料时切断机刀口严重压伤部分（包括端面的不平整度）再加 8~10 mm；当闪虹预热闪光焊时，应区分一次烧化留量和二次烧化留量。一次烧化留量不应小于 10 mm，二次烧化留量不应小于 6 mm。

④ 焊接质量检查。在同一台班内，由同一焊工完成的 300 个同级别、同直径钢筋焊接接头应作为一批。当同一台班内焊接的接头数量较少时，可在一周之内累计计算；累计如仍不足 300 个接头时，应按一批计算。应从每批中抽查 10%，且抽出不得少于 10 个的接头作外观检查。

（2）电阻点焊

混凝土结构中的钢筋骨架和钢筋网片的交叉钢筋焊接宜采用电阻点焊。焊接时将钢筋的交叉点放入点焊机两极之间，通电使钢筋加热到一定温度后，加压使焊点处钢筋互相压入一定的深度（压入深度为两钢筋中较细者直径的 1/4~2/5），将焊点焊牢。采用点焊代替绑扎，可以提高工效，便于运输。在钢筋骨架和钢筋网成型时优先采用电阻点焊。

① 焊接原理。加压过程是利用踏板杠杆推动压紧弹簧实现的，这种加压形式一般用于焊接细钢筋的小容量点焊机。电阻点焊适用于热轧 HPB235、HRB335 级钢筋、冷轧带肋钢筋和冷拔低碳钢丝。当焊接不同直径的钢筋时，其较细钢筋的直径小于或等于 10 mm 时，粗细钢筋直径之比不宜大于 3；当较细钢的直径为 12~14 mm 时，粗细钢筋直径之比不宜大于 2。焊接网的纵向钢筋可采用单根钢筋或双根钢筋如图 4-23 所示；横向钢筋应采用单根钢筋。

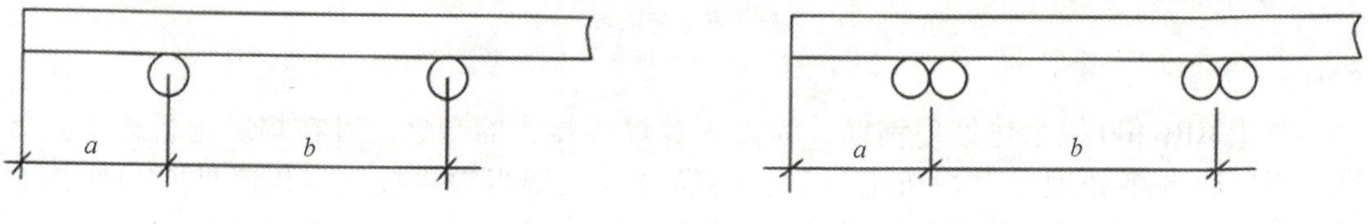

（a）纵向单根钢筋　　（b）纵向双根钢筋

图 4-23　焊接网的纵向钢筋示意图

焊接网的纵向、横向钢筋均为单根钢筋时，钢筋的直径应符合下式要求

$$d_{min} \geq 0.6d_{max}$$

式中　d_{min}——较细钢筋的公称直径；

d_{max}——较粗钢筋的公称直径。

当焊接网中纵向钢筋采用双根钢筋时，钢筋的直径应符合下式要求

$$0.7d_t \leq d_1 \leq 1.25d_t$$

式中　d_1——横向钢筋的公称直径；

d_t——双根钢筋之一的公称直径。

② 工艺过程。在压力作用下，两交叉钢筋紧密接触，这段时间属于预压阶段。通电阶段即加热熔化阶段。在通电开始一段时间内，接触点面积扩大，固态金属因加热而膨

胀，在焊接压力作用下，焊接处金属产生塑性变形，并挤向钢筋间缝隙中；继续加热后，开始出现熔化点，并逐渐扩大成所要求的核心尺寸时切断电流。由切断电流开始，熔核冷却并逐渐凝固，这时要施加必要的锻压，有足够的锻压力，才可以补充塑性区的变形。电阻点焊应根据钢筋牌号、直径及焊机性能等具体情况选择必要的焊接参数，如变压器级数、焊接通电时间和电极压力等。在焊接骨架或焊接网的电阻点焊中，两钢筋相互压入的深度应为较小钢筋直径的18%~25%。

③ 质量检查与验收。焊接骨架和焊接网应进行形状尺寸检查、外观质量检查和力学性能试验。凡钢筋级别、直径及尺寸相同的焊接骨架和焊接网应视为同一类型制品，按每300件为一批，一周内不足300件的亦应按一批计算，进行形状尺寸检查和外观检查。

（3）电弧焊

① 焊接原理。电弧焊是利用弧焊机使焊条和焊件之间产生高温电弧，熔化焊条和高温电弧范围内的焊件金属，熔化的金属凝固后形成焊接接头。电弧焊广泛用于钢筋的接长、钢筋骨架的焊接、装配式结构钢筋接头焊接及钢筋与钢板、钢板与钢板的焊接等。

② 质量检查与验收。应在接头清渣后逐个进行目测或量测，焊缝表面应平整，不得有凹陷或焊瘤。焊缝接头不得有裂纹。咬边深度、气孔、夹渣等缺陷允许值及接头尺寸的允许偏差应符合有关要求。

（4）电渣压力焊

① 焊接原理。电渣压力焊利用电流通过渣池所产生的热量来熔化母材，待到一定程度后施加压力，完成钢筋连接。这种钢筋接头的焊接方法与电弧焊相比，焊接效率高5~6倍，且接头成本较低，质量易保证，它适用于直径为14~40 mm的HPB235、HRB335级竖向或斜向钢筋的连接。电渣压力焊可用手动电渣压力焊机或自动压力焊机进行焊接。

② 焊接工艺。竖向钢筋电渣压力焊的工艺过程包括引弧、电弧、电渣和挤压过程。

（5）埋弧压力焊

① 焊接原理。埋弧压力焊利用焊剂层下的电弧燃烧将两焊件相邻部位熔化，然后加压顶锻使两焊件焊合。这种焊接方法工艺简单，比电弧焊工效高、质量好（焊后钢板变形小、抗拉强度高）、成本低（不用焊条），适用于钢筋与钢板作丁字形接头焊接。

② 焊接工艺。施焊前，钢筋钢板应清洁，必要时要除锈，以保证台面与钢板、钳口与钢筋接触良好，不致起弧。采用手工埋弧压力焊时，接通焊接电源后，立即将钢筋上提2.5~3.5 mm，引燃电弧。随后，根据钢筋直径大小，适当延时；或者继续缓慢提升3~4 mm，再渐渐下送，使钢筋端部和钢板熔化，待达到一定时间后，迅速顶压。采用自动埋弧压力焊时，在引弧之后，根据钢筋直径大小，延续一定时间进行熔化，随后及时顶压。

③ 焊接参数。埋弧压力焊的焊接参数主要包括焊接电压、焊接电流和焊接通电时间等。焊接电压：在电弧过程宜为35~45 V，在电渣过程宜为22~27 V。焊接电流：在钢筋直径为8~22 mm时为400~600 A，在钢筋直径为25~36 mm时为550~800 A；通电时间：相应为6~30 s、35~60 s。

（6）气压焊

① 焊接原理。钢筋气压焊是采用氧-乙炔火焰对钢筋接缝处进行加热，使钢筋端部加热达到高温状态，并施加足够的轴向压力而形成牢固的对焊接头。钢筋气压焊接方法具有

设备简单、焊接质量好、效果高，且不需要大功率电源等优点。

② 工艺过程。施焊前钢筋要用砂轮锯下料并用磨光机打磨，边棱要适当倒角，端面要平，端面基本上要与轴线垂直。端面附近 50~100 mm 范围内的铁锈、油污等必须清除干净，然后用卡具将两根被连接的钢筋对正、夹紧。

钢筋气压焊的施焊过程包括预压、加热与压接过程。当钢筋端面加热到所需温度（宜在熔点以下 1 150~1 250 ℃）时，对钢筋轴向加压，使接缝处膨鼓的直径达到母材钢筋直径的 1.4 倍，变形长度为钢筋直径的 1.3~1.5 倍，此时可停止加热、加压，待焊接点的红色消失后取下夹具。

③ 质量检查。气压焊接头的质量检查包括外观检查和强度检验。其中强度检查要求钢筋气压焊接头，5 个试件的抗拉强度均不得低于该级别钢筋的抗拉强度标准值，全部试件断于焊缝之外并呈塑性断裂。气压焊拉伸试验的试件形式如图 4-24 所示。图 4-24 中试件长度 $L=8d+2L_j$，L_j 为夹持长度（100~200 mm）。

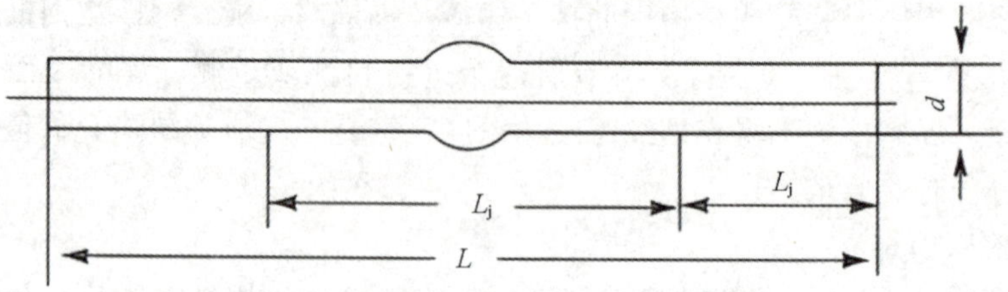

图 4-24　气压焊拉伸试验的试件形式

3. 钢筋挤压连接

钢筋挤压连接是一项新型钢筋连接工艺，它改变了电弧焊、电渣焊、闪光焊、气压焊等传统焊接工艺的热操作方法，在常温下采用特别钢筋连接机，将钢套筒和两根待接钢筋压接成一体，使套筒塑性变形后与钢筋上的横肋纹紧密地咬合在一起，从而达到连接效果的一种机械接头方式。

4. 钢筋螺纹连接

钢筋螺纹连接采用的是螺纹连接钢筋的新技术。螺纹连接套是在工厂专用机床上加工制成的，钢筋套丝的加工是在钢筋套丝机上进行的。钢筋螺纹连接速度快、工期短、连接质量好，不受气候影响，适应性强。

二、墙、柱钢筋施工工艺

1. 剪力墙钢筋绑扎工艺

（1）质量关键要求

施工中应注意下列质量问题，遇到问题要妥善解决，以达到质量要求。

① 水平筋的位置、间距不符合要求。墙体绑扎钢筋时应搭设高凳或简易脚手架，确保水平筋位置准确。

② 下层伸出的墙体钢筋和竖向钢筋绑扎不符合要求。绑扎时应先将下层伸出钢筋调直理顺，然后再绑扎或焊接。若下层伸出的钢筋位移较大时，应征得设计同意再进行处理。

③ 门窗洞口加强筋位置尺寸不符合要求。应在绑扎前根据洞口边线将加强筋位置调整，绑扎加强筋时应吊线找正。

④ 剪力墙水平筋锚固长度不符合要求。认真学习图纸。在拐角、十字节点、墙端、连梁等部位钢筋的锚固应符合设计要求。

（2）工艺流程

弹墙体线→剔凿墙体混凝土浮浆→修理预留搭接筋→绑纵向筋绑横筋→绑拉筋或支撑筋。

（3）操作要点

① 将预留钢筋调直理顺，并将表面砂浆等杂物清理干净。进行钢筋绑扎。剪力墙钢筋绑扎完后，把垫块或垫圈固定好确保钢筋保护层的厚度。平均每段长度不宜超过 8 m，以利绑扎。

② 绑扎剪力墙的钢筋网，全部钢筋的相交点都要扎牢，绑扎时相邻绑扎点的铁丝扣成八字形，以免网片歪斜变形。为控制墙体钢筋保护层厚度，宜采用比墙体竖向钢筋大一型号的钢筋梯子凳，在原位替代墙体钢筋，间距 1 500 mm 左右。

③ 剪力墙水平分布钢筋的搭接长度不应小于 $1.2l_a$（l_a 为钢筋锚固长度）。同排水平分布钢筋的搭接接头之间及上、下相邻水平分布钢筋的搭接接头之间沿水平方向的净间距不宜小于 500 mm。若搭接采用焊接时应符合《钢筋焊接及验收规程》（JGJ 18—2012）的规定。

④ 剪力墙竖向分布钢筋可在同一高度搭接，搭接长度不应小于 $1.2l_a$。剪力墙分布钢筋的锚固：剪力墙水平分布钢筋应伸至墙端，并向内水平弯折 $10d$ 后截断，其中 d 为水平分布钢筋直径。当剪力墙端部有翼墙或转角墙时，内墙两侧的水平分布钢筋和外墙内侧的水平分布钢筋应伸至翼墙或转角墙外边，并分别向两侧水平弯折后截断，其水平弯折长度不宜小于 $15d$。在转角墙处，外墙外侧的水平分布钢筋应在墙端外角处弯入翼墙，并与翼墙外侧水平分布钢筋搭接，搭接长度为 $1.2l_a$。带边框的剪力墙，其水平和竖向分布钢筋宜分别贯穿柱、梁或锚固在柱、梁内。

⑤ 剪力墙洞口连梁应沿全长配置箍筋，箍筋直径不宜小于 6 mm，间距不宜大于 150 mm。在顶层洞口连梁纵向钢筋伸入墙内的锚固长度范围内，应设置间距不大于 150 mm 的箍筋，箍筋直径与该连梁跨内箍筋直径相同。同时，门窗洞边的竖向钢筋应按受拉钢筋锚固在顶层连梁高度范围内。

⑥ 混凝土浇筑前，对伸出的墙体钢筋进行修整，并绑一道临时横筋固定伸出筋的间距（甩筋的间距）。墙体混凝土浇筑时派专人看管钢筋，浇筑完后，立即对伸出的钢筋（甩筋）进行修整。

⑦ 外砖内模剪力墙结构，剪力墙钢筋与外砖墙连接：绑内墙钢筋时，先将外墙预留的拉结筋理顺，再与内墙钢筋搭接绑牢。

（4）质量标准

① 主控项目：钢筋、焊条的品种和性能以及接头中使用的钢板和型钢，必须符合设计要求和有关标准的规定。钢筋的规格、形状、尺寸、数量、锚固长度、接头设置，必须

符合设计要求和施工规范的规定。钢筋焊接接头机械性能试验结果，必须符合焊接规程的规定。

② 一般项目：钢筋网片和骨架绑扎缺扣、松扣数量不超过绑扣数的10%，且不应集中。钢筋焊接网片钢筋交叉点开焊数量不得超过整个网片交叉点总数的1%，且任一根钢筋上开焊点数不得超过该根钢筋上交叉点总数的50%。焊接网最外边钢筋上的交叉点不得开焊。弯钩的朝面应正确。绑扎接头应符合施工规范的规定，其中每个接头的搭接长度不小于规定值。箍筋数量、弯钩角度和平直长度，应符合设计要求和施工规范的规定。钢筋点焊焊点处熔化金属均匀，无裂纹、气孔及烧伤等缺陷；焊点压入深度符合钢筋焊接规程的规定。

2. 框架柱钢筋绑扎工艺

（1）工艺流程

弹柱子线→剔凿柱混凝土表面浮浆→修理柱子筋→套柱箍筋→搭接绑扎→竖向受力筋→画箍筋间距线→绑扎箍筋。

（2）操作要点

① 套柱箍筋。按图纸要求间距，计算好每根柱箍筋数量，先将箍筋套在下层伸出的搭接筋上，然后立柱子钢筋，在搭接长度内，绑扣不少于3个，绑扣要向柱中心。如果柱子主筋采用光圆钢筋搭接时，角部弯钩应与模板成45°角，中间钢筋的弯钩应与模板成90°角。

② 搭接绑扎竖向受力筋。柱子主筋立起后，绑扎接头的搭接长度、接头面积百分率应符合设计要求。

③ 画箍筋间距线。在立好的柱子竖向钢筋上，按图纸要求用粉笔划箍筋间距线。

④ 绑扎箍筋。按已划好的箍筋位置线，将已套好的箍筋往上移动，由上往下绑扎，宜采用缠扣法进行绑扎。

（3）质量标准

柱筋保护层厚度应符合规范要求，主筋外皮为25 mm，垫块应绑在柱竖筋外皮上，间距一般为1 000 mm，（或用塑料卡卡在外竖筋上）以保证主筋保护层厚度准确。当柱截面尺寸有变化时，柱应在板内弯折，弯后的尺寸要符合设计要求。

任务四　梁、板及楼梯钢筋工程施工

钢筋工程的施工质量无疑是保障建筑物使用安全与耐久性的基石。它直接关系到建筑结构的整体稳固性，是确保建筑物在长期使用过程中能够抵御各种自然和人为因素挑战的重要因素之一。在这一复杂的施工环节中，梁、板及楼梯钢筋工程占据了举足轻重的地位。它们不仅是建筑结构中的关键承重部分，负责支撑起整栋建筑的重量，还是保证建筑稳定性不可或缺的元素。

一、梁钢筋绑扎工艺

1. 材料和质量要点

（1）材料的关键要求

钢筋应有出厂合格证、出厂检验报告，并按规定做力学性能复试。当加工过程中发生脆断等特殊情况，还需做化学成分检验。钢筋应无老锈及油污。对有抗震设防要求的钢筋工程，其纵向受力钢筋的强度要满足设计要求，当设计无具体要求时，受力钢筋强度实测值应符合《混凝土结构工程施工质量验收规范》（GB 50204—2015）的有关规定。

（2）技术关键要求

认真熟悉施工图，了解设计意图和要求，编制钢筋绑扎技术交底。根据设计图纸及工艺标准要求，向班组进行技术交底。

（3）质量关键要求

① 钢筋绑扎前，应检查有无锈蚀，有锈蚀时应除锈之后再运至绑扎部位。

② 熟悉图纸，按设计要求检查已加工好的钢筋规格、形状、数量是否正确。

③ 做好抄平放线工作，根据弹好的外皮尺寸线，检查下层预留搭接钢筋的位置、数量、长度。绑扎前先整理调直下层伸出的搭接筋，并将锈蚀、水泥砂浆等污垢清理干净。

2. 工艺流程

① 模内绑扎。画主、次梁箍筋距→放主梁、次梁箍筋→穿主梁底层→纵筋及弯起筋→穿次梁底层纵筋并与箍筋固定→穿主梁上层纵向架立筋→按箍筋间距绑扎→穿次梁上层纵向钢筋→按箍筋间距绑扎。

② 模外绑扎。画箍筋间距→在主、次梁模板上口铺横杆数根→在横杆上面放箍筋→穿主梁下层纵筋→穿次梁下层钢筋→穿主梁上层钢筋→按箍筋间距绑扎→穿次梁上层纵筋→按箍筋间距绑扎→抽出横杆落骨架于模板内。

3. 操作要点

在梁侧模板上画出箍筋间距，摆放箍筋。先穿主梁的下部纵向受力钢筋及弯起钢筋，将箍筋按已画好的间距逐个分开；穿次梁的下部纵向受力钢筋及弯起钢筋，并套好箍筋；放主、次梁的架立筋；隔一定间距将架立筋与箍筋绑扎牢固；调整箍筋间距使间距符合设计要求，绑架立筋，再绑主筋，主、次梁同时配合进行。

框架梁上部纵向钢筋应贯穿中间节点，梁下部纵向钢筋伸入中间节点锚固长度及伸过中心线的长度要符合设计要求。框架梁纵向钢筋在端节点内的锚固长度也要符合设计要求。绑梁上部纵向筋的箍筋，宜用套扣法绑扎。

箍筋在叠合处的弯钩，在梁中应交错绑扎，箍筋弯钩为135°，平直部分长度为$10d$，如做成封闭箍时，单面焊缝长度为$5d$。梁端第一个箍筋应设置在距离柱节点边缘50 mm处；梁端与柱交接处箍筋应加密，其间距与加密区长度均要符合设计要求。

在主、次梁受力筋下均应垫垫块（或塑料卡），保证保护层的厚度。受力筋为双排时，可用短钢筋垫在两层钢筋之间，钢筋排距应符合设计要求。梁的受力钢筋直径等于或大于

22 mm 时，宜采用焊接接头；小于 22 mm 时，可采用绑扎接头，搭接长度要符合规范的规定。搭接长度末端与钢筋弯折处的距离，不得小于钢筋直径的 10 倍。接头不宜位于构件最大弯矩处，受拉区域内 HPB235 级钢筋绑扎接头的末端应做弯钩（HRB335 级钢筋可不做弯钩），搭接处应在中心和两端扎牢。接头位置应相互错开，当采用绑扎搭接接头时，在规定搭接长度的任一区域内有接头的受力钢筋截面面积占受力钢筋总截面面积百分率，受拉区不大于 50%。

二、板钢筋绑扎工艺

1. 工艺流程

清理模板→在模板上画线→绑板下受力筋→绑负弯矩钢筋。

2. 操作要点

清理模板上面的杂物，用粉笔在模板上画好主筋、分布筋间距。按画好的间距，先摆放受力主筋、后放分布筋。预埋件、电线管、预留孔等及时配合安装。

在现浇板中有板带梁时，应先绑板带梁钢筋，再摆放板钢筋。绑扎板筋时一般用顺扣或八字扣，除外围两根钢筋的相交点应全部绑扎外，其余各点可交错绑扎（双向板相交点需全部绑扎）。如板为双层钢筋，两层钢筋之间须加钢筋马凳，以确保上部钢筋的位置。负弯矩钢筋每个相交点均要绑扎。

在钢筋的下面垫好砂浆垫块，间距为 1.5 m。垫块的厚度等于保护层厚度，应满足设计要求，如设计无要求时，板的层厚度应为 15 mm。钢筋搭接长度与搭接位置的要求与前面所述梁的要求相同。

三、楼梯钢筋绑扎工艺

1. 工艺流程

画位置线→绑主筋→绑分布筋→绑踏步筋。

2. 操作要点

在楼梯底板上画主筋和分布筋的位置线。

根据设计图纸中主筋、分布筋的方向，先绑扎主筋后绑扎分布筋，每个交点均应绑扎。如有楼梯梁时，先绑梁后绑板筋。板筋要锚固到梁内。

底板筋绑完，待踏步模板吊绑支好后，再绑扎踏步钢筋。主筋接头数量和位置均要符合设计和施工质量验收规范的规定。

项目小结

本项目主要介绍了钢筋工程施工的相关知识，主要包括对钢筋性能与质量要求，基础钢筋工程施工，梁、板及楼梯钢筋工程施工等内容。通过本项目的学习，帮助读者了解钢筋工程施工是建筑施工中至关重要的一部分，直接关系到建筑物的结构强度和稳定性。

课后习题

一、填空题

1. 经热轧成型，横截面通常为圆形、表面光滑的成品钢筋一般多为________。

2. 力学性能又叫________，是指钢材在外力作用下所表现出的各种性能。

3. ________是在常温下用机械方法将有明显流幅的钢筋拉到超过屈服强度即强化阶段中的某一应力值。

4. ________是用低碳钢热轧盘圆条直接冷轧或经冷拔后再冷轧，形成三面或两面横肋的钢筋。

二、简答题

1. 如何开展钢筋进场检验工作？

2. 简述闪光对焊的适用范围与焊接原理。

项目五

混凝土工程施工

项目导读

《混凝土结构工程施工质量验收规范》（GB 50204—2015）指出，混凝土工程是从水泥、砂、石、水、外加剂、矿物掺和料等原材料进场检验，到混凝土配合比设计及称量、拌制、运输、浇筑、养护、试件制作，直至混凝土达到预定强度等一系列技术工作和完成实体的总称。混凝土工程施工是建筑质量保障的重要环节。通过精心的施工工艺和严格的质量控制，可以确保混凝土结构的强度、密实性和耐久性，从而提升建筑物的整体质量，延长其使用寿命。

学习目标

知识目标

◆了解混凝土组成材料的基本性能。

◆掌握混凝土搅拌、运输及浇筑振捣机械的选择与使用。

◆掌握混凝土运输、浇筑、振捣施工工艺方法及要求。

◆掌握混凝土工程施工中的质量问题。

能力目标

◆掌握混凝土工程施工基本技能，具备制订混凝土运输、浇筑、振捣、养护施工方案及质量检测的能力。

◆掌握混凝土工程中安全劳动措施计划，能够解决混凝土配料、搅拌、运输、浇筑、振捣及养护施工过程中一般施工技术问题的能力。

素质目标

培养学生分析问题的能力，具有规范、标准的理解能力及制订、实施工作计划及合作交流的能力，培养团队协作精神和创新能力。

思政目标

培养学生具备对混凝土工程的质量检查验收能力，注重细节、严谨认真，强化规范意识和责任担当。

任务工单

一、任务准备

水泥、石子、砂、水、外加剂等。准备好试验用工器具。

二、任务开展

1. 混凝土配制

试验员依据混凝土浇灌申请书填写有关资料。根据砂石含水率，调整混凝土配合比中的材料用量，换算每盘的材料用量，写配合比板，经施工技术负责人校核后，挂在搅拌机旁醒目处。材料用量、投放：水泥、掺合料、水、外加剂的计量误差为±2%，粗、细集料的计量误差为±3%。投料顺序为：石子→水泥、外加剂粉剂→掺合料→砂子→水→外加剂液剂。

2. 混凝土搅拌

为使混凝土搅拌均匀，自全部拌合料装入搅拌筒中起，到混凝土开始卸料止。如果混凝土和易性不好，可以在维持水灰比不变的前提下，适当调整砂率、水及水泥量，至和易性良好为止。

3. 混凝土运输

运输中的全部时间不应超过混凝土的初凝时间。混凝土运输分地面水平运输、垂直运输和楼面水平运输三种。

4. 混凝土浇筑

混凝土浇筑应分层连续进行，浇筑混凝土时，经常观察模板、支架、钢筋、螺栓、预留孔洞和管有无走动情况，一经发现有变形、走动或移位时，立即停止浇筑，并及时修整和加固模板，然后再继续浇筑。

5. 指导评价

学生按照要求进行操作，教师最后进行指导评价。

三、任务评价

展示任务完成情况，并完成表 5-1 所示的考核评价表。

表 5-1 考核评价表

评价项目	评价内容	分值	评分		
			自评	互评	师评
职业素养考核项目（40%）	考勤、仪容仪表	10 分			
	安全意识、责任意识及服从意识	10 分			
	团队合作、沟通交流能力	10 分			
	保持场地、设备及工具等干净整洁	10 分			

续表

评价项目	评价内容	分值	评分		
			自评	互评	师评
专业能力考核项目（60%）	积极参与混凝土浇筑施工教学活动并理解活动要求	30 分			
	混凝土工程施工符合规范，任务完成度	30 分			
合计：综合分数________	自评（20%）+互评（20%）+师评（60%）	100 分			
综合评语		指导教师（签名）：			

任务一　混凝土的基本性能与工程施工

混凝土是一种以水泥为主要胶结材料，以含有各种矿物成分的粗细骨料为基体拌合而成的人工混合材料，是钢筋混凝土的主体。因而混凝土构件和结构的力学性能，在很大程度上取决于混凝土材料的性能。

扫一扫

混凝土强度等级

一、混凝土的强度

混凝土的强度是指抵抗外力产生的某种应力的能力，即混凝土材料达到破坏或破裂极限状态时所能承受的应力。显然，混凝土的强度不仅与其材料组成等因素有关，而且还与其受力状态有关。

1. 简单受力状态下混凝土的强度

（1）轴心抗压强度

在混凝土结构的受压构件中，构件的长度一般比截面尺寸大很多，形成棱柱体。另由上述分析可见，混凝土立方体试件在轴心受压时的应力和变形状态，以及破坏过程和破坏形态均表明，用标准试验方法并未在试件中建立起均匀的单轴受压应力状态，由此得到的也不是理想的混凝土单轴抗压强度。因此采用棱柱体试件比立方体试件更能反映混凝土的实际工作状态。

棱柱体试件的截面尺寸 b 一般选用立方体试件尺寸（如 150 mm×150 mm），而其长度 h 应满足两个条件：一是 h 应足够大，以使试件中部摆脱端部摩擦力的影响，处于单轴均匀受压状态如图 5-1（a）所示；二是 h 也不宜取得过大，以防止试件在破坏前由于较大的纵向弯曲而降低实际的抗压强度。试验表明，当棱柱体的长宽比 $h/b \geqslant 2$ 后，即可摆脱端部摩擦力的影响，所测强度趋于稳定如图 5-1（b）所示，同时试件也不会失稳。

我国《混凝土物理力学性能试验方法标准》（GB/T 50081—2019）中规定，采用 150 mm×150 mm×300 mm 的棱柱体作为标准试件，按与上述立方体试验的相同规定所得试件的破坏荷载除以其截面面积，即为棱柱体抗压强度，亦即混凝土的轴心抗压强度，记为f_c^s，而轴心抗压强度平均值用$f_{c,m}$表示。

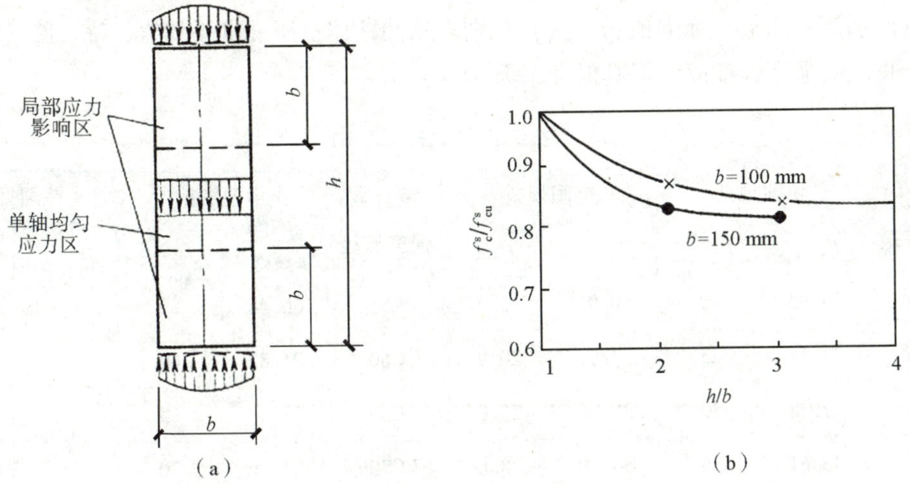

(a) 试件的应力区；(b) 试件高厚比的影响

图 5-1 混凝土轴心抗压强度

为了建立混凝土轴心抗压强度f_c^s与立方体抗压强度f_{cu}^s之间的关系，进行了大量的对比试验得出轴心抗压强度试验平均值$f_{c,m}$与立方体抗压强度试验平均值$f_{cu,m}$大致呈线性关系。对于普通混凝土，$f_{c,m}/f_{cu,m}$为0.76～0.8；对于高强混凝土，这一比值可达0.8～0.85，并随混凝土强度增加而增大。其原因之一是试件端部摩擦力对立方体试件的箍紧效应在高强混凝土中相对较弱，立方体试件的破坏形态不像普通混凝土那样破碎成明显的方锥形。基于此，轴心抗压强度平均值与立方体抗压强度平均值的关系可表示为

$$f_{c,m} = \alpha_{c1} f_{cu,m} \tag{5-1}$$

考虑到实际工程中现场混凝土的制作和养护条件通常比试验室条件差，而且实际结构构件承受的是荷载长期作用，这比试验时承受的短期加载要不利得多，再考虑到我国工程实践经验并参考国外的有关规定等因素，将上述$f_{c,m}/f_{cu,m}$值乘以修正系数0.88。另外，对于高强混凝土，由于破坏时表现出明显的脆性性质，且工程经验相对较少，故在上述基础上再乘以脆性折减系数α_{c2}。

混凝土轴心抗压强度平均值$f_{c,m}$与立方体抗压强度平均值$f_{cu,m}$的关系按下式确定

$$f_{c,m} = 0.88\alpha_{c1}\alpha_{c2} f_{cu,m} \tag{5-2}$$

式中 α_{c1}——棱柱体强度与立方体强度之比值，对混凝土强度等级为C50及以下取$\alpha_{c1}=0.76$，对C80取$\alpha_{c1}=0.82$，中间按线性规律变化取值；

α_{c2}——混凝土考虑脆性的折减系数，对C40及以下混凝土取$\alpha_{c2}=1.00$，对C80取$\alpha_{c2}=0.87$，中间按线性规律变化取值；

0.88——考虑结构中混凝土强度与试件混凝土强度之间的差异而采取的修正系数。

在混凝土结构的试验研究中，有时需要将圆柱体（φ150 mm×300 mm）抗压强度换算为立方体或棱柱体抗压强度，二者的对应关系如表5-2所示。其中$f_{cu,m}$，$f_{cu,k}$分别表示立方体抗压强度平均值、标准值；$f'_{c,m}$，f'_{c}分别表示圆柱体抗压强度平均值、特定值（特定值相仿于我国的强度标准值，但其保证率为91%）。

表5-2 混凝土立方体与圆柱体抗压强度的对应关系

混凝土强度等级	中国规范		美国规范		混凝土强度等级	中国规范		美国规范	
	$f_{cu,m}$	$f_{cu,k}$	$f'_{c,m}$	f'_{c}		$f_{cu,m}$	$f_{cu,k}$	$f'_{c,m}$	f'_{c}
C20	24.92	20	19.94	16.7	C55	66.48	55	—	45.0
C25	31.15	25	24.92	20.9	C60	71.81	60	—	50.0
C30	37.38	30	29.90	25.0	C65	77.04	65	—	55.0
C35	43.61	35	34.89	28.6	C70	82.16	70	—	60.0
C40	49.84	40	39.87	32.2	C75	87.19	75	—	65.0
C45	55.50	45	44.40	36.0	C80	92.12	80	—	70.0
C50	61.05	50	48.84	39.8					

（2）轴心抗拉强度

混凝土的抗拉强度是混凝土的基本力学特征之一，其值为抗压强度的1/17~1/8（对普通混凝土）和1/24~1/20（对高强混凝土），并且不与立方体抗压强度呈线性关系。由于影响因素较多，目前还没有一种统一的标准试验方法，常用的有轴向拉伸试验、劈裂抗拉试验和抗折试验三种，如图5-2所示。

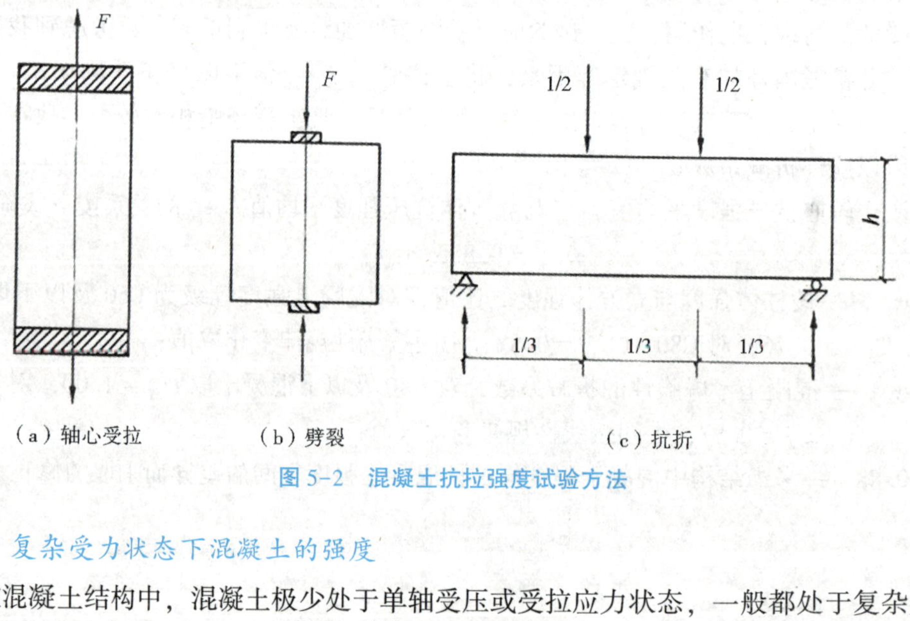

图5-2 混凝土抗拉强度试验方法

2. 复杂受力状态下混凝土的强度

在混凝土结构中，混凝土极少处于单轴受压或受拉应力状态，一般都处于复杂受力状态，复杂应力状态下混凝土的强度，亦称为混凝土的复合受力强度。由于混凝土高度的非匀质状态以及微裂缝和其他不连续现象，对其受力性能影响很大，因而目前尚未建立比较完善的混凝土强度理论，混凝土的复合受力强度主要是依赖于试验结果，而不是严密的理论分析。在复杂应力状态下，由于材料中的某一点同时受有多种应力作用，当这些应力的某种组合使材料达到极限状态时材料破坏，因此，复杂受力状态下混凝土材料的极限应力状态应当用平面曲线或空间曲面来表示。

（1）双轴应力状态

双轴应力试验一般采用正方形板试件。试验时沿板平面内的两对边分别作用法向应力 σ_1 和 σ_2，沿板厚方向的法向应力 $\sigma_3 = 0$，板处于平面应力状态。图 5-3 是 Kupfer 等人根据试验结果所绘制的典型强度包络图，它是平面曲线，其中 f'_c 是混凝土圆柱体单轴抗压强度。图中各段曲线的方程如下

双向受压

$$\begin{cases} \sigma_{2c} = \dfrac{1 + 3.65\alpha}{(1 + \alpha)^2} f'_c \\ \sigma_{1c} = \alpha\sigma_{2c} \end{cases} \tag{5-3}$$

一拉一压

$$\begin{cases} \sigma_{1t} = \left(1 - 0.8\dfrac{\sigma_2}{f'_c}\right) f_t \\ \sigma_{2c} = \dfrac{1 + 3.28\alpha}{(1 + \alpha)^2} f'_c \end{cases} \tag{5-4}$$

双向受拉

$$\begin{cases} \sigma_{1t} = f_t \\ \sigma_{2t} = f_t \end{cases} \tag{5-5}$$

式中 f'_c——混凝土圆柱体单轴抗压强度；

f_t——混凝土轴心抗拉强度；

α——两个方向应力的比值，$\alpha = \sigma_1/\sigma_2$，其中 σ_1、σ_2 如为压应力用负号，拉应力用正号；

σ_{ic}——i（$i = 1$，2）方向的压应力；

σ_{it}——i（$i = 1$，2）方向的拉应力。

在图 5-3 中，第一象限为双向受拉应力状态，σ_1 和 σ_2 相互间的影响不大，无论比值 α 如何变化，实测破坏强度基本上接近于单轴抗拉强度。第三象限表示双向受压情况，由于一个方向的压应力会对另一方向压应力引起的侧向变形起到一定程度的约束作用，限制了试件内混凝土微裂缝的扩展，故而提高了混凝土的抗压强度。当应力比值 α 为 1 和 0.5 时，可求得最大压应力分别为 $1.16f'_c$ 和 $1.26f'_c$。可见双轴受压时的强度最大值不是发生在 $\sigma_1 = \sigma_2$ 的情况下，而是在 σ_1/σ_2 约等于 0.5 时。第二和第四象限表示混凝土处于一向受压、另一向受拉状态时的强度变化规律，此时混凝土的强度均低于单轴受力（拉或压）强度。这是由于同时拉、压时，互相助长试件在另一方向的受拉变形，加速了内部微裂缝的发展，使混凝土强度降低。

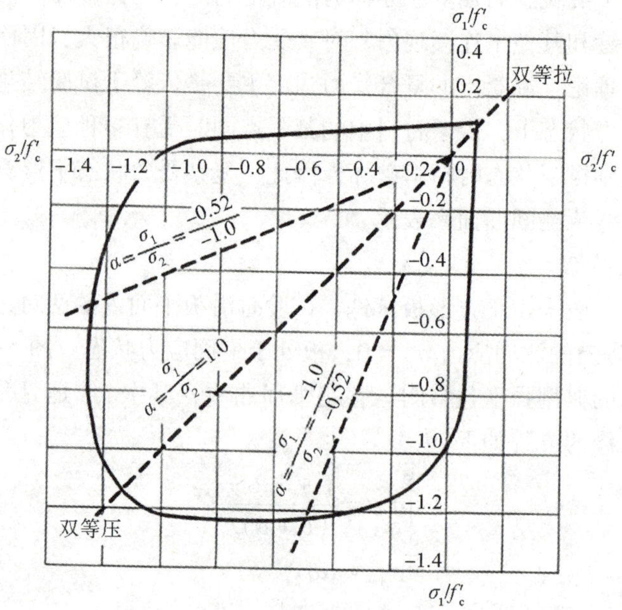

图 5-3　混凝土双轴受力时的强度包络图（用主应力表示）

（2）三轴受压状态

实际工程中广泛应用的钢管混凝土柱、螺旋箍筋柱等，当承受轴向压力时，钢管或螺旋箍筋内的混凝土同时受到钢管或螺旋箍筋的侧向约束（侧向压力），形成三轴受压状态。混凝土在三轴受压时的强度也是由试验确定。三轴受压试验有三种加载组合方式，最典型的是侧向等压（$\sigma_2=\sigma_3=\sigma_r$）的三轴受压，即所谓常规三轴。试验时先通过液体静压力对混凝土圆柱体施加径向等压应力，然后对试件施加纵向压应力 σ_1 直至破坏。在这种受力状态下，试件由于受到侧向约束，其内部微裂缝的产生和发展受到阻碍，因此当侧向压力增大时，破坏时的轴向抗压强度也相应地增大。根据对试验结果的分析，三轴受压时混凝土纵向抗压强度为

$$f_{c1}=f'_c+4\alpha\sigma_r \tag{5-6}$$

式中 f_{c1}——混凝土三轴受压时的圆柱体轴心抗压强度；

f'_c——混凝土圆柱体单轴抗压强度；

σ_r——侧向压应力；

α——系数，当混凝土强度等级不超过 C50 时，取 1.0，当混凝土强度等级为 C80 时，取 0.85，其间按线性内插法确定。

上式表明，f_{c1} 与侧向压应力 σ_r 呈线性关系。但二者之间并不是很好地符合线性关系，且上式只适用于侧向压力较低的情况。因此，我国学者根据国外大量试验资料的分析，提出下列经验公式

$$f_{c1}=f'_c\left(1+1.5\sqrt{\frac{\sigma_r}{f'_c}}+2\frac{\sigma_r}{f'_c}\right) \tag{5-7}$$

上式不仅与试验结果能很好符合，而且也适用于高侧向压力的情况。

（3）剪压或剪拉复合应力状态

构件截面同时作用剪应力和压应力或拉应力的剪压或剪拉复合应力状态，在工程中较为常见，如钢筋混凝土梁弯剪区段的剪压区等。通常采用空心薄壁圆柱体进行这种受力试验，试验时先施加纵向压力（或拉力），再施加扭矩至破坏，如图 5-4（a）所示。图 5-4（b）是岗岛达雄的试验结果及相应的强度变化曲线，图中曲线可用下式表达

$$\tau/\sigma_0=\sqrt{0.00981+0.112(\sigma/\sigma_0)-0.122(\sigma/\sigma_0)^2} \qquad (5-8)$$

式中　σ_0——单轴抗压强度；

σ——拉应力或压应力；

τ——在 σ 为一定值时的混凝土最大剪应力，即复合抗剪强度。

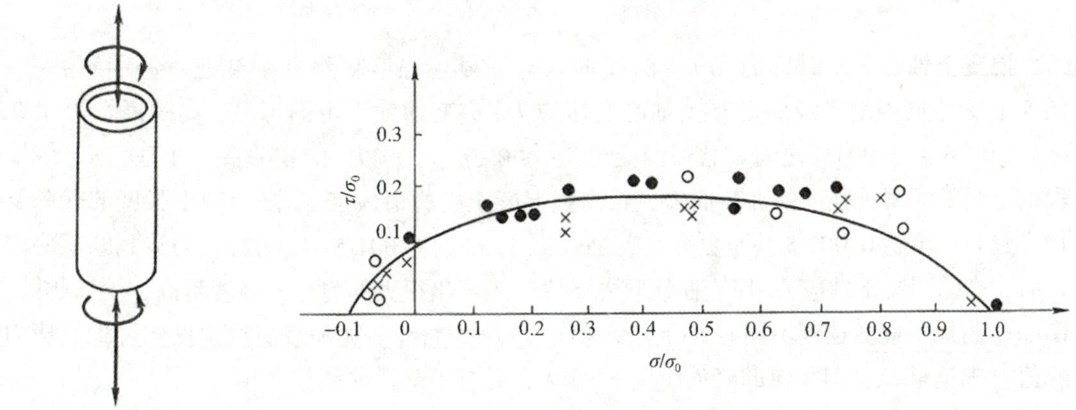

（a）剪压或剪拉试验示意图　　（b）τ/σ_0–σ/σ_0关系曲线

图 5-4　剪压或剪拉试验及试验曲线

由图 5-4（b）可见，在剪拉应力状态下，随着拉应力绝对值的增加，混凝土抗剪强度降低，当拉应力约为 $0.1\sigma_0$（$\sigma_0=f_c$）时，混凝土受拉开裂，抗剪强度降低到零。在剪压应力状态下，随着压应力的增大，混凝土的抗剪强度逐渐增大，并在压应力达到某一数值时，抗剪强度达到最大值。此后，由于混凝土内部微裂缝的发展，抗剪强度随压应力增大反而减小，当压应力达到混凝土轴心抗压强度时，抗剪强度为零。

二、混凝土的变形性能

1. 混凝土在单调短期加载下的变形性能

（1）混凝土轴心受压时的应力-应变关系

混凝土在单轴受压状态下的应力-应变关系是混凝土材料最基本的性能，是研究混凝土构件的承载力、变形、延性和受力全过程分析的重要依据。一般用标准棱柱体或圆柱体试件测定混凝土受压时的应力-应变曲线。图 5-5 为普通混凝土轴心受压时典型的应力-应变曲线。

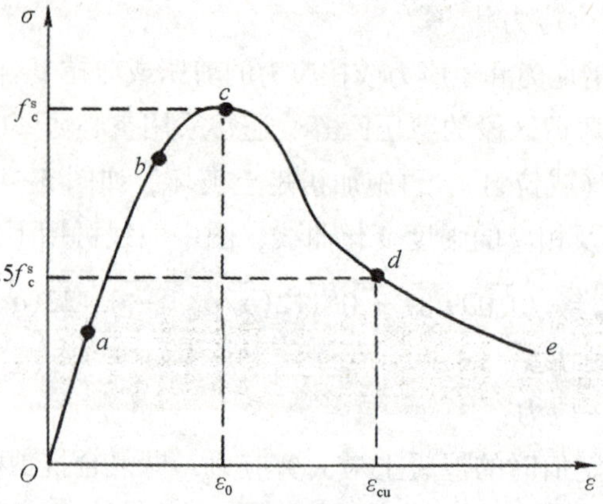

图 5-5　普通混凝土轴心受压时典型应力-应变曲线

混凝土轴心受压时应力-应变曲线形状与混凝土强度等级和加载速度等因素有关。图 5-6 为不同强度等级的混凝土轴心受压应力-应变曲线。由图可见，高强度混凝土在 $\sigma \leqslant (0.75 \sim 0.90) f_c^s$ 之前（普通混凝土。$\sigma \leqslant 0.3 f_c^s$），应力-应变关系一直为直线，线性段的范围随混凝土强度的提高而增大；高强混凝土的峰值应变 ε_0 随混凝土强度的提高有增大趋势，可达 0.002 5 甚至更多（普通混凝土 ε_0 为 0.001 5~0.002）；当达到峰值应力以后，高强混凝土的应力-应变曲线骤然下跌，表现出很大的脆性，强度越高，下跌越陡。图 5-7 为加载应变速度不同时混凝土受压应力-应变曲线。随加载应变速度的降低，应力峰值 f_c^s 略有降低，但相应的峰值应变 ε_0 增大，并且下降段曲线较平缓。

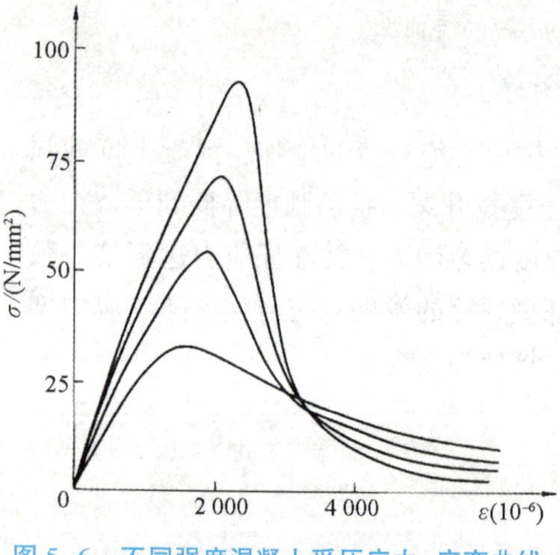

图 5-6　不同强度混凝土受压应力-应变曲线

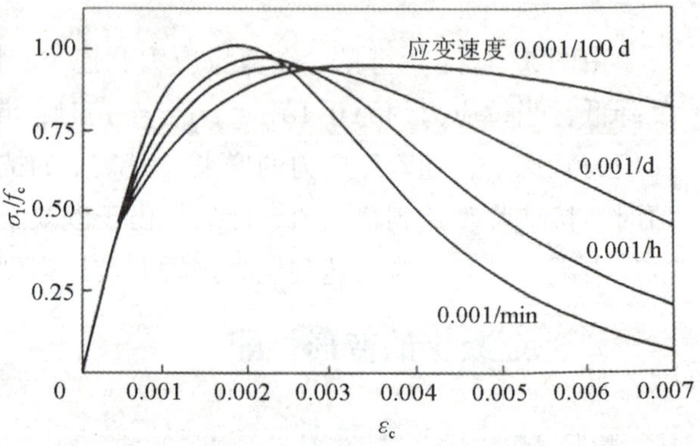

图 5-7　加载应变速度不同时混凝土受压应力-应变曲线

《混凝土结构设计规范》取 $0.5f_c^s$ 对应的压应变为极限压应变。极限压应变越大，混凝土的变形能力越好。而混凝土的变形能力一般用延性表示，它是指混凝土试件在承载能力没有显著下降情况下承受变形的能力。对于均匀受压的混凝土构件，如轴心受压构件，其应力达到 f_c^s 时，混凝土就不能承受更大的荷载，故峰值应变 ε_0 就成为构件承载能力计算的依据。ε_0 随混凝土强度等级不同在 0.001 5~0.002 5 之间变动，结构计算时取 $\varepsilon_0 = 0.002$（对普通混凝土）或 $\varepsilon_0 = 0.002 \sim 0.002\ 15$（对高强混凝土）。

（2）混凝土单轴受压应力-应变关系

混凝土应力-应变关系的数学模型，是对混凝土结构进行非线性分析的重要依据。我国《混凝土结构设计规范》（GB 50010—2010）所推荐的混凝土单轴受压应力-应变关系如图 5-8 所示。

表达式为

$$\sigma = (1 - d_c) E_c \varepsilon \tag{5-9}$$

$$d_c = \begin{cases} 1 - \dfrac{\rho_c n}{n - 1 + (\varepsilon/\varepsilon_c)^n} & \varepsilon/\varepsilon_c \leqslant 1 \\ 1 - \dfrac{\rho_c}{\alpha_c(\varepsilon/\varepsilon_c - 1)^2 + \varepsilon/\varepsilon_c} & \varepsilon/\varepsilon_c > 1 \end{cases} \tag{5-10}$$

$$\rho_c = \frac{f_c^s}{E_c \varepsilon_c} \qquad n = \frac{E_c \varepsilon_c}{E_c \varepsilon_c - f_c^s}$$

式中 α_c ——混凝土单轴受压应力-应变曲线下降段参数值，按《混凝土结构设计规范》（GB 50010—2010）表取用；

f_c^s ——混凝土单轴抗压强度；

ε_c ——与单轴抗压强度相应的混凝土峰值压应变，按《混凝土结构设计规范》（GB 50010—2010）表取用；

d_c ——混凝土单轴受压损伤演化参数；

E_c ——混凝土的弹性模量。

（3）混凝土轴心受拉应力-应变关系

混凝土轴心受拉时的应力-应变关系与轴心受压时类似。目前提出的混凝土受拉应力-应变关系数学模型也比较多，我国《混凝土结构设计规范》（GB 50010—2010）推荐的混凝土单轴受拉应力-应变关系（图 5-9）的表达式如下

$$\sigma = (1 - d_t) E_c \varepsilon \tag{5-11}$$

$$d_t = \begin{cases} 1 - \rho_t [1.2 - 0.2(\varepsilon/\varepsilon_t)^5] & \varepsilon/\varepsilon_t \leqslant 1 \\ 1 - \dfrac{\rho_t}{\alpha_t(\varepsilon/\varepsilon_t - 1)^{1.7} + \varepsilon/\varepsilon_t} & \varepsilon/\varepsilon_t > 1 \end{cases} \tag{5-12}$$

$$\rho_t = \frac{f_t^s}{E_c \varepsilon_t}$$

式中 α_t ——混凝土单轴受拉应力-应变曲线下降段参数值，按《混凝土结构设计规范》（GB 50010—2010）表取用；

f_t^s ——混凝土的单轴抗拉强度；

ε_t ——与单轴抗拉强度 f_t^s 相应的混凝土峰值拉应变，按《混凝土结构设计规范》（GB 50010—2010）表取用；

d_t ——混凝土单轴受拉损伤演化参数。

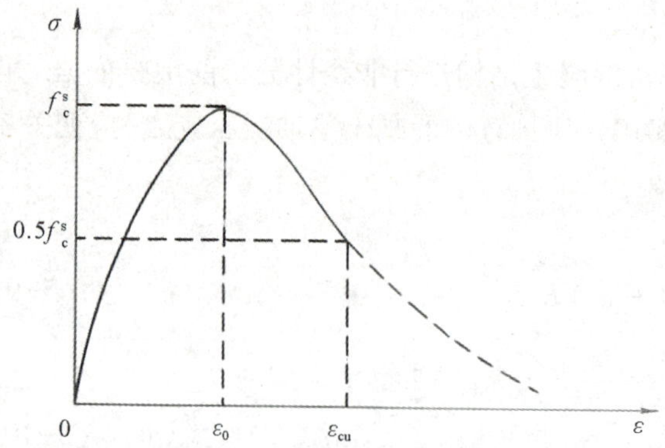

图 5-8　混凝土单轴受压应力-应变关系

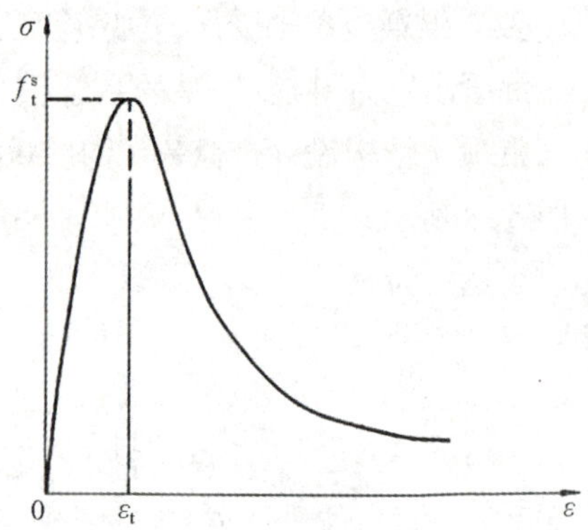

图 5-9　混凝土单轴受拉应力-应变关系

2. 混凝土在重复荷载作用下的变形性能

在重复荷载作用下，混凝土的受力和变形性能明显不同于一次单调加载时的性能。图 5-10（a）为混凝土受压棱柱体试件在一次加载卸载时的应力-应变曲线。当加载至 *A* 点后卸载，加载应力-应变曲线为 *OA*，卸载应力-应变曲线为 *AB*。加载至 *A* 点时总应变为 ε，其中一部分（*OB*）在卸载过程中不能恢复，即塑性应变 ε_p。但在塑性应变中有一小部分（BB'）在卸载后经过一定时间后才能恢复，称为弹性后效 ε_{ae}。最后保留在试件中的不能恢复的变形（$B'O$）称为残余应变 ε_{cr}。这样，混凝土在一次加载卸载下的应力-应变曲线为 $OABB'$，形成一个环状。

混凝土受压棱柱体试件在多次重复荷载作用下的应力-应变曲线如图 5-10（b）所示，图中表示了三种不同水平的应力重复作用时的应力-应变曲线。

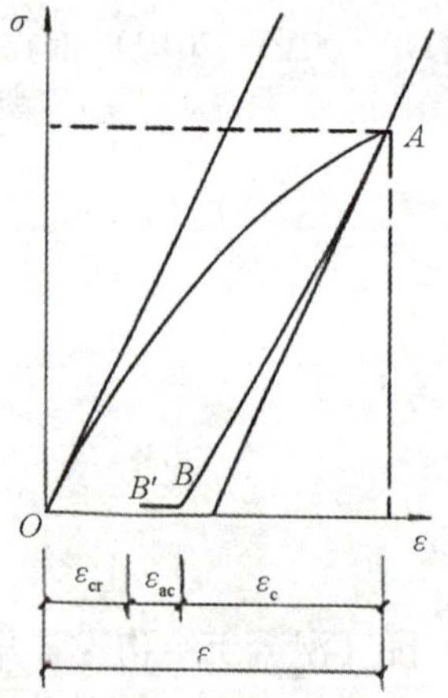

（a）混凝土一次加载卸载的应力-应变曲线

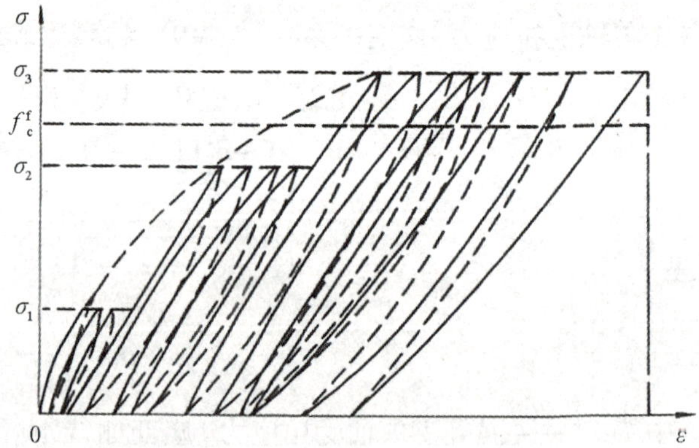

（b）混凝土多次重复加载卸载的应力-应变曲线

图 5-10　多次重复荷载作用下混凝土的应力-应变曲线

3. 混凝土在荷载长期作用下的变形性能

在不变的应力长期持续作用下，混凝土的变形随时间而徐徐增长的现象称为混凝土的徐变。混凝土的这种性能对于结构构件的变形、承载能力以及预应力筋中的应力都将产生重要影响。图 5-11 为普通混凝土棱柱体试件徐变的试验曲线，试件加载至应力达 $0.5f_c^s$ 时，保持应力不变。由图可见，混凝土的总应变由两部分组成，即加载过程中完成的瞬时应变 ε_e 和荷载持续作用下逐渐完成的徐变应变 ε_{cr} 。徐变开始增长较快，以后逐渐减慢，经过长时间后基本趋于稳定。通常在前四个月内增长较快，半年内可完成总徐变量的 70%~80%，第一年内可完成 90%左右，其余部分持续几年才逐渐完成。最终总徐变量约为瞬时应变的 2~4 倍。此外，图中还表示了两年后卸载时应变的恢复情况，其中 ε'_e 为卸载时瞬时恢复的应变，其值略小于加载时的瞬时应变；ε''_e 为卸载后的弹性后效，即卸载后经过 20 天左右又恢复的一部分徐变，其值约为总徐变变形的 1/12；其余很大一部分应变是不可恢复的，将残存在试件中，称为残余应变 ε'_{cr} 。

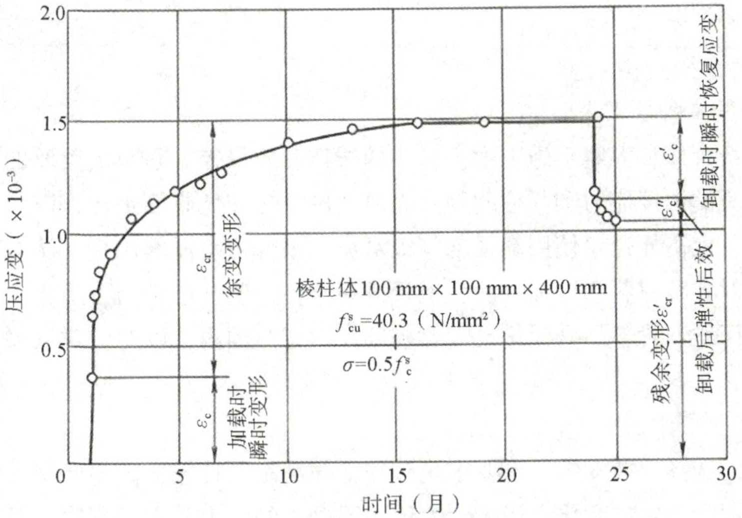

图 5-11　普通混凝土棱柱体试件徐变的试验曲线

关于徐变产生的原因，通常可以这样理解：原因之一是混凝土中的水泥凝胶体在荷载作用下产生黏性流动，并把它所承受的压力逐渐转给骨料颗粒，使骨料压应力增大，试件变形也随之增大；二是混凝土内部的微裂缝在荷载长期作用下不断发展和增加，也使徐变增大。当应力不大时，徐变的发展以第一个原因为主；当应力较大时，则以第二个原因为主。

4. 混凝土的收缩、膨胀和温度变形

混凝土在空气中结硬时其体积会缩小，这种现象称为混凝土的收缩；而混凝土在水中结硬时体积会膨胀，称为混凝土的膨胀。收缩和膨胀是混凝土在不受力情况下因体积变化而产生的变形。混凝土产生收缩的原因，一般认为是凝胶体本身的体积收缩（凝缩）以及混凝土因失水产生的体积收缩（干缩）共同造成的。结硬初期收缩变形发展很快，以后逐渐减慢，整个收缩过程可延续两年左右。蒸汽养护时，由于高温高湿条件能加速混凝土的凝结和硬化过程，减少混凝土中水分的蒸发，因而混凝土的收缩值比常温养护时小。一般情况下，普通混凝土的最终收缩应变为（4~8）$\times10^{-4}$，是其轴心受拉峰值应变的 3~5 倍，成为其内部微裂缝和外表宏观裂缝发展的主要原因。

影响混凝土收缩的因素很多，如混凝土材料的成分、外部环境因素等。各个因素对收缩和徐变有类似的影响。

当混凝土受到各种制约不能自由收缩时，将在混凝土中产生拉应力，甚至导致混凝土产生收缩裂缝。在钢筋混凝土构件中，钢筋因混凝土收缩受到压应力，而混凝土则受有拉应力，当混凝土收缩变形较大、构件截面配筋又较多时，混凝土构件将产生收缩裂缝。在预应力混凝土构件中，收缩会引起预应力损失。收缩也对一些钢筋混凝土超静定结构产生不利影响。

温度变化会使混凝土热胀冷缩，在结构中产生温度应力，甚至会使构件开裂以至损坏。因此，对于烟囱、水池等结构，设计中应考虑温度应力的影响。

三、基础底板大体积混凝土施工工艺

1. 材料和质量要点

（1）材料的关键要求

在基础底板大体积混凝土施工中，材料的选择和质量控制是至关重要的。首先，考虑到大体积混凝土的温度应力和收缩问题，需要选用低热和低收缩水泥，以减少混凝土内部的温升。同时，也需要避免使用高强度等级水泥，以降低水泥的用量，从而减少混凝土的收缩。此外，对各种材料和外加剂的含碱量进行严格控制，也是为了防止由于碱骨料反应而引起的质量问题。骨料的含泥量也需要控制在一定范围内，以避免对混凝土强度和耐久性的影响。

（2）技术的关键要求

除了材料的选择，技术的关键要求也必须得到满足。首先，需要严格控制混凝土的浇筑成型温度，因为温度的变化会影响到大体积混凝土的应力状态。其次，利用混凝土后期强度或者掺入掺和料降低水泥单方用量，可以有效地减少水化热，从而降低混凝土内部的温升。在控制坍落度方面，需要确保坍落损失符合泵送要求，以保证混凝土的流动性和均匀性。在浇筑混凝土后，适时进行二次振捣和抹压，可以消除混凝土早期塑性变形，提高混凝土的强度和耐久性。最后，尽可能延长混凝土的脱模时间，并确保脱模后及时进行保湿、保温，以避免混凝土表面出现开裂等问题。

除此之外，施工过程中的其他因素，如模板的安装质量、钢筋的保护层控制、混凝土的养护等，也都对基础底板大体积混凝土的质量和性能有着重要影响。因此，在施工过程中，需要全面考虑各种因素，确保施工工艺的正确实施，以达到良好的施工效果。

（3）质量的关键要求

需要严格控制混凝土搅拌投料计量。监督膨胀剂加入量。有效控制混凝土的温差及降温速率。

2. 施工工艺

（1）工艺流程

大体积混凝土施工工艺流程图如图 5-12 所示。

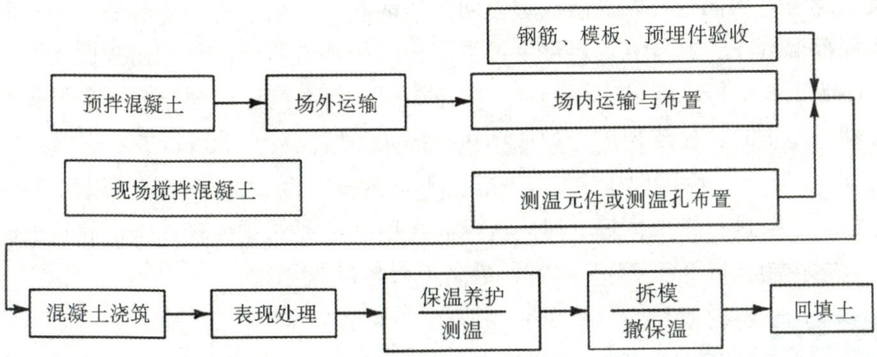

图 5-12　大体积混凝土施工工艺流程图

（2）施工操作要点

① 混凝土搅拌。根据施工方案的规定对原材进行温度调节。搅拌采用二次投料工艺，加料顺序为先将水、水泥、掺和料、外加剂搅拌约 1 min 成水泥浆，然后投入粗、细骨料拌匀。搅拌应符合所用机械说明中所规定的时间，一般不少于 90 s，加膨胀剂的混凝土搅拌时间延长 30 s，以搅拌均匀为准，时间不宜过长。出罐混凝土应随时测定坍落度，与要求不符时应由专业技术人员及时调整。

② 混凝土的场外运输。预拌混凝土的远距离运输应使用滚筒式罐车。运送混凝土的车辆应满足均匀、连续供应混凝土的需要。必须有完善的调度系统和装备，根据施工情况指挥混凝土的搅拌与运送，减少停滞时间。罐车在盛夏和冬季均应有隔热层覆盖。送到现场混凝土的坍落度应随到随检，需调整或分次加入减水剂时均应由搅拌站派驻现场的专业技术人员执行。

③ 混凝土的场内运输与布料。泵送混凝土前，先将储料斗内清水从管道泵出，以湿润和清洁管道，然后压入纯水泥浆或 1∶1~1∶2 的水泥砂浆滑润管道后，再泵送混凝土。开始压送混凝土时速度宜慢，待混凝土送出管子端部时，速度可逐渐加快，并转入用正常速度进行连续泵送。遇到运转不正常时，可放慢泵送速度。进行抽吸往复推动数次，以防堵管。泵送混凝土浇筑入模时，端部软管均匀移动，使每层布料均匀，不应成堆浇筑。泵送结束时，计算混凝土需要量，并通知搅拌站，避免剩余混凝土过多。

④ 混凝土浇筑。混凝土浇筑可根据面积大小和混凝土供应能力采取全面水平分层、分段分层或斜面分层连续浇筑，分层厚度为 300~500 mm 且不大于振动棒长的 1.25 倍。分段分层多采取踏步式分层推进，一般踏步宽为 1.5~2.5 m。斜面分层浇灌每层厚 30~50 cm，坡度一般取 1∶6~1∶7。浇筑混凝土的时间应按表 5-3 控制。

表 5-3　混凝土搅拌至浇筑完的最大延续时间

单位：min

混凝土强度	气温		混凝土强度	气温	
	≤25 ℃	>25 ℃		≤25 ℃	>25 ℃
≤C30	120	90	>C30	90	60

混凝土浇筑宜从低处开始，沿长边方向自一端向另一端推进，逐层上升。局部厚度较大时先浇深部混凝土，2~4 h 后再浇上部混凝土。振捣混凝土应使用高频振动器，振动器的插点间距为 1.5 倍振动器的作用半径，防止漏振。斜面推进时振动棒应在坡脚与坡顶处插振。振动混凝土时，振动器应均匀地插拔，插入下层混凝土 50 cm 左右，每点振动时间 10~15 s，以混凝土泛浆不再溢出气泡为准，不可过振。混凝土浇筑终了以后 3~4 h 在混凝土接近初凝之前进行二次振捣，然后按标高线用刮尺刮平并轻轻抹压。混凝土的浇筑温度按施工方案控制，以低于 25 ℃为宜，最高不得超过 28 ℃。

提 示

混凝土浇筑前应对混凝土接触面先行湿润，对补偿收缩混凝土下的垫层或相邻其他已浇筑的混凝土，应在浇筑前 24 h 即大量洒水浇湿。

⑤ 混凝土的表面处理。混凝土表面泌水应及时引导集中排除。混凝土表面浮浆较厚时，应在混凝土初凝前加粒径为 2~4 cm 的石子浆，均匀撒布在混凝土表面用抹子轻轻拍平。在四级以上大风或烈日下施工应有挡风遮阳措施。当施工面积较大时可分段进行表面处理。混凝土硬化后的表面塑性收缩裂缝可灌注水泥素浆刮平。

任务二 墙、柱混凝土工程施工

墙、柱混凝土工程施工是建筑结构施工中不可或缺且极具重要性的一个环节。在墙、柱混凝土工程施工中，必须严格控制混凝土原材料的质量，科学合理地设计配合比，采用先进的施工技术和设备，确保混凝土的浇筑、振捣、养护等各个环节都达到规范要求。只有这样，才能保证墙体和柱子的质量达到设计要求，为建筑物的整体稳定性提供坚实可靠的保障。

一、墙、柱混凝土工程施工准备

1. 技术准备

（1）图纸会审已经完成。

（2）在施工前已编制详细的施工组织设计或施工方案并已审批。

（3）在施工前已做好施工技术交底工作，交底时根据工程实际并结合具体操作部位，阐明技术规范和标准的规定，明确对关键部位的质量要求、操作要点及注意事项，其中应包括：操作技术标准、施工工艺；原材料质量标准及验收规定；施工质量对工程进度的影响与关系，以及质量标准和工程验收的规定；安全及环保措施等。

（4）现场搅拌混凝土应有具备试验资质的试验室提供的混凝土配合比，并根据现场材料的含水量调整混凝土配合比。商品混凝土应有出厂合格证。

（5）确定混凝土的搅拌能力是否满足连续浇筑的需求。

（6）施工前做好试块的留置计划和制作准备工作。

(7) 混凝土施工时应有开盘鉴定和混凝土浇筑申请书。

(8) 钢筋、预埋件及预留洞口已经做好隐蔽验收工作，并有完备的签字手续。

(9) 标高、轴线、模板等已进行技术复核。

(10) 确定浇筑混凝土所需的各种材料、机具、劳动力需求。确定浇筑混凝土所需的水、电能满足施工需要。

2. 材料要求

(1) 品种规格

① 水泥：普通混凝土应根据工程设计的要求、施工工艺的需要选用适当品种和强度等级的水泥，普通混凝土宜按《通用硅酸盐水泥》(GB 175—2023) 等标准的规定选用。水泥的主要技术指标应符合标准规定。

② 细骨料（砂）：宜用粗砂或中砂。

③ 粗骨料（石子）：宜用中碎（卵）石，粒径 5~40 mm；或细碎（卵）石，粒径 5~20 mm。

④ 搅拌用水：宜采用饮用水，当采用地表水、地下水，以及经过处理的工业废水或其他水源时应进行水质检验，水质应符合国家现行标准《混凝土用水标准》(JGJ 63—2006) 的规定；海水可用于无饰面要求的素混凝土，但不得用于拌制钢筋混凝土和预应力混凝土。

⑤ 掺和料：目前使用较多的掺和料是粉煤灰，其次是硅灰和磨细矿渣粉，其掺量应通过试验确定，其质量应符合有关标准要求。

⑥ 混凝土外加剂：在混凝土施工中根据混凝土的性能要求、施工工艺及气候条件，结合混凝土原材料性能、配合比以及对水泥的适应性能等因素，一般会掺入减水剂、早强剂、引气剂、缓凝剂、防冻剂、膨胀剂等外加剂，外加剂的质量应符合有关标准的规定，其掺量及品种经试验确定后，方可使用。

(2) 质量要求

① 水泥：水泥进场时应对其品种、级别、包装或散装仓号、出厂日期等进行检查，并应对其强度、安定性及其他必要的性能指标进行复验，其质量必须符合现行国家标准《通用硅酸盐水泥》(GB 175—2023) 等的规定。当在使用中对水泥质量有怀疑或水泥出厂超过三个月（快硬硅酸盐水泥超过一个月）时，应进行复验，并按复验结果使用。钢筋混凝土结构、预应力混凝土结构中，严禁使用含氯化物的水泥。

检查数量：按同一生产厂家、同一等级、同一品种、同一批号且连续进场的水泥，袋装不超过 200 L 为一批，散装不超过 500 L 为一批，每批抽样不少于一次。

检验方法：检查产品合格证、出厂检验报告和进场复验报告。

② 细骨料（砂）：配制混凝土宜优先选用Ⅱ区砂；当采用Ⅰ区砂时，应提高砂率，并保证足够的水泥用量，以满足混凝土的和易性；当采用Ⅲ区砂时，宜适当降低砂率，以保证混凝土强度。对于泵送混凝土用砂，宜选用中砂。砂的颗粒级配应处于表 5-4 中的任何一个区以内。混凝土强度等级低于 C30 时，含泥量（按重量计）不大于 5.0%，泥块含量不大于 2.0%；混凝土强度等级高于 C30 时，含泥量（按重量计）不大于 3.0%，泥块含量不大于 2.0%。砂的颗粒级配如表 5-4 所示。

③ 粗骨料（石子）：其针、片状颗粒含量应≤15%；压碎指标应≤10%；混凝土强度

等级低于 C30 时，含泥量（按重量计）不大于 2.0%，泥块含量不大于 0.7%；混凝土强度等级高于或等于 C30 时，含泥量（按重量计）不大于 1.0%，泥块含量不大于 0.5%。混凝土用的粗骨料，其最大颗粒粒径不得超过构件截面最小尺寸的 1/4，且不得超过钢筋最小净间距的 3/4。对混凝土实心板，骨料的最大粒径不宜超过板厚的 1/3，且不得超过 40 mm。

检查数量：按进场的批次和产品的抽样检验方案确定。

检验方法：检查进场复验报告。

④ 搅拌用水：水质应符合国家现行标准《混凝土用水标准》（JGJ 63—2006）的规定。

检查数量：同一水源检查不应少于一次。

检验方法：检查水质试验报告。

表 5-4　砂的颗粒级配

筛孔尺寸/mm	累计筛余		
	Ⅰ区	Ⅱ区	Ⅲ区
10.0	0	0	0
5.00	10~0	10~0	10~0
2.50	35~5	25~0	15~15
1.25	65~35	50~10	25~0
0.630	85~71	50~10	40~55
0.315	95~80	92~70	85~55
0.160	100~90	100~90	1 000~90

⑤ 外加剂：混凝土中掺用外加剂的质量及应用技术应符合现行国家标准《混凝土外加剂》（GB 8076—2008）、《混凝土外加剂应用技术规范》（GB 50119—2013）等和有关环境保护的规定。钢筋混凝土结构中，当使用含氯化物的外加剂时，混凝土中氯化物的总含量应符合现行国家标准《混凝土质量控制标准》（GB 50164—2011）的规定。

检查数量：外加剂按进场的批次和产品的抽样检验方案确定。以连续供应的 50 t 为一验收批做进场检验，不足 50 t 亦按一批计。进场检验包括匀质性及与水泥适应性检验。

检验方法：检查产品合格证、出厂检验报告和进场复验报告。

⑥ 掺和料：符合现行国家标准《用于水泥和混凝土中的粉煤灰》（GB/T 1596—2017）等的规定。矿物掺和料的掺量应通过试验确定。

检查数量：按进场的批次和产品的抽样检验方案确定。

检验方法：检查出厂合格证和进场复验报告。

3. 材料和质量要点

（1）材料的关键要求

施工所用混凝土材料的主要技术指标是强度和耐久性。施工时严格控制原材料的质量，通过有资质的试验室控制混凝土配合比来保证混凝土的强度，混凝土拌和物的基本性能可以用混凝土的和易性与稠度来测定。

(2) 技术关键要求

① 混凝土的搅拌质量控制和浇筑质量控制是本工艺的技术控制重点。

② 混凝土现场搅拌应注意混凝土的原材料的计量、上料顺序、混凝土的拌和时间以及混凝土水灰比和坍落度的控制。

③ 混凝土浇筑应注意施工缝、后浇带的留设、处理和方案的确定、审批。浇筑混凝土应按要求留置试件，并应采取技术措施保证混凝土结构的垂直度和轴线符合设计、规范的规定。

(3) 质量关键要求

① 混凝土原材料的质量控制。

② 混凝土浇筑方式的选择和控制以及混凝土的振捣质量要求是本工艺质量的关键要求。

二、墙、柱混凝土工程施工工艺

1. 混凝土的制备

混凝土制备应采用符合质量要求的原材料，按规定的配合比配料，混合料应拌和均匀，以保证设计强度、特殊要求（如抗冻、抗渗等）和施工和易性要求，并应节约水泥，减轻劳动强度。

混凝土配制强度按下式计算

$$f_{cu,0} \geqslant f_{cu,k} + 1.645\sigma \qquad (5-13)$$

式中 $f_{cu,0}$——混凝土配制强度，N/mm^2；

$f_{cu,k}$——混凝土立方体抗压强度标准值，N/mm^2；

σ——混凝土强度标准差，N/rnm^2，可用统计资料计算，或按强度等级取值：当混凝土设计强度≤C20 时，取 4 N/mm^2；当混凝土设计强度为 C25～C40 时，取 5 N/mm^2；当混凝土设计强度≥C45 时，取 6 N/mm^2。

混凝土施工配合比及施工配料实验室配合比所用的砂石都是不含水分的，而施工现场或搅拌站的砂石都含有一定的水分，其含水率是变化的，所以施工时的配合比应进行调整，称为施工配合比。

2. 混凝土的搅拌

混凝土的搅拌就是根据混凝土的配合比，把水、水泥和粗细集料进行均匀拌和的过程。同时，通过搅拌还要使材料达到强化、塑化的作用。

(1) 混凝土搅拌机

混凝土搅拌机按工作原理分为自落式搅拌机和强制式搅拌机两大类。

① 自落式搅拌机。自落式搅拌机的搅拌筒内壁装有叶片，搅拌筒旋转，叶片将物料提升一定的高度后自由下落，各物料颗粒分散拌和成均匀的混合物。这种搅拌机体现的是重力原理。自落式搅拌机按搅拌筒的形状不同分为鼓筒式、锥形反转出料式和双锥形倾翻

出料式三种类型。其中，前两种在工程中应用较广泛。

② 强制式搅拌机。强制式搅拌机的轴上装有叶片，通过叶片强制搅拌装在搅拌筒中的物料，使物料沿环向、径向和竖向运动，拌和成均匀的混合物。这种搅拌机体现的是剪切拌和原理。

（2）混凝土搅拌

① 搅拌时间：指从全部材料投入搅拌筒起，到开始卸料为止所经历的时间。混凝土搅拌的最短时间如表 5-5 所示。

混凝土的搅拌时间与搅拌质量密切相关，随搅拌机类型和混凝土的和易性不同而变化。在一定范围内，随着搅拌时间的延长，混凝土强度会有所提高，但搅拌时间过长既不经济，又会降低混凝土的和易性，影响混凝土的质量。加气混凝土还会因搅拌时间过长而使含气量下降。

表 5-5　混凝土搅拌的最短时间　　单位：s

混凝土坍落度/mm	搅拌机类型	搅拌机容量/L		
		<250	250-500	>500
≤30	自落式	90	120	150
	强制式	60	90	120
>30	自落式	90	90	120
	强制式	60	60	90

注：（1）掺有外加剂时，搅拌时间应适当延长。

（2）全轻混凝土宜采用强制式搅拌机搅拌，搅拌时间均应延长 60~90 s。

（3）轻集料宜在搅拌前预湿。采用强制式搅拌机搅拌的加料顺序是：先加粗细集料和水泥搅拌 60 s，再加水继续搅拌。采用自落式搅拌机的加料顺序是：先加 1/2 的用水量，然后加粗细集料和水泥，均匀搅拌 60 s，再加剩余用水量继续搅拌。

（4）当采用其他形式的搅拌设备时，搅拌的最短时间应按设备说明书的规定经试验确定。

② 投料顺序和方法：投料顺序应从提高搅拌质量，减少叶片、衬板的磨损，减少拌和物与搅拌筒的黏结，减少水泥飞扬，改善工作环境，提高混凝土强度及节约水泥等方面综合考虑确定。投料方法主要有一次投料法、二次投料法和水泥裹砂法。

知识链接

投料方法

1. 一次投料法

在上料斗中先装石子，再加水泥和砂，然后一次投入搅拌筒中进行搅拌的投料方法。对于自落式搅拌机，要在搅拌筒内先加部分水，投料时用砂压住水泥，然后陆续加水，这样水泥不致飞扬，并且水泥和砂先进入搅拌筒形成水泥砂浆，可缩短水泥包裹石子的时间。对于强制式搅拌机，因出料口在下部，不能先加水，应在投放干料的同时，缓慢、均匀、分散地加水。

2. 二次投料法

先向搅拌机内投入水和水泥，待其搅拌 1 min 后再投入石子和砂，继续搅拌到规定时间的投料方法。这种投料方法能改善混凝土的性能，提高混凝土的强度，在保证规定的混凝土强度的前提下可节约水泥。目前常用的方法有两种：预拌水泥砂浆法和预拌水泥净浆法。

预拌水泥砂浆法是指先将水泥、砂和水加入搅拌筒内进行充分搅拌，成为均匀的水泥砂浆后，再加入石子搅拌成均匀的混凝土。预拌水泥净浆法是先将水泥和水充分搅拌成均匀的水泥净浆后，再加入砂和石子搅拌成混凝土。

与一次投料法相比，二次投料法可使混凝土强度提高 10%~15%，节约水泥 15%~20%。

3. 水泥裹砂法

用这种方法拌制的混凝土称为造壳混凝土（简称 SEC）。它是分两次加水，两次搅拌。先将全部砂、石子和部分水倒入搅拌机拌和，使集料湿润，称为造壳搅拌，搅拌时间以 45~75 s 为宜，再倒入全部水泥搅拌 20 s，加入拌合水和外加剂进行第二次搅拌，60 s 左右完成。

③ 进料容量：进料容量与搅拌机搅拌筒的几何容量有一定比例关系。进料容量约为出料容量的 1.4~1.8 倍（通常取 1.5 倍），如任意超载（超载 10%），就会使材料在搅拌筒内无充分的空间进行拌和，影响混凝土的和易性。反之，装料过少，又不能充分发挥搅拌机的效能。

④ 搅拌要求：严格执行混凝土施工配合比，及时进行混凝土施工配合比的调整。严格进行各原材料的计量。

（3）混凝土的搅拌站

混凝土在搅拌站集中拌制，可以做到自动上料、自动称量、自动出料，自动化程度大大提高，劳动强度降低，混凝土质量改善，效益提高。施工现场可根据情况选用移动式搅拌站等。目前很多城市使用商品混凝土，供应半径达 15~20 km，用混凝土搅拌运输车（图 5-13）直接运到工地，浇筑入模，有很多优点。

图 5-13 混凝土搅拌运输车

3. 混凝土的运输

混凝土由拌制地点运至浇筑地点的运输分为水平运输（地面水平运输和楼面水平运输）和垂直运输。常用的水平运输设备有：手推车、机动翻斗车、混凝土搅拌运输车、自卸汽车等。常用的垂直运输设备有：龙门架、井架、塔式起重机、混凝土泵等。混凝土运输设备的选择应根据建筑物的结构特点、运输的距离、运输量、地形及道路条件、现有设备情况等因素综合考虑确定。

4. 混凝土的浇筑

（1）浇筑前的准备

① 地基的检查与清理。在地基上直接浇筑混凝土时（如基础、地面），应对其轴线位置、标高和各部分尺寸进行复核和检查，如有不符，应立即修正。清除地基底面上的杂物和淤泥、浮土，地基面上凹凸不平处应加以修理整平。对于干燥的非黏土地基，应洒水润湿；对于岩石地基或混凝土基础垫层，应用清水清洗，但不得留有积水。当有地下水涌出或地表水流入地基时，应考虑排水。检查基槽和基坑的支护及边坡的安全措施，以避免运输车辆行驶而造成塌方事故。

② 模板的检查。检查模板的轴线位置、标高、截面尺寸以及预留孔洞和预埋件的位置，并应与设计相一致。检查模板的支撑是否牢固。模板安装时应认真涂刷隔离剂，以利于脱模。模板内的泥土、木屑等杂物应清除。木模应浇水充分润湿，尚未胀密的缝隙应用纸筋灰或水泥袋纸嵌塞；对于缝隙较大处，应用木片等填塞，以防漏浆。金属模板的缝隙和孔洞也应堵塞。

③ 钢筋的检查。钢筋及预埋件的规格、数量、安装位置应与设计相一致，绑扎与安装应牢固。清除钢筋上的油污、砂浆等，并按规定加垫好钢筋的混凝土保护层。协同有关人员作好隐蔽工程记录。

④ 供水、供电及原材料的保证。浇筑期间应保证水、电及照明不中断，并应考虑临时停水断电措施。浇筑地点应储备一定数量的水泥、砂、石等原材料，并满足配合比要求，以保证浇筑的连续性。

⑤ 机具的检查及准备。搅拌机、运输车辆、振捣器及串筒、溜槽、料斗应按需准备充足，并保证完好。准备急需的备品、配件，以备修理用。

⑥ 道路及脚手架的检查。运输道路应平整、通畅、无障碍物，并应考虑空载和重载车辆的分流，以免发生碰撞。脚手架的搭设应安全牢固，脚手板的铺设应合理适用，并能满足浇筑的要求。

⑦ 安全与技术交底。对各项安全设施要认真检查，并进行安全技术的交底工作，以消除事故隐患。对班组的计划工作量、劳动力的组合与分工、施工顺序及方法、施工缝的留置位置及处理、操作要点及要求进行技术交底。

⑧ 其他。做好浇筑期间的防雨、防冻、防曝晒的设施准备工作以及浇筑完毕后的养护准备工作。

（2）混凝土的浇筑工作

为确保混凝土工程质量，混凝土浇筑工作必须遵守下列规定。

① 混凝土须在初凝前浇筑。如已有初凝现象，则应再进行一次强力搅拌方可入模。如混凝土在浇筑前有离析现象，亦须重新拌和才能浇筑。混凝土运输、输送、浇筑过程中严禁加水；混凝土运输、输送、浇筑过程中散落的混凝土严禁用于结构浇筑。

② 混凝土浇筑时的自由倾落高度。对于素混凝土或少筋混凝土，由料斗、漏斗进行浇筑时，倾落高度不超过 2 m。对于竖向结构（柱、墙），粗骨料粒径大于 25 mm 时，倾落高度不超过 3 m；粗骨料粒径小于或等于 25 mm 时，倾落高度则不超过 6 m。对于配筋较密或不便于捣实的结构，倾落高度不超过 60 cm。否则应采用串筒、溜槽和振动串筒下料，以防产生离析。

③ 浇筑竖向结构混凝土前，底部应先浇入 50~100 mm 厚与混凝土成分相同的水泥砂浆，以避免产生蜂窝、麻面及烂根现象。

④ 混凝土分层浇筑。为了使混凝土能够振捣密实，浇筑时应分层浇灌、振捣，并在下层混凝土初凝之前，将上层混凝土浇灌并振捣完毕。如果在下层混凝土已经初凝以后，再浇筑上面一层混凝土，在振捣上层混凝土时，下层混凝土由于受震动，已凝结的混凝土结构就会遭到破坏。混凝土分层浇筑时每层的厚度应符合表 5-6 的规定。

表 5-6 混凝土浇筑层厚度

捣实混凝土的方法		浇筑层厚度/mm
插入式振捣		振捣器作用部分长度的 1.25 倍
表面振捣		200
人工振捣	在基础、无筋混凝土或配筋稀疏的结构中	250
	在梁、墙板、柱结构中	200
	在配筋密列的结构中	150
轻骨料混凝土	插入式振捣	300
	表面振动（振动时需加荷）	200

（3）施工缝

施工缝指的是在混凝土浇筑过程中，因设计要求或施工需要分段浇筑，而在先后浇筑的混凝土之间所形成的接缝。施工缝并不是一种真实存在的缝，它只是因先浇筑的混凝土超过初凝时间，而与后浇筑的混凝土之间存在的一个结合面。

① 施工缝的留设位置。柱子的施工缝宜留在基础与柱子的交接处的水平面上、梁的下面、吊车梁牛腿的下面、吊车梁的上面或无梁楼盖柱帽的下面，如图 5-14 所示。框架结构中，如果梁的负筋向下弯入柱内，施工缝也可设置在这些钢筋的下端，以便于绑扎。柱的施工缝应留成水平缝。

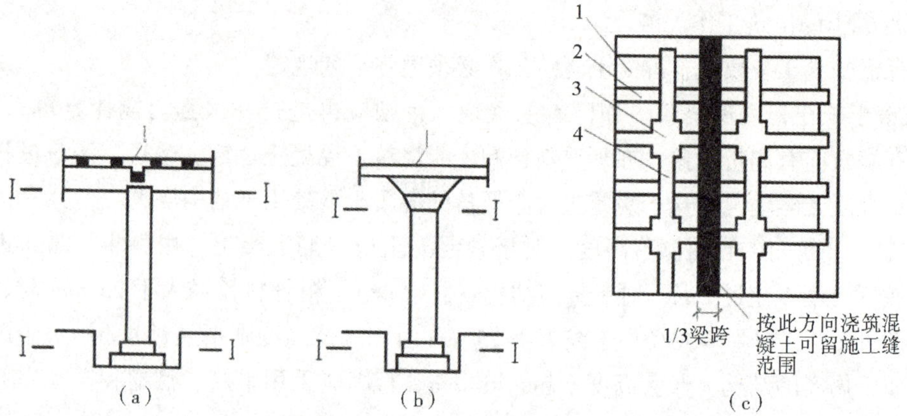

1–楼板；2–次梁；3–柱；4–主梁。

图 5–14　施工缝的留置

施工缝与板连成整体的大断面梁（高度大于 1 m 的混凝土梁）单独浇筑时，施工缝应留置在板底面以下 20~30 mm 处。板有梁托时，应留在梁托下部。有主次梁的楼板宜顺着次梁方向浇筑，施工缝应留置在次梁跨度中间 1/3 的范围内。

单向板的施工缝可留置在平行于板的短边的任何位置处。楼梯梯段施工缝宜设置在梯段板跨度端部 1/3 范围内。墙的施工缝留置在门洞口过梁跨中 1/3 范围内，也可留在纵横墙的交接处。对双向受力楼板、大体积混凝土结构、拱、弯拱、薄壳、蓄水池、斗包、多层框架及其他结构复杂工程，施工缝应按设计要求留置。

② 施工缝的形式。工程中无防水要求时常采用平面缝，有防水要求时常采用企口缝和高低缝。

③ 施工缝的处理。在施工缝处继续浇筑混凝土时，已浇筑混凝土的抗压强度应不小于 1.2 N/mm^2。继续浇筑前，应清除已硬化混凝土表面上的水泥薄膜、松动的石子以及软弱的混凝土层，并加以充分湿润和冲洗干净，且不得积水。在浇筑混凝土前，先铺一层水泥浆或与混凝土内成分相同的水泥砂浆，再浇筑混凝土。混凝土应细致捣实，使新旧混凝土紧密结合。

（4）混凝土的浇筑方法

① 多层钢筋混凝土框架结构的浇筑。浇筑框架结构首先要划分施工层和施工段，施工层一般按结构层划分，而每一个施工层的施工段划分，则要考虑工序数量、技术要求、结构特点等。混凝土的浇筑顺序：先浇捣柱子，在柱子浇捣完毕后，停歇 1~1.5 h，使混凝土达到一定强度后，再浇捣梁和板。

② 大体积钢筋混凝土结构的浇筑。大体积钢筋混凝土结构多为工业建筑中的设备基础及高层建筑中厚大的桩基承台或基础底板等。特点是混凝土浇筑面和浇筑量大，整体性要求高，不能留施工缝；浇筑后水泥的水化热量大，且聚集在构件内部，形成较大的内外温差，易导致混凝土表面产生收缩裂缝等。为保证混凝土的浇筑工作连续进行，不留施工缝，应在下一层混凝土初凝之前，将上一层混凝土浇筑完毕。混凝土应按不小于下式的浇筑量进行浇筑

$$Q=FH/T \tag{5-14}$$

式中　Q——混凝土最小浇筑量，m^3/h；

F——混凝土浇筑区的面积，m^2；

H——浇筑层厚度，m；

T——下层混凝土从开始浇筑到初凝所允许的时间间隔，h。

5. 混凝土的振捣

混凝土浇灌到模板中后，由于骨料间的摩阻力和水泥浆的黏结作用，不能自动充满模板，其内部是疏松的，有一定体积的空洞和气泡，不能达到要求的密实度。而混凝土的密实性直接影响其强度和耐久性。所以在混凝土浇灌到模板内后，必须进行捣实，使之具有设计要求的结构形状、尺寸和设计的强度等级。

混凝土捣实的方法有人工捣实和机械振捣。施工现场主要用机械振捣法。

（1）人工振捣

人工振捣是利用人力的冲击（夯或插）使混凝土密实、成型。一般只有在采用塑性混凝土，而且是在缺少机械或工程量不大的情况下，才用人工振捣。振捣时要注意插匀、插全，实践证明，增加振捣次数比加大振捣力的效果为好。重点要捣好下列部位：主钢筋的下面，钢筋密集处，石子多的地点，模板阴角处，钢筋与侧模之间。对于基础、梁、柱可用竹竿、钢管等工具；对于楼板、地坪、小梁可用铲、锹、平底锤等工具。

① 操作方法。边下料，边捣插；轻插，多插，密插为佳；插点应均匀分布，钢筋、外模板及边角多插；截面较大的梁柱，可同时用木槌在模板外轻敲。

② 密实饱满现象。不再冒出气泡；不再显著下沉；表面泛浆；表面基本形成水平面；模板拼缝处出现浆水。

（2）机械振捣

对混凝土进行机械振捣时，将具有一定频率和振幅的振动力传给混凝土，使混凝土发生强迫振动，新浇筑的混凝土在振动力作用下，颗粒之间的黏着力和摩阻力大大减小，流动性增加。振捣时粗骨料在重力作用下下沉，水泥浆均匀分布填充骨料空隙，气泡逸出，孔隙减少，游离水分被挤压上长，使原来松散堆积的混凝土充满模型，提高密实度。振动停止后混凝土重新恢复其凝聚状态，逐渐凝结硬化。机械振捣比人工振捣效果好，混凝土密实度提高，水灰比减小。混凝土振捣机械按其传递振动的方式分为内部振动器、表面振动器、附着式振动器和振动台。在施工工地主要使用内部振动器和表面振动器。

6. 混凝土的养护

混凝土浇筑后逐渐凝结硬化，强度也不断增大，这个过程主要由水泥的水化作用来实现，而水泥的水化作用又必须在适当的温湿度条件下才能完成。如果混凝土浇筑后，即处在炎热、干燥、风吹、日晒的气候环境中，就会使混凝土中的水分很快蒸发，影响混凝土中水泥的正常水化作用，轻则使混凝土表面脱皮、起砂或出现干缩裂缝；严重的会因混凝土内部疏松，降低混凝土的强度或使混凝土遭到破坏。因此，混凝土的养护绝不是一件可有可无的工作，而是混凝土施工过程中的一个重要环节。混凝土浇筑后，必须根据水泥品种、气候条件和工期要求加强养护措施。混凝土养护的方法很多，通常按养护工艺分为自然养护和蒸汽养护两大类。而自然养护又分为浇水养护及喷膜养护，施工现场以浇水养护为主要养护方法。

（1）浇水养护

浇水养护是指混凝土终凝后，在日平均气温高于 5 ℃的自然气候条件下，用草帘、草袋将混凝土表面覆盖，并经常浇水，以保持覆盖物充分湿润。对于楼地面混凝土工程也可采用蓄水养护的办法加以解决。

（2）喷膜养护

喷膜养护是将一定配合比的塑料溶液用喷洒工具喷洒在混凝土表面，待溶液挥发后，塑料在混凝土表面结成一层薄膜，使混凝土表面与空气隔绝，封闭混凝土中水分的蒸发而完成水泥的水化作用，达到养护的目的。喷膜养护适用于不易浇水养护的高耸构筑物和大面积混凝土的养护，也可用于缺水地区。一般待混凝土收水后，混凝土表面以手指轻按无指印时即可进行喷膜养护。

7. 混凝土的拆模

模板拆除日期取决于混凝土的强度、模板的用途、结构的性质及混凝土硬化时的气温。

对不承重的模板，在混凝土强度能保证其表面棱角不因拆除模板而受损坏时，即可拆除。对承重模板，如梁、板等底模，应待混凝土达到规定强度后，方可拆除。

三、墙、柱混凝土工程施工质量标准

1. 主控项目

（1）结构混凝土的强度等级要求

结构混凝土的强度等级必须符合设计要求。用于检查结构构件混凝土强度的试块，应在混凝土的浇筑地点随机抽取。取样与试块留置应符合下列规定。

① 每拌制 100 盘且不超过 100 m^3 的同配合比的混凝土，取样不得少于一次。

② 每工作班拌制的同一配合比的混凝土不足 100 盘时，取样不得少于一次。

③ 当一次连续浇筑超过 1 000 m^3 时，同一配合比的混凝土每 200 m^3 取样不得少于一次。

④ 每一楼层、同一配合比的混凝土，取样不得少于一次。

⑤ 每次取样应至少留置一组标准养护试块，同条件养护试块的留置组数应根据实际需要确定。

检验方法：检查施工记录及混凝土标准养护试块强度试验报告。

（2）对有抗渗要求的混凝土结构要求

对有抗渗要求的混凝土结构其混凝土试块应在浇筑地点随机取样。同一工程、同一配合比的混凝土，取样不应少于一次，留置组数可根据实际需要确定。防水混凝土连续浇筑每 500 m，留置一组抗渗试块，且每项工程不得少于两组，采取预拌混凝土的抗渗试块，留置的组数视结构的规模和要求而定。

检验方法：检查试块抗渗试验报告。

预拌混凝土除应在预拌混凝土厂内按规定留置试块外，混凝土运到现场后，尚应按以上要求留置试块。

(3) 现浇结构的外观质量要求

现浇结构的外观质量不应有严重缺陷。对已经出现的严重缺陷，应由施工单位提出技术处理方案，并经监理（建设）单位认可后进行处理。对处理过的部位，应重新检查验收。

检查数量：全数检查。

检验方法：观察，检查技术处理方案。

(4) 现浇结构不应有影响结构性能和使用功能的尺寸偏差

对超过尺寸允许偏差且影响结构性能和安装、使用功能的部位，应由施工单位提出技术处理方案，并经监理（建设）单位认可后进行处理。对经处理的部位，应重新检查验收。

检查数量：全数检查。

检验方法：量测，检查技术处理方案。

(5) 混凝土原材料每盘称量的偏差要求

混凝土原材料每盘称量的偏差应符合规定。

检查数量：每一工作班抽查不应少于一次。

检验方法：复称。

(6) 混凝土运输、浇筑及间歇时间要求

混凝土运输、浇筑及间歇的全部时间不应超过混凝土的初凝时间。同一施工段的混凝土应连续浇筑，并应在底层混凝土初凝之前将上一层混凝土浇筑完毕。当底层混凝土初凝后浇筑上一层混凝土时，应按施工技术方案中对施工缝的要求进行处理。

检查数量：全数检查。

检验方法：观察，检查施工记录。

2. 一般项目

(1) 现浇结构的外观质量要求

现浇结构的外观质量不宜有一般缺陷。对已经出现的一般缺陷，应由施工单位按技术处理方案进行处理，并重新检查验收。

检查数量：全数检查。

检验方法：观察，检查技术处理方案。

(2) 施工缝的位置要求

施工缝的位置应在混凝土浇筑前按设计要求和施工技术方案确定。施工缝的处理应按施工技术方案执行。

检查数量：全数检查。

检验方法：观察，检查施工记录。

(3) 后浇带的留置位置要求

后浇带的留置位置应按设计要求和施工技术方案确定。后浇带混凝土浇筑应按施工技术方案进行。

检查数量：全数检查。

检验方法：观察，检查施工记录。

（4）首次使用的混凝土配合比要求

首次使用的混凝土配合比应进行开盘鉴定，其工作性应满足设计配合比的要求。开始生产时应至少留置一组标准养护试块，作为验证配合比的依据。

检验方法：检查开盘鉴定资料和试块强度试验报告。

（6）浇筑完毕后的养护措施

混凝土浇筑完毕后，应按施工技术方案及时采取有效的养护措施。

检查数量：全数检查。

检验方法：观察，检查施工记录。

（7）混凝土允许偏差项目值

混凝土应振捣密实，不得有蜂窝、孔洞、露筋、缝隙、夹渣等缺陷，其允许偏差如表 5-7 所示。

表 5-7　现浇结构位置、尺寸允许偏差及检验方法

项目			允许偏差/mm	检验方法
轴线位置	整体基础		15	经纬仪及尺量
	独立基础		10	经纬仪及尺量
	柱、墙、梁		8	尺量
垂直度	柱、墙层高	≤6 m	10	经讳仪或吊线、尺量
		>6 m	12	经讳仪或吊线、尺量
	全高（H）≤300 m		H/30 000+20	经纬仪、尺量
	全高（H）>300 m		H/10 000 且≤80	经纬仪、尺量
标高	层高		10	水准仪或拉线、尺量
	全高		±30	水准仪或拉线、尺量
截面尺寸	基础		+15，−10	尺量
	柱、梁、板、墙		+10，−5	尺量
	楼梯相邻踏步高差		±6	尺量
电梯井	中心位置		10	尺量
	长、宽尺寸		+25，0	尺量
表面平整度			8	2 m 靠尺和塞尺量测
预埋件中心位置	预埋件		10	尺量
	预埋螺栓		5	尺量
	预埋管		5	尺量
	其他		10	尺量
预留洞、孔中心线位置			15	尺量

注：（1）检查轴线、中心线位置时，沿纵、横两个方向量测，并取其中偏差的较大值。

（2）H 为全高，单位为 mm。

任务三　梁、板及楼梯混凝土工程施工

一、梁、板混凝土工程施工工艺

1. 施工准备

（1）作业条件

① 浇筑混凝土层段的模板、钢筋、顶埋件及管线等全部安装完毕，经检查符合设计要求，并办完隐、预检手续。

② 浇筑混凝土用的架子及马道已支搭完毕，并经检查合格。

③ 振动器（棒）等混凝土浇筑的工具经检验试运转合格。

④ 工长根据施工方案对操作班组已进行全面施工技术培训，混凝土浇筑申请书已被批准。

（2）材质要求

① 水泥：水泥品种、强度等级应根据设计要求确定，质量应符合国家现行水泥标准。

② 砂、石子：根据结构尺寸、钢筋密度、混凝土施工工艺、混凝土强度等级的要求确定石子粒径、砂子细度。砂、石质量应符合国家现行标准。

③ 水：自来水。

④ 外加剂：根据施工组织设计要求，确定是否采用外加剂。外加剂须经试验合格后，方可在工程上使用。

⑤ 掺合料：根据施工组织设计要求，确定是否采用掺合料。掺合料的质量应符合国家现行标准。

⑥ 隔离剂：水质隔离剂。

以上材料均要有混凝土公司出具的检测报告。

（3）施工机具

插入式振动器、木抹子、铁插尺、胶皮水管、铁板、串桶、塔式起重机、混凝土标尺杆等。

2. 施工要点

梁、板应同时浇筑，浇筑方法应由一端开始用“赶浆法”，即先浇筑梁，根据梁高分层浇筑成阶梯形，当达到板底位置时再与板的混凝土一起浇筑，随着阶梯形不断延伸，梁板混凝土浇筑连续向前进行。

和板连成整体高度大于 1 m 的梁，允许单独浇筑，其施工缝应留在板底以下 2~3 mm 处。浇捣时，浇筑与振捣必须紧密配合，第一层下料慢些，梁底充分振实后再下第二层料，用“赶浆法”保持水泥浆沿梁底包裹石子向前推进，每层均应振实后再下料，梁底及梁侧部位要注意振实，振捣时不得触动钢筋及预埋件。

梁柱节点钢筋较密时，此处宜用与小粒径石子同强度等级的混凝土浇筑，并用小直径振动器振捣。

浇筑板混凝土的虚铺厚度应略大于板厚，用平板振动器在垂直浇筑方向来回振捣，厚板可用插入式振动器顺浇筑方向拖拉振捣，并用铁插尺检查混凝土厚度，振捣完毕后用长木抹子抹平。施工缝处或有预埋件及插筋处用木抹子找平。浇筑板混凝土时不允许用振动器铺摊混凝土。

施工缝宜沿着次梁方向浇筑楼板，施工缝应留置在次梁跨度1/3范围内，施工缝表面应与次梁轴线或板面垂直。单向板的施工缝留置在平行于板的短边的任何位置；双向受力楼板、大体积混凝土结构、拱、薄壳、蓄水池、斗仓、多层钢架及其他结构复杂的工程，施工缝的位置应按设计要求留置。

混凝土浇筑完毕后，应在12 h以内加以覆盖，并浇水养护。每日浇水次数应能保持混凝土处于足够的润湿状态。混凝土的养护用水应与拌制用水相同。

二、楼梯混凝土工程施工工艺

1. 施工要点

浇筑混凝土之前，在底面上均匀浇筑5 cm厚与混凝土成分相同的水泥砂浆结浆，用铁锹均匀入模。

在浇筑楼梯板混凝土时，按由下而上的施工顺序。混凝土不能直接冲入柱的模板内，要用木板在泵管口前设挡板，再让混凝土下落至浇筑点。每次的浇筑高度都不得超过0.5 m，浇筑时选用和易性较好的混凝土，通过现场的调度与安排，对柱混凝土在终凝前进行下一次的浇筑。

楼梯处的混凝土的下料点应分散布置，连续进行，施工缝均留成水平线与竖直缝。在浇筑振捣混凝土时，振动棒交错有序，快插慢拔，不漏振，不过振，每次的移动距离不超过振动棒作用半径的1.5倍，振动时间控制在20~30 s。在有间歇时间差的混凝土界面处，为使上、下层混凝土结合成整体，振动器伸入下层混凝土5 cm处，特别加强柱接槎处及钢筋较密处的振捣，以确保混凝土无烂根、蜂窝、麻面等不良现象。整个振捣作业中，不振模振筋，不碰撞各种埋件、铁件等。

2. 施工缝

根据结构情况可将施工缝位置留设于楼梯平台板跨中或楼梯段1/3范围内。在施工缝处继续浇筑混凝土时，应符合下列规定。

（1）已浇筑的混凝土，其抗压强度不应小于1.2 MPa。

（2）在已硬化的混凝土表面上，应清除水泥薄膜和松动石子以及软弱混凝土层，并加以充分湿润和冲洗干净，且不得积水。

（3）在浇筑混凝土前，宜先在施工缝处铺一层水泥浆或与混凝土内成分相同的水泥砂浆。

任务四 混凝土工程质量检查验收

一、混凝土分项工程质量检查验收

混凝土分项工程是从水泥、砂、石、水、外加剂、矿物掺合料等原材料进场检验、混凝土配合比设计及称量、拌制、运输、浇筑、养护、试件制作直至混凝土达到预定强度等一系列技术工作和完成实体的总称。检验评定混凝土强度用的混凝土试件的尺寸及强度的尺寸换算系数应按表5-8取用；其标准成型方法、标准养护条件及强度试验方法应符合现行国家标准《混凝土物理力学性能试验方法标准》（GB/T 50081—2019）的规定。

表5-8 混凝土试件的尺寸及强度的尺寸换算系数

骨料最大粒径/mm	试件尺寸/mm×mm×mm	强度的尺寸换算系数
≤30	100×100×100	0.95
≤40	150×150×150	1.00
≤60	200×200×200	1.05

注：对强度等级为C60及以上的混凝土试件，其强度换算系数可通过试验确定。

结构构件拆模、出池、出厂、吊装、张拉、放张及施工期间临时负荷时的混凝土强度，应根据同条件养护的标准尺寸试件的混凝土强度确定。当混凝土试件强度评定不合格时，可采用非破损或局部破损的检测方法，按国家现行有关标准的规定对结构构件中的混凝土强度进行推定，并作为处理的依据。混凝土的冬期施工应符合国家现行标准《建筑工程冬期施工规程》（JGJ/T 104—2011）的规定和施工技术方案的规定。

1. 主控项目

（1）水泥进场要求

水泥进场时应对其品种、代号、强度等级、包装或散装编号、出厂日期等进行检查，并应对其强度、安定性及其他必要的性能指标进行复验，其质量必须符合现行国家标准《通用硅酸盐水泥》（GB 175—2023）等的规定。

检查数量：按同一生产厂家、同一强度等级、同一品种、同一代号、同一批号且连续进场的水泥，袋装不超过200 t为一批，散装不超过500 t为一批，每批抽样不少于一次。

检验方法：检查产品合格证、出厂检验报告和进场复验报告。

说明：水泥进场时，应根据产品合格证检查其品种、级别等，并有序存放，以免造成混料错批。强度、安定性等是水泥的重要性能指标，进场时应复验，其质量应符合现行国家标准。水泥是混凝土的重要组成成分，若其中含有氯化物，可能引起混凝土结构中钢筋的锈蚀，故应严格控制。本条为强制性条文，应严格执行。

（2）混凝土中掺用外加剂的质量及应用技术要求

混凝土中掺用外加剂的质量及应用技术应符合现行国家标准《混凝土外加剂》（GB 8076—2008）、《混凝土外加剂应用技术规范》（GB 50119—2013）等和有关环境保护的规定。

预应力混凝土结构中，严禁使用含氯化物的外加剂。钢筋混凝土结构中，当使用含氯化物的外加剂时，混凝土中氯化物的总含量应符合现行国家标准《混凝土质量控制标准》（GB 50164—2011）的规定。

检查数量：按进场的批次和产品的抽样检验方案确定。

检验方法：检查产品合格证、出厂检验报告和进场复验报告。

说明：混凝土外加剂种类较多，且均有相应的质量标准，使用时其质量及应用技术应符合国家现行标准。外加剂的检验项目、方法和批量应符合国家相应标准的规定。若外加剂中含有氯化物，同样可能引起混凝土结构中钢筋的锈蚀，故应严格控制。

（3）混凝土中氯化物和碱的总含量要求

混凝土中氯化物和碱的总含量应符合现行国家标准《混凝土结构设计规范》（2015年

版）（GB 50010—2010）和设计的要求。

检查数量：同一配合比的混凝土检查不应少于一次。

检验方法：检查原材料试验报告和氯化物、碱的总含量计算书。

说明：混凝土中氯化物、碱的总含量过高，可能引起钢筋锈蚀和碱骨料反应，严重影响结构构件受力性能和耐久性。

（4）混凝土配合比设计要求

混凝土应按国家现行标准《普通混凝土配合比设计规程》（JGJ 55—2011）的有关规定，根据混凝土强度等级、耐久性和工作性等要求进行配合比设计。

对有特殊要求的混凝土，其配合比设计尚应符合国家现行有关标准的专门规定。

检验方法：检查配合比设计资料。

说明：混凝土应根据实际采用的原材料进行配合比设计并按普通混凝土拌合物性能试验方法等标准进行试验、试配，以满足混凝土强度、耐久性和工作性（坍落度等）的要求，不得采用经验配合比。同时，应符合经济、合理的原则。

（5）结构混凝土的强度等级要求

结构混凝土的强度等级必须符合设计要求。用于检查结构构件混凝土强度的试件，应在混凝土的浇筑地点随机抽取。

检验方法：检查施工记录及试件强度试验报告。

（6）混凝土原材料称量偏差要求

混凝土原材料每盘称量的偏差应符合表 5-9 的规定。

表 5-9　原材料每盘称量的允许偏差

材料名称	允许偏差
水泥、掺合料	±2%
粗、细骨料	±3%
水、外加剂	±1%

注：（1）各种衡器应定期校验，每次使用前应进行零点校核，保持计量准确。

（2）当遇雨天时含水率有显著变化时，应增加含水率检测次数，并及时调整水和骨料的用量。

检查数量：每工作班抽查不应少于一次。

检验方法：复称。

说明：本条提出了对混凝土原材料计量偏差的要求。各种衡器应定期校验，以保持计量准确。生产过程中应定期测定骨料的含水率，当遇雨天施工或其他原因致使含水率发生显著变化时，应增加测定次数，以便及时调整用水量和骨料用量，使其符合设计配合比的要求。

（7）预拌混凝土进场质量要求

预拌混凝土进场时，其质量应符合现行国家标准《预拌混凝土》（GB/T 14902—2012）的规定。

检查数量：全数检查。

检验方法：检查质量证明文件。

（8）首次使用的混凝土配合比要求

首次使用的混凝土配合比应进行开盘鉴定，其原材料、强度、凝结时间、稠度等应满足设计配合比的要求。

检查数量：同一配合比的混凝土检查不应少于一次。

检验方法：检查开盘鉴定资料和强度试验报告。

2. 一般项目

（1）混凝土中掺用矿物掺合料质量要求

混凝土中掺用矿物掺合料的质量应符合现行国家标准《用于水泥和混凝土中的粉煤灰》（GB/T 1596—2017）等的规定。矿物掺合料的掺量应通过试验确定。

检查数量：按进场的批次和产品的抽样检验方案确定。

检验方法：检查出厂合格证和进场复验报告。

（2）粗、细骨料的质量要求

普通混凝土所用的粗、细骨料的质量应符合国家现行有关标准规定。

检查数量：按进场的批次和产品的抽样检验方案确定。

检验方法：检查进场复验报告。

（3）拌制混凝土饮用水要求

拌制混凝土宜采用饮用水，当采用其他水源时，水质应符合国家现行标准《混凝土用水标准》（JGJ 63—2006）的规定。

检查数量：同一水源检查不应少于一次。

检验方法：检查水质试验报告。

（4）混凝土拌合物稠度要求

混凝土拌合物稠度应满足施工方案的要求。

检查数量：对同一配合比混凝土，取样应符合下列规定。

① 每拌制 100 盘且不超过 100 m^3 时，取样不得少于一次。

② 每工作班拌制不足 100 盘时，取样不得少于一次。

③ 连续浇筑超过 100 m^3 时，每 200 m^3 取样不得少于一次。

④ 每一楼层取样不得少于一次。

检验方法：检查稠度抽样检验记录。

（5）混凝土耐久性指标要求

混凝土有耐久性指标要求时，应在施工现场随机抽取试件进行耐久性检验，留置的试件数量及其检验结果应符合国家现行有关标准的规定和设计要求。

检查数量：同一配合比的混凝土，取样不应少于一次。

检验方法：检查试件耐久性试验报告。

（6）施工缝位置要求

施工缝的位置应在混凝土浇筑前按设计要求和施工技术方案确定。施工缝的处理应按施工技术方案执行。

检查数量：全数检查。

检验方法：观察，检查施工记录。

（7）后浇带的留置位置要求

后浇带的留置位置应按设计要求和施工技术方案确定。后浇带混凝土浇筑应按施工技术方案进行。

检查数量：全数检查。

检验方法：观察，检查施工记录。

3. 混凝土分项工程质量检查验收实务

混凝土分项工程原材料、配合比设计的质量检查验收，施工单位和项目监理机构应使用表5-10混凝土工程原材料、配合比设计检验批质量验收记录进行检查监控，若发现错误应当及时纠正。

表5-10　混凝土工程原材料、配合比设计检验批质量验收记录

<table>
<tr><td colspan="3">工程名称</td><td colspan="2"></td><td>子分部工程名称</td><td>验收部位</td><td></td></tr>
<tr><td colspan="3">施工单位</td><td colspan="3"></td><td>项目经理</td><td></td></tr>
<tr><td colspan="5">施工执行标准名称及编号</td><td></td><td>专业工长</td><td></td></tr>
<tr><td colspan="5">质量验收规范的规定</td><td>检查方法和数量</td><td>施工单位检查评定记录</td><td>监理（建设）单位验收记录</td></tr>
<tr><td colspan="8">原材料（使用商品混凝土的，仅填主控项目第4项）</td></tr>
<tr><td rowspan="17">主控项目</td><td rowspan="7">1</td><td rowspan="7">水泥</td><td colspan="2">检查品种、级别、包装（厂家和品牌）或散装编号、出厂日期</td><td rowspan="3">检查包装，全数检查合格证、出厂检验报告</td><td></td><td rowspan="7"></td></tr>
<tr><td colspan="2">严禁在钢筋混凝土结构中使用含氯化物的水泥</td><td></td></tr>
<tr><td colspan="2">严禁不同品种、不同级别、不同厂家、不同品牌的水泥混用</td><td></td></tr>
<tr><td rowspan="4">复试</td><td>强度、安定性及其他必要指标符合《通用硅酸盐水泥》（GB 175—2023）要求</td><td rowspan="4">按同一生产厂家、同一等级、同一品种、同一批号且连续进场的水泥，袋装不超过200 t，散装不超过500 t为一批抽样不少于1次</td><td rowspan="4"></td></tr>
<tr><td>对质量有怀疑</td></tr>
<tr><td>出厂超过3个月</td></tr>
<tr><td>快硬硅酸盐水泥超过1个月</td></tr>
<tr><td rowspan="3">2</td><td rowspan="3">外加剂</td><td colspan="2">质量和应用技术符合《混凝土外加剂》（GB 8076—2008）、《混凝土外加剂应用技术规范》（GB 50119—2013）等，并符合有关环境保护规定</td><td rowspan="3">按进场的批次和产品的抽样检验方案查合格证和进场复验报告</td><td></td><td rowspan="3"></td></tr>
<tr><td rowspan="2">含氯化物外加剂</td><td>预应力混凝土结构严禁使用</td><td></td></tr>
<tr><td>钢筋混凝土结构中使用符合《混凝土质量控制标准》（GB 50164—2011）的规定</td><td></td></tr>
<tr><td>3</td><td colspan="2">混凝土中氯化物和碱的总含量</td><td>符合《混凝土结构设计规范》（2015年版）（GB 50010—2010）和设计要求</td><td>查原材料试验报告和氯化物、碱的总含量计算书</td><td></td><td></td></tr>
<tr><td rowspan="4">4</td><td colspan="2" rowspan="4">商品混凝土</td><td>出厂合格证</td><td rowspan="4">全数检查出厂合格证、出厂检验报告、配合比和试验报告</td><td rowspan="2"></td><td rowspan="4"></td></tr>
<tr><td>配合比</td></tr>
<tr><td>原材料的出厂合格证和复验报告</td><td rowspan="2"></td></tr>
<tr><td>水泥、混凝土强度、外加剂试验报告</td></tr>
</table>

续表

一般项目	1	矿物掺合料	质量符合《用于水泥和混凝土中的粉煤灰》（GB/T 1596—2017）规定，掺量由试验确定	按进场批次和产品的抽样检验方案查复验报告、矿物掺合料尚须查出厂合格证		
	2	骨料质量	碎石、卵石、砂符合《普通混凝土用砂、石质量及检验方法标准》（JGJ 52—2006）规定			
	3	拌制用水	宜用饮用水，采用其他水源应符合《混凝土用水标准》（JGJ 63—2006）的规定	查水质试验报告同一水源检查≮1次		
施工班组长				专业质检员	监理工程师（员）	
配合比设计（使用商品混凝土的不填此栏）						
主控项目	1	配合比设计	根据混凝土强度等级、耐久性和工作性要求且符合《普通混凝土配合比设计规程》（JGJ 55—2011）规定，有特殊要求，尚应符合相关标准	检查配合比设计资料		
	2	开盘鉴定	首次使用的混凝土配合比应进行	查开盘鉴定资料		
一般项目	1	配合比验证	开始生产时至少留置一组标养试件作为依据	试件强度试验报告		
	2	施工配合比	按混凝土拌制前测定的砂石含水率制定	每工作班查次含水率测试结果和施工配合比通知单		
施工班组长				专业质检员	监理工程师（员）	

混凝土分项工程施工过程的质量检查验收，施工单位和项目监理机构应使用表5-11混凝土工程施工过程检验批质量验收记录进行检查监控，若发现错误应当及时纠正。

表 5-11　混凝土工程施工过程检验批质量验收记录

质量验收规范的规定					检查方法和数量	施工单位检查评定记录	监理（建设）单位验收记录
主控项目	1	混凝土强度等级	符合设计要求		检查施工记录及试件强度试验报告		
		混凝土试件的取样和留置	在浇筑地点随机取样				
			每 100 盘且不超过 100 m^3 的同配合比取样≮1 次				
			每工作班的同配合比不足 100 盘取样≮1 次				
			当一次连续浇筑超过 1 000 m^3 时，同一配合比每 200 m^3 取样≮1 次				
			每一层楼、同一配合比取样≮1 次				
		同条件养护试件	标准养护试件取样至少留置一组				
			根据实际需要确定留置组数				
	2	抗渗混凝土试件的取样和留置	在浇筑地点随机取样		检查麻件抗渗试验报告		
			同一工程、同一配合比取样≮1 次				
			按实际需要确定留置组数				
	3	每盘混凝土原材料称量允许偏差	水泥	±2%	每工作班至少复称一次		
			掺合料				
			粗骨料	±3%			
			细骨料				
			水	±1%			
			外加剂				
一般项目	1	初凝时间控制	混凝土运输、浇筑及间歇的全部时间不应超过混凝土初凝时间		全数观察检查和全数检查施工记录		
			同一施工段混凝土连续浇筑并在底层初凝前将上一层混凝土浇筑完毕				
			底层混凝土初凝后浇筑上一层混凝土时，按施工技术方案处理施工缝				
	2	施工缝位置、处理	位置按设计要求和施工技术方案确定				
			处理方法按施工技术方案				
	3	后浇带	按设计要求留置，按施工技术方案浇筑				
	4	混凝土养护	浇筑完毕 12 h 内覆盖保湿				
			浇水次数能保持混凝土湿润，养护用水与拌制用水相同				
			硅酸盐水泥、普通硅酸盐水泥或矿渣水泥拌制的混凝土不得少于 7 d				
			C60 及以上混凝土掺用缓凝型外加剂或有抗渗要求的混凝土不得少于 14 d				
			采用塑料布养护混凝土，敞露表面全部覆盖严密，保持塑料布内有凝结水				
		混凝土上人及安装模板强度	混凝土强度≥1.2 N/mm^2				

续表

施工班组长		专业质检员		监理工程师（员）	
施工单位检查评定结果	项目专业质量检查员： 年 月 日		监理（建设）单位验收结论	监理工程师：（建设单位项目专业技术负责人） 年 月 日	

注：表中允许偏差的实测数据填入“施工单位检查评定记录”栏，在允许内的数值填入光身数字，如5等；超出允许值的数值打上圈，如㉕等。

二、现浇混凝土结构分项工程质量检查验收

1. 现浇结构外观质量验收

对现浇结构外观质量的验收，采用缺陷检查，并对缺陷的性质和数量加以限制的方法进行。各种缺陷的数量限制可由各地根据实际情况作出具体规定。当外观质量缺陷的严重程度超过本条规定的一般缺陷时，可按严重缺陷处理。在具体实施中，外观质量缺陷对结构性能和使用功能等的影响程度，应由设计单位、监理（建设）单位、施工单位等各方共同确定。对于具有重要装饰效果的清水混凝土，考虑到其装饰效果属于主要使用功能，故将其表面外形缺陷、外表缺陷确定为严重缺陷。

2. 现浇结构位置和尺寸偏差验收

对现浇结构位置和尺寸偏差的验收，采用实测实量的检验方法。检查坐标、中心线位置时，应沿纵、横两个方向量测，并取其中的较大值。其中，表 5-12 给出了现浇结构和设备基础尺寸的允许偏差及检验方法。在实际应用时，尺寸偏差除应符合表 5-7 的规定外，还应满足设计或设备安装提出的要求。

表 5-12 设备基础尺寸允许偏差和检验方法

项目		允许偏差/mm	检验方法
坐标位置		20	钢尺检查
不同平面的标高		0，-20	水准仪或拉线、钢尺检查
平面外形尺寸		±20	钢尺检查
凸台上平面外形尺寸		0，-20	钢尺检查
凹槽尺寸		+20，0	钢尺检查
平面水平度	每米	5	水平尺、塞尺检查
	全长	10	水准仪或拉线、钢尺检查
垂直度	每米	5	经纬仪或吊线、钢尺检查
	全高	10	
预埋地脚螺栓	标高（顶部）	+20，0	水准仪或拉线、钢尺检查
	中心距	±2	钢尺检查

续表

项目		允许偏差/mm	检验方法
预埋地脚螺栓孔	中心线位置	10	钢尺检查
	深度	+20，0	钢尺检查
	孔垂直度	h/100 且≤10	吊线、钢尺检查
预埋活动地脚螺栓锚板	标高	+20，0	水准仪或拉线、钢尺检查
	中心线位置	5	钢尺检查
	带槽锚板平整度	5	钢尺、塞尺检查
	带螺纹孔锚板平整度	2	钢尺、塞尺检查

3. 现浇混凝土结构分项工程质量检查验收实务

现浇结构拆模后，施工单位和项目监理机构应使用表5-13现浇结构（现浇基础）外观质量检验批质量验收记录和表5-14现浇结构（现浇基础）尺寸偏差检验批质量验收记录进行检查监控，若发现缺陷或错误应及时进行处理，并重新检查验收。

表5-13　现浇结构（现浇基础）外观质量检验批质量验收记录

<table>
<tr><td colspan="2">工程名称</td><td colspan="2"></td><td>子分部工程名称</td><td></td><td>验收部位</td><td></td></tr>
<tr><td colspan="2">施工单位</td><td colspan="2"></td><td>分包单位</td><td colspan="3"></td></tr>
<tr><td colspan="2">项目经理</td><td>分包项目经理</td><td></td><td>专业工长</td><td></td><td>施工班组长</td><td></td></tr>
<tr><td colspan="8">施工执行标准名称及编号</td></tr>
<tr><td colspan="3">质量验收规范的规定</td><td>检查方法和数量</td><td colspan="2">施工单位检查评定记录</td><td colspan="2">监理（建设）单位验收记录</td></tr>
<tr><td rowspan="4">主控项目</td><td>外观质量</td><td>无严重缺陷</td><td>全数观察检查</td><td colspan="2"></td><td colspan="2" rowspan="4"></td></tr>
<tr><td rowspan="3">严重缺陷处理及验收</td><td>施工单位提出技术处理方案，经监理（建设）单位认可后进行处理</td><td>查处理记录</td><td colspan="2"></td></tr>
<tr><td>经处理的部位重新检查验收</td><td>现场观察</td><td colspan="2"></td></tr>
<tr><td></td><td></td><td colspan="2"></td></tr>
<tr><td rowspan="3">一般项目</td><td>外观质量</td><td>不宜有一般缺陷</td><td>全数观察检查</td><td colspan="2"></td><td colspan="2" rowspan="3"></td></tr>
<tr><td rowspan="2">一般缺陷处理及验收</td><td>施工单位提出技术处理方案进行处理</td><td>查处理记录</td><td colspan="2"></td></tr>
<tr><td>经处理的部位应重新检查验收</td><td>现场观察</td><td colspan="2"></td></tr>
</table>

表 5-14　现浇结构（现浇基础）尺寸偏差检验批质量验收记录

<table>
<tr><th colspan="5">质量验收规范的规定</th><th>检查方法</th><th>施工单位检查评定记录</th><th>监理（建设）单位验收记录</th></tr>
<tr><td rowspan="3">主控项目</td><td colspan="2">尺寸偏差</td><td colspan="2">不应影响结构性能和使用功能</td><td>量测，全数检查</td><td></td><td></td></tr>
<tr><td colspan="2" rowspan="2">过大尺寸偏差处理及验收</td><td colspan="2">影响结构性能和安装使用功能的，由施工单位提出技术处理方案，经监理（建设）单位认可后进行处理</td><td>量测，检查技术处理方案</td><td></td><td></td></tr>
<tr><td colspan="2">经处理部位重新验收</td><td>量测</td><td></td><td></td></tr>
<tr><td rowspan="15">一般项目</td><td rowspan="15">现浇结构尺寸允许差/mm</td><td rowspan="6">轴线位置</td><td>基础</td><td>15</td><td rowspan="6">钢尺检查</td><td></td><td></td></tr>
<tr><td>独立基础</td><td>10</td><td></td><td></td></tr>
<tr><td>墙</td><td>8</td><td></td><td></td></tr>
<tr><td>柱</td><td>8</td><td></td><td></td></tr>
<tr><td>梁</td><td>8</td><td></td><td></td></tr>
<tr><td>剪力墙</td><td>5</td><td></td><td></td></tr>
<tr><td rowspan="2">层高垂直度</td><td>≤6 m</td><td>8</td><td rowspan="2">经纬仪或吊钢尺检查线</td><td></td><td></td></tr>
<tr><td>>6 m</td><td>10</td><td></td><td></td></tr>
<tr><td colspan="2">层高、标高</td><td>±10</td><td>水准仪或拉线、钢尺检查</td><td></td><td></td></tr>
<tr><td colspan="2">柱、梁、板、墙截面尺寸</td><td>+10，-5</td><td rowspan="2">钢尺检查</td><td></td><td></td></tr>
<tr><td colspan="2">电梯井井筒长、宽尺寸</td><td>+25. 0</td><td></td><td></td></tr>
<tr><td colspan="2">表面平整度</td><td>8</td><td>2 m 靠尺和塞尺检查</td><td></td><td></td></tr>
<tr><td rowspan="3">预埋设施中心线位置</td><td>预埋件</td><td>10</td><td rowspan="4">钢尺检查</td><td></td><td></td></tr>
<tr><td>预埋螺栓</td><td>5</td><td></td><td></td></tr>
<tr><td>预埋管</td><td>5</td><td></td><td></td></tr>
<tr><td colspan="2">预留洞中心线位置</td><td>15</td><td></td><td></td></tr>
<tr><td colspan="2">施工单位检查评定结果</td><td colspan="3">项目专业质量检查员：
年　月　日</td><td>监理（建设）单位验收结论</td><td colspan="2">监理工程师：
（建设单位项目专业技术负责人）
年　月　日</td></tr>
</table>

注：(1) 一般项目的检查数量：按楼层、结构缝或施工段划分检验批。在同一检验批内，对梁、柱和独立基础，抽查构件数量的10%，且不应少于3件；对墙和板，按有代表性的自然间抽查10%，且不应少于3间；对大空间结构，墙按相邻轴线间高度5 m左右划分检查面，板按纵、横轴线划分检查面，抽查10%，且均不应少于3面；对电梯井，应全数检查。

(2) 检查轴线、中心线位置时，应沿纵横两个方向量测，取大值。

(3) 表中允许偏差的实测数据填入“施工单位检查评定记录”栏，在允许值内的数值填光身数字，如5等；超出允许值的数值打上圈，如㉕等。

项目小结

本项目主要介绍了混凝土工程施工相关知识，主要包括混凝土的基本性能，墙柱、梁板及楼梯等各个部位的施工工艺和质量标准。通过本项目的学习，帮助读者了解合理的施工方案和质量检查验收程序，能确保混凝土工程施工符合设计要求和相关标准，从而保障建筑结构的安全可靠性。

课后习题

一、填空题

1. 混凝土在单轴受压状态下的________关系是混凝土材料最基本的性能，是研究混凝土构件的承载力、变形、延性和受力全过程分析的重要依据。

2. 混凝土的搅拌时间与________密切相关，随搅拌机类型和混凝土的和易性不同而变化。

3. 混凝土浇筑完毕后，应在________以内加以覆盖，并浇水养护。

4. 当混凝土试件强度评定不合格时，可采用非破损或________的检测方法。

二、简答题

1. 简述墙、柱混凝土工程施工技术准备。

2. 简述楼梯混凝土工程施工工艺要点。

项目六

砌体结构工程施工

项目导读

砌体结构是由块体和砂浆砌筑而成的墙、柱作为建筑物主要受力构件的结构，是砖砌体、砌块砌体和石砌体结构的统称。而砌筑工程则专指这种结构的施工。在我国，砖石建筑具有悠久的历史，早在古代就有“秦砖汉瓦”之说，且至今在土木工程领域仍占有相当比重。尽管这种结构取材方便、施工简单、成本低廉，但其施工方式仍以手工操作为主，劳动强度大且生产率低。此外，制作黏土砖需要占用大量农田资源。因此，在改革了解这一问题后，采用新型墙体材料并改善了砌体施工工艺成为了当前我国推动“砖筑工程”的重点方向。

学习目标

知识目标

◆了解砌体材料及其施工机具的选择及使用。

◆了解脚手架的搭设及垂直运输设备的选择及使用。

◆掌握砌筑工程施工工艺流程、方法和施工要求。

能力目标

◆掌握砌筑工程基本技能，具备组织砌筑工程施工及质量检测的能力。

◆开展文明施工，能够解决砌筑工程施工过程中一般施工技术问题的能力。

素质目标

培养学生努力学习专业技术知识，不断提高专业技能；认真负责，团结合作，维护集体的荣誉和利益；严格执行建设行业有关标准、规范、规程和制度。

思政目标

培养学生注重施工安全、质量和效率意识，加强安全意识和规范执行能力，注重团队合作和沟通，为建筑工程的安全稳定和可持续发展做出贡献。

任务工单

一、任务准备

相关材料准备；施工机具准备；根据工程特点，确定合理的施工工序，编制详细的施工进度计划，计划完工时间。

二、任务开展

1. 活动指导

学生认识配筋砖砌体，配筋砌块砌体的构造形式，掌握配筋砌体的施工工艺及质量要求，填充墙体施工流程及要求。

2. 绘制流程图

学生分组，按照活动相关要求绘制墙体砌筑工艺流程图。

3. 评价指导

学生分组自查，然后以小组为单位进行互查，发现错误及时纠正，遇到问题商讨解决，教师做出改进指导。

三、任务评价

展示任务完成情况，并完成表 6-1 所示的考核评价表。

表 6-1　考核评价表

评价项目	评价内容	分值	评分		
			自评	互评	师评
职业素养考核项目（40%）	考勤、仪容仪表	10 分			
	安全意识、责任意识及服从意识	10 分			
	团队合作、沟通交流能力	10 分			
	保持场地、设备及工具等干净整洁	10 分			
专业能力考核项目（60%）	配筋砖认知能力	30 分			
	配筋砖砌体的砌筑施工能力	30 分			
合计：综合分数________	自评（20%）+互评（20%）+师评（60%）	100 分			
综合评语		指导教师（签名）：			

任务一　施工技术与工程物资准备

一、脚手架工程概述

扫一扫

脚手架基本知识

脚手架的原意是为施工作业需要所搭设的架子。随着脚手架品种和多功能用途的发展，现在已扩展为使用脚手架材料（杆件、构件和配件）所搭设的、用于施工要求的各种临设型构架。

1. 脚手架的分类

（1）按用途划分

① 操作（作业）脚手架。操作（作业）脚手架又分为结构作业脚手架和装修作业脚手架，可分别简称为结构脚手架和装修脚手架，其架面施工荷载标准值分别规定为 3 kN/m^2 和 2 kN/m^2。

② 防护用脚手架。架面施工（搭设）荷载标准值可按 1 kN/m^2 计。

③ 承重、支撑用脚手架。架面荷载按实际使用值计。

④ 修缮脚手架。架面荷载按实际使用值计。

（2）按脚手架的设置形式划分

① 单排脚手架：只有一排立杆的脚手架，其横向平杆的另一端搁置在墙体结构上。

② 双排脚手架：具有两排立杆的脚手架。

③ 多排脚手架：具有三排以上立杆的脚手架。

④ 满堂脚手架：按施工作业范围满设的、两个方向各有三排以上立杆的脚手架。

⑤ 满高脚手架：按墙体或施工作业最大高度、由地面起满高度设置的脚手架。

⑥ 交圈（周边）脚手架：沿建筑物或作业范围周边设置并相互交圈连接的脚手架。

⑦ 特形脚手架：具有特殊平面和空间造型的脚手架，如用于烟囱、水塔以及其他平面为圆形、环形、外方内圆形、多边形和上扩、上缩等特殊形式的建筑施工脚手架。

（3）按脚手架的支固方式划分

① 落地式脚手架：搭设（支座）在地面、楼面、屋面或其他平台结构之上的脚手架。

② 悬挑脚手架（简称挑脚手架）：采用悬挑方式支固的脚手架，其挑支方式又有悬挑梁、悬挑三角桁架、杆件支挑结构三种，如图 6-1 所示。

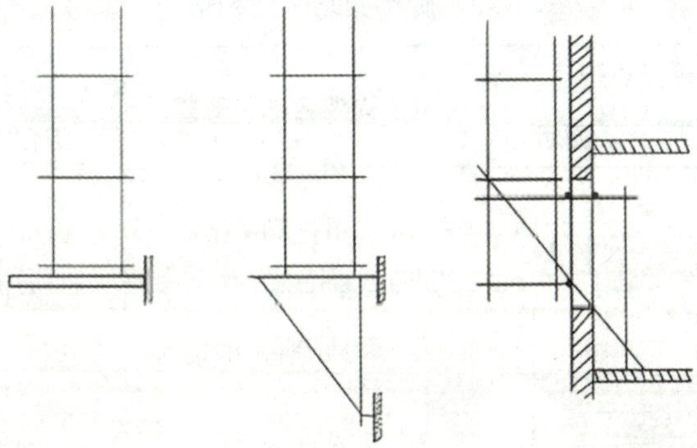

（a）悬挑梁　（b）悬挑三角桁架　（c）杆件支挑结构

图 6-1　挑脚手架的挑支方式

③ 附墙悬挂脚手架（简称脚手架）：在上部或（和）中部挂设于墙体挑挂件上的定型脚手架。

④ 悬吊脚手架（简称吊脚手架）：悬吊于悬挑梁或工程结构之下的脚手架。当采用篮式作业架时，称为“吊篮”。

⑤ 附着升降脚手架（简称爬架）：附着于工程结构，依靠自身提升设备实现升降的悬

空脚手架（其中实现整体提升者，也称为整体提升脚手架）。

⑥ 水平移动脚手架：带行走装置的脚手架（段）或操作平台架。

（4）按脚手架平、立杆的连接方式划分

① 承插式脚手架：在平杆与立杆之间采用承插连接的脚手架。常见的承插连接方式有环套承拉式、套接销固式、螺旋销接式、槽楔式以及碗扣式等。

② 扣接式脚手架：使用扣件箍紧连接的脚手架，即靠拧紧扣件螺栓所产生的摩擦作用构架和承载的脚手架。

③ 销栓式脚手架：采用对穿螺栓或销杆连接的脚手架，此种形式已很少使用。

脚手架还可按材料划分为竹脚手架、木脚手架、钢管或金属脚手架；按搭设位置可划分为外脚手架和里脚手架；按使用对象分为烟囱脚手架、水塔脚手架、高层建筑脚手架。

2. 脚手架构架的组成部分和基本要求

不同的脚手架系列均有其自身的构架特点、使用性能和应用方面的限制。不同的建筑工程对脚手架的设置要求也有其共同性和差异性。因此，在解决施工脚手架的设置问题时，必须从满足施工需要和确保安全的角度出发，综合考虑各种条件和因素，解决实际存在的各种问题。

（1）构架基本结构

脚手架构架的基本结构为直接承受和传递脚手架垂直荷载作用的构架部分。在多数情况下，构架基本结构由基本结构单元组合而成。

① 基本结构单元的类型。基本结构单元为构成脚手架基本结构的最小组成部分，由可以承受或传递荷载作用的杆件组成，包括毗邻基本结构单元的共用杆件。基本结构单元大致有八种类型，如表 6-2 所示。

表 6-2　脚手架基本结构单元

序号	基本结构单元类型		构架名称和形式	构架组合	
	名称	图示		组合方式	承载作用
1	平面框格	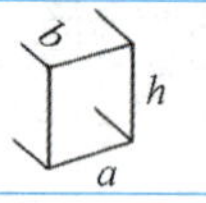	单排脚手架	双向	整体作用
		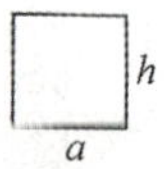	防（挡）护架		
2	立体结构	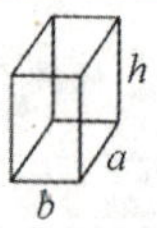	双排脚手架	双向	整体作用
			满堂脚手架	三向	
3	门形架	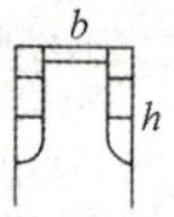	双排脚手架	双向	并列作用
			满堂脚手架	三向	

续表

序号	基本结构单元类型		构架名称和形式	构架组合	
	名称	图示		组合方式	承载作用
4	其他专用的平面框架	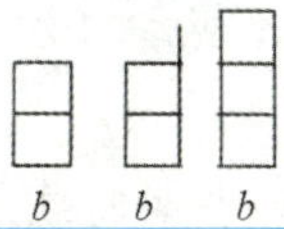	挑脚手架	单向	并列作用
5	三角形平面支架	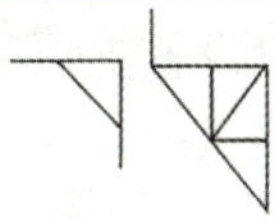	单层挑（挂）脚手架	挑脚手架	并列作用
			悬挑支架、卸载架		
6	平面桁架	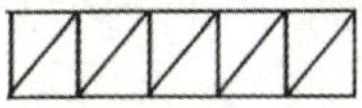	桥式脚手架	单向	并列作用
			栈桥梁	单独使用	
7	“┏”形架	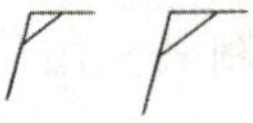	靠墙里脚手架	单向	并列作用
8	支柱	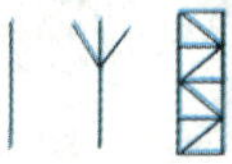	模版支撑架	单独使用或高度方向组合	并列作用

注：(1) 单向组合：沿一个方向扩展；双向组合：沿高度和宽度（或长度）两个方向扩展；三向组合：沿高度、宽度和长度三个方向扩展。

(2) 整体作用：与毗邻单元杆件共用，形成整体承受荷载作用；并列作用：以直立式片式构架承受垂直荷载作用，其间连系杆则主要起连系、约束和分配荷载作用。

② 基本结构单元的构造和承载特点。全部为刚性杆件，没有柔性杆件，且杆件的长细比不能过大，以使其受稳定性和变形控制的承载性能得到保证。主要承受和传递垂直（竖向）荷载作用。节点一般都具有一定的抗弯能力，即节点为刚性或半刚性，但在计算时则按最不利的情况考虑。

③ 基本结构单元组合形式。组合形式分为单向组合、双向组合、三向组合。

④ 对构架基本结构的一般要求。杆部件的质量和允许缺陷应符合规范和设计要求。节点构造尺寸和承载能力应符合规范和设计规定。具有稳定的结构。具有可满足施工要求的整体、局部和单肢的稳定承载能力。具有可将脚手架荷载传给地基基础或支撑结构的能力。

(2) 整体稳定和抗侧力杆件

整体稳定和抗侧力杆件是附加在构架基本结构上的、加强整体稳定和抵抗侧力作用的杆件，如剪刀撑、斜杆、抛撑及其他撑拉杆件。此外，“一”字形脚手架的整体稳定性较差。设置周边交圈脚手架，在角部相接处加强整体性连接措施，是增强脚手架的整体稳定性和抗侧向力能力的重要措施，而其中增设的连接杆件也属于这类杆件。

(3) 连墙件、挑挂和卸载设施

① 连墙件。采用连墙件实现的附壁联结，对于加强脚手架的整体稳定性，提高其稳

定承载能力和避免出现倾倒或坍塌等重大事故具有很重要的作用。连墙件构造的形式包括柔性拉结件和刚性拉结件两种。

② 挑挂设施。应能承受挑、挂脚手架所产生的竖向力、水平力和弯矩；可靠地固结在工程结构上，且不会产生过大的变形；确保脚手架不晃动（对于挑脚手架）或者晃动不大（对于挂脚手架和吊篮），吊篮需要设置定位绳。

③ 卸载设施。卸载设施是指将超过搭设限高的脚手架荷载部分地卸给工程结构承受的措施，即在立杆连续方向上搭设的情况下，通过分段设置支顶和斜拉杆件以减小传至立杆底部的荷载。

（4）作业层设施

作业层设施包括扩宽架面构造、铺板层、侧面防（围）护设施（挡脚板、栏杆、围护板网）以及其他设施，如梯段、过桥等。

作业层设施采用单横杆挑出的扩宽架面的宽度不宜超过 300 mm，否则应进行构造设计或采用定型扩宽构件。扩宽部分一般不堆物料并限制其使用荷载。外立杆一侧扩宽时，防（围）护设施应相应外移。铺板一定要满铺，不得花铺，且脚手板必须铺放平稳，必要时还要加以固定。防（围）护设施应按规定的要求设置，间隙要合适、固定要牢固。

二、脚手架构架的构架设置要求

1. 构架尺寸规定

双排结构脚手架和装修脚手架的立杆纵距和平杆步距应≤2.0 m。作业层距地（楼）面高度>2.0 m 的脚手架，外脚手架为 750 mm，里脚手架为 500 mm。铺板边缘与墙面的间隙应不大于 300 mm，与挡脚板的间隙应不大于 100 mm。当边侧脚手板不贴靠立杆时，应予可靠固定。

2. 连墙点设置规定

当架高≥6 m 时，必须设置均匀分布的连墙点，其设置应符合以下规定。

（1）门式钢管脚手架。当架高≤20 m 时，不小于 50 m^2 一个连墙点，且连墙点的竖向间距应≤6 m；当架高>20 m 时，不小于 30 m^2 一个连墙点，且连墙点的竖向间距应≤4 m。

（2）其他落地（或底支托）式脚手架。当架高≤20 m 时，不小于 40 m^2 一个连墙点，且连墙点的竖向间距应≤6 m；当架高>20 m 时，不小于 30 m^2 一个连墙点，且连墙点的竖向间距应≤4 m。

（3）脚手架上部未设置连墙点的自由高度不得大丁 6 m。

（4）当设计位置及其附近不能装设连墙件时，应采取其他可行的刚性拉结措施予以弥补。

3. 整体性拉结杆件设置规定

脚手架应根据确保整体稳定和抵抗侧力作用的要求，按以下规定设置剪刀撑或其他有相应作用的整体性拉结杆件。

（1）周边交圈设置的单、双排木、竹脚手架和扣件式钢管脚手架，当架高为 6~25 m 时，应于外侧面的两端和其间按≤15 m 的中心距并自下而上连续设置剪刀撑；当架高>25 m 时，应于外侧面满设剪刀撑。

（2）周边交圈设置的碗扣式钢管脚手架，当架高为 9~25 m 时，应按不小于其外侧面框格总数的 1/5 设置斜杆；当架高>25 m 时，按不小于外侧面框格总数的 1/3 设置斜杆。

（3）门式钢管脚手架的两个侧面均应满设交叉支撑。当架高≤45 m 时，水平框架允许间隔一层设置；当架高>45 m 时，每层均满设水平框架。此外，架高≥20 m 时，还应每隔 6 层加设一道双面水平加强杆，并与相应的连墙件层同高。

（4）“一”字形单双排脚手架按上述相应要求增加 50%的设置量。

（5）满堂脚手架应按构架稳定要求设置适量的竖向和水平整体拉结杆件。

（6）剪刀撑的斜杆与水平面的交角宜在 45°~60°，水平投影宽度应不小于 2 跨或 4 m 和不大于 4 跨或 8 m。斜杆应与脚手架基本构架杆件加以可靠连接，且斜杆相邻连接点之间杆段的长细比不得大于 60。

（7）在脚手架立杆底端之上 100~300 mm 处一律遍设纵向和横向扫地杆，并与立杆连接牢固。

4. 杆件连接构造规定

脚手架的杆件连接构造应符合以下规定。

（1）多立杆式脚手架左右相邻立杆和上下相邻平杆的接头应相互错开并置于不同的构架框格内。

（2）搭接杆件接头长度：扣件式钢管脚手架应≥10. 8 m；搭接部分的结扎应不少于 2 道，且结扎点间距应不大于 0. 6 m。

（3）杆件在结扎处的端头伸出长度应不小于 0. 1 m。

5. 安全防（围）护规定

脚手架必须按以下规定设置安全防护措施，以确保架上作业和作业影响区域内的安全。

（1）作业层距地（楼）面高度≥2. 5 m 时，在其外侧边缘必须设置挡护高度≥1. 1 m 的栏杆和挡脚板，且栏杆间的净空高度应≤0. 5 m。

（2）临街脚手架，架高≥25 m 的外脚手架以及在脚手架高空落物影响范围内同时进行其他施工作业或有行人通过的脚手架，应视需要采用外立面全封闭、半封闭以及搭设通道防护棚等适合的防护措施。封闭围护材料应采用密目安全网、塑料编织布、竹笆或其他板材。

（3）架高 9~25 m 的外脚手架，可视需要加设安全立网维护。

（4）挑脚手架、吊篮和悬挂脚手架的外侧面应按防护需要采用立网围护。

（5）上下脚手架的梯道、坡道、栈桥、斜梯、爬梯等均应设置扶手、栏杆或其他安全防（围）护措施并清除通道中的障碍，确保人员上下的安全。

采用定型的脚手架产品时，其安全防护配件的配备和设置应符合以上要求；当无相应安全防护配件时，应按上述要求增配和设置。

6. 搭设高度限制和卸载规定

脚手架搭设高度的限值如表 6-3 所示。

表 6-3　脚手架搭设高度的限值

序次	类别	形式	高度限值	备注
1	木脚手架	单排	30	架高≥30 cm 时，立杆纵距不超过 1.5 m
		双排	60	
2	竹脚手架	单排	25	
		双排	50	
3	扣件式钢管脚手架	单排	20	
		双排	50	
4	碗扣式钢管脚手架	单排	20	架高≥30 cm 时，立杆纵距不超过 1.5 m
		双排	60	
5	门式钢管脚手架	轻载	60	施工总荷载≤3 kN/m²
		普通	45	施工总荷载≤5 kN/m²

脚手架的搭设高度一般不应超过上表规定的限值。

7. 脚手架的计算规定

建筑施工脚手架，凡有以下情况之一者，必须进行计算或进行 1∶1 实架段的荷载试验，验算或检验合格后，方可进行搭设和使用。

（1）架高≥20 m，且相应脚手架安全技术规范没有给出不必计算的构架尺寸规定。

（2）实际使用的施工荷载值和作业层数大于相关规定，如结构脚手架施工荷载的标准值取 3 kN/m^2，允许不超过 2 层同时作业；装修脚手架施工荷载的标准值取 2 kN/m^2，允许不超过 3 层同时作业。

（3）全部或局部脚手架的形式、尺寸、荷载或受力状态有显著变化。

（4）作支撑和承重用途的脚手架。

（5）吊篮、悬吊脚手架、挑脚手架和挂脚手架。

（6）特种脚手架。

（7）尚未制订规范的新型脚手架。

（8）其他无可靠安全依据搭设的脚手架。

三、脚手架搭设、使用和拆除的一般规定

1. 脚手架的搭设规定

脚手架的搭设作业应遵守以下规定。

（1）搭设场地应平整、夯实并设置排水措施。立于地面之上的立杆底部应加设宽度≥200 m，厚度≥50 mm的垫木、垫板或其他刚性垫块，每根立杆的支垫面积应符合设计要求且不得小于0.15 m^2。底端埋入土中的木立杆，其埋置深度不得小于500 mm，且应在坑底加垫后填土夯实。使用期较长时，埋入部分应做防腐处理。

（2）在搭设之前，必须对进场的脚手架杆配件进行严格的检查，禁止使用规格和质量不合格的杆配件。

（3）脚手架的搭设作业，必须在统一指挥下，严格按照规定程序进行。

（4）脚手架处于顶层连墙点之上的自由高度不得大于6 m。当作业层高出其下连墙件2步或4 m以上，且其上尚无连墙件时，应采取适当的临时撑拉措施。

（5）脚手板或其他铺板应铺平铺稳，必要时应予绑扎固定。

（6）当脚手架下部采用双立杆时，主立杆应沿其竖轴线搭设到顶，辅立杆与主立杆之间的中心距不得大于200 mm，且主辅立杆必须与相交的全部平杆进行可靠连接。用于支托挑、吊、挂脚手架的悬挑梁、架必须与支承结构可靠连接。其悬臂端应有适当的架设起拱量，同一层各挑梁、架上表面之间的水平误差应不大于20 mm，且应视需要在其间设置整体拉结构件，以保持整体稳定。装设连墙件或其他撑拉杆件时，应注意掌握撑拉的松紧程度，避免引起杆件和架体的显著变形。

（7）工人在架上进行搭设作业时，作业面上宜铺设必要数量的脚手板并予临时固定。工人必须戴安全帽和佩挂安全带。不得单人进行装设较重杆配件和其他易发生失衡、脱手、碰撞、滑跌等不安全的作业。在搭设中不得随意改变构架设计、减少杆配件设置和对立杆纵距作≥100 mm的构架尺寸放大。确有实际情况，需要对构架做调整和改变时，应提交中请或请示技术主管人员解决。

2. 脚手架的使用与拆除规定

（1）脚手架的使用规定

① 作业层每1 m^2架面上实际的施工荷载（人员、材料和机具重量）：施工荷载（作业层上人员、器具、材料的重量）的标准值，结构脚手架采取3 kN/m^2；装修脚手架取2 kN/m^2；吊篮、桥式脚手架等工具式脚手架按实际值取用，但不得低于1 kN/m^2。

② 在架板上堆放的标准砖不得多于单排立码3层；砂浆和容器总重不得大于1.5 kN；施工设备单重不得大于1 kN；使用人力在架上搬运和安装的构件自重不得大于2.5 kN。

③ 在架面上设置的材料应码放整齐稳固，不得影响施工操作和人员通行。按通行手推车要求搭设的脚手架应确保车道畅通。严禁上架人员在架面上奔跑、退行或倒退拉车。作业人员在架上的最大作业高度应以可进行正常操作为度，禁止在架板上加垫器物或单块脚手板以增加操作高度。

④ 在作业中，禁止随意拆除脚手架的基本构架杆件、整体性杆件、连接紧固件和连墙件。确因操作要求需临时拆除时，必须经主管人员同意，采取相应弥补措施，并在作业完毕后，及时予以恢复。

⑤ 工人在架上作业时，应注意自我安全保护和他人的安全，避免发生碰撞、闪失和落物。严禁在架上嬉闹和坐在栏杆上等不安全处休息。人员上下脚手架必须走设有安全防护的出入通（梯）道，严禁攀缘脚手架上下。每班工人上架作业时，应先行检查有无影响安全作业的问题存在，在排除和解决后方可作业。在作业中发现有不安全的情况和迹象时，应立即停止作业进行检查，解决以后才能恢复正常作业；发现有异常和危险情况时，应立即通知所有架上人员撤离。

⑥ 在每步架的作业完成之后，必须将架上剩余材料物品移至上（下）步架或室内；每日收工前应清理架面，将架面上的材料物品堆放整齐，垃圾清运出去；在作业期间，应及时清理落入安全网内的材料和物品。在任何情况下，严禁自架上向下抛掷材料物品和倾倒垃圾。

（2）脚手架的拆除规定

脚手架的拆除作业应按确定的拆除程序进行，连墙件应在位于其上的全部可拆杆件都拆除之后才能拆除，在拆除过程中，凡已松开连接的杆配件应及时拆除运走，避免误扶和误靠。

任务二 砌体结构构件的承载力

一、无筋砌体构件的受压承载力

1. 受压承载力计算公式

与钢筋混凝土受压构件不同的是，在砌体结构中，受压构件的长细比是用高厚比 β 来表示的，$\beta \leqslant 3$ 的为短柱，$\beta > 3$ 的为长柱。

偏心受压构件的偏心距较大时，受压面积相应减小，构件的刚度和稳定性也随之削弱，最终导致构件承载力进一步降低。因此《砌体结构设计规范》（GB 50003—2011）规定，偏心距 e 的计算值不应超过 $0.6y$，y 为截面重心到轴向力所在偏心方向截面边缘的距离，当超过 $0.6y$ 时，则应采取减小轴向力偏心距的措施。

不论短柱、长柱，轴心受压还是偏心受压，无筋砌体受压构件的受压承载力计算公式统一按下式计算

$$N_u = \varphi f A \tag{6-1}$$

式中 N_u——无筋砌体受压构件受压承载力设计值；

A——砌体抗压强度设计值；

φ——高厚比 β 和轴向力偏心距 e 对受压构件承载力的影响系数。

构件的高厚比β按下式确定

对矩形截面
$$\beta = \gamma_\beta \frac{H_0}{h} \tag{6-2}$$

对 T 形截面
$$\beta = \gamma_\beta \frac{H_0}{h_T} \tag{6-3}$$

式中　γ_β——不同砌体材料构件的高厚比修正系数，如表 6-4 所示；

H_0——受压构件的计算高度；

h——矩形截面轴向力偏心方向的边长，当轴心受压时为截面较小边长；

h_T——T 形截面的折算厚度，可近似按 3.5i 计算，i 为截面回转半径。

表 6-4　高厚比修正系数 γ_β

砌体材料类别	γ_β
烧结普通砖、烧结多孔砖	1.0
混凝土普通砖、混凝土多孔砖、混凝土及轻骨料混凝土砌块	1.1
蒸压灰砂普通砖、蒸压粉煤灰普通砖、细料石	1.2
粗料石、毛石	1.5

注：对灌孔混凝土砌块砌体，γ_β 取 1.0。

与钢筋混凝土结构构件的承载力计算不同，砌体结构构件的承载力计算基本上都是承载力的复核问题。

对矩形截面构件，当轴向力偏心方向的截面边长大于另一方向的边长时，除按偏心受压计算外，还应对较小边长方向，按轴心受压进行验算。

2. 受压构件承载力影响系数 φ

（1）短柱

试验表明，对于高厚比$\beta \leqslant 3$的矩形、T 形、十字形和环形截面的偏心受压短柱，其受压构件承载力影响系数φ和偏心距e与截面回转半径i的比值e/i大致接近反二次抛物线的关系，如图 6-2 所示。因此，对矩形截面

$$\varphi = \frac{1}{1+(e/i)^2} \tag{6-4}$$

$$\varphi = \frac{1}{1+12\left(\frac{e}{h}\right)^2} \tag{6-5}$$

式中　e——轴向力偏心距，$e=M/N$，M、N 分别为计算截面的弯矩设计值和轴向压力设计值，轴心受压时，$e=0$，$\varphi=1$；

i——矩形截面回转半径，$i=\frac{h}{\sqrt{12}}$；

h——矩形截面轴向力偏心方向的边长。

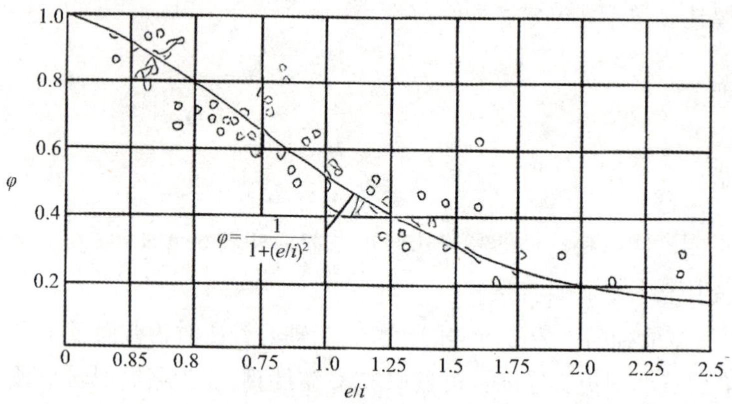

图 6-2　φ 值试验曲线

对矩形截面受压构件，当轴向力偏心方向的截面边长大于另一方向的边长时，除按偏心受压计算外，还应对较小边长方向按轴心受压进行验算，取两者中的较小值作为承载力。

对 T 形截面构件

$$\varphi = \frac{1}{1 + 12\left(\frac{e}{h_T}\right)^2} \tag{6-6}$$

式中　h_T——T 形截面折算厚度，可近似取 $h_T = 3.5i$；

i——T 形截面回转半径，$i = \sqrt{I/A}$，I 为偏心方向的截面惯性矩，A 为截面面积。

（2）长柱

对于高厚比 $\beta>3$ 的长柱，φ 不仅与偏心距有关，还与高厚比 β 有关，这时 β 对 φ 的影响体现在考虑纵向弯曲引起的附加偏心距 e_i 中。

对矩形截面

$$\varphi = \frac{1}{1 + 12\left(\frac{e + e_i}{h}\right)^2} \tag{6-7}$$

研究表明，e_i 主要与轴心受压构件的稳定系数 φ_0 有关，可以用下式表示

$$e_i = \frac{h}{\sqrt{12}}\sqrt{\frac{1}{\varphi_0} - 1} \tag{6-8}$$

将上式代入式（6-13），得 φ 的计算式

对矩形截面

$$\varphi = \frac{1}{1 + 12\left[\frac{e}{h} + \sqrt{\frac{1}{12}\left(\frac{1}{\varphi_0} - 1\right)}\right]} \tag{6-9}$$

对 T 形截面

$$\varphi = \frac{1}{1 + 12\left[\frac{e}{h_T} + \sqrt{\frac{1}{12}\left(\frac{1}{\varphi_0} - 1\right)}\right]} \tag{6-10}$$

$$\varphi_0 = \frac{1}{1 + \alpha\beta^2} \tag{6-11}$$

式中 e_i——偏心受压构件考虑纵向弯曲引起的附加偏心距，$\beta \leqslant 3$ 时，$e_i=0$；

φ_0——轴心受压构件的稳定系数；

α——与砂浆强度等级有关的系数；当砂浆强度等级大于或等于 M5 时，$\alpha=0.0015$；当砂浆强度等级等于 M2.5 时，$\alpha=0.002$；当砂浆强度等级等于 0 时，$\alpha=0.009$。

二、无筋砌体局部受压承载力计算

1. 砌体局部均匀受压

砌体在局部压应力作用下，一方面压应力向四周扩散，另一方面没有直接承受压力的部分像套箍一样约束其横向变形，使该处砌体处于三向受压的应力状态，从而使局部受压强度高于砌体的抗压强度。根据试验结果，《砌体结构设计规范》（GB 50003—2011）给出砌体局部均匀受压承载力计算公式为

$$N_l \leqslant \gamma f A_l$$

$$\gamma = 1 + 0.35\sqrt{\frac{A_0}{A_l} - 1} \tag{6-12}$$

式中 N_l——局部受压面积上轴向力设计值；

A_l——局部受压面积；

γ——砌体局部抗压强度提高系数；

f——砌体的抗压强度设计值，局部受压面积小于 0.3 m^2，可不考虑强度调整系数 γ_a 的影响；

A_0——影响砌体局部抗压强度的计算面积。

2. 梁端局部受压

当梁端支承在砌体上时，如图 6-3 所示，由于梁端产生转角，压应力分布是不均匀的，局部受压面积与梁端有效支承长度 a_0 有关。当梁端上部作用荷载时，局部受压面积上既作用有上部砌体传来的轴向力，又要承受梁端传入的支承压力，故在验算梁端局部受压承载力时要考虑这两种受力情况。

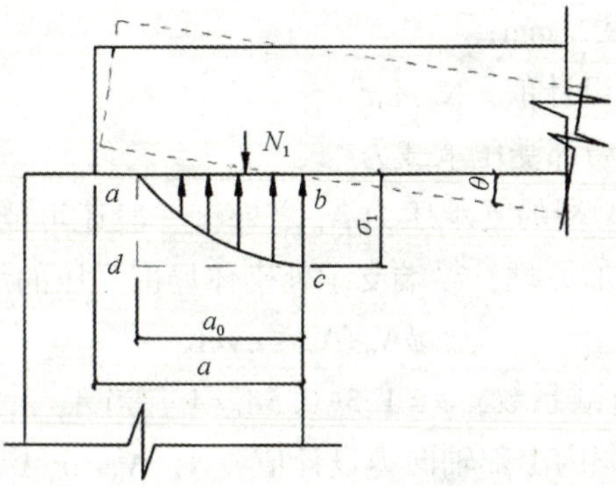

图 6-3 梁端砌体局部受压

（1）梁端有效支承长度 a_0

在梁端支承处，梁的弯曲变形及梁端下砌体的压缩变形，使梁端产生转角，造成砌体承受的局部压应力为曲线分布，局部受压面积上的应力是不均匀的；同时梁端下面传递压力的长度 a_0 可能小于梁深入墙或柱内的实际支承长度 a，一般将 a_0，称为梁的有效支承长度。a_0，取决于梁的刚度、梁伸入支座的长度 a 和砌体弹性模量。假设梁端下实际压应力分布图形的面积与该图形的最大压应力 σ_1，所确定的矩形应力图形面积的比值为 η，亦即压应力图形完整系数 $\eta=\left(\frac{A_{abc}}{A_{abcd}}\right)$，则由梁端的截离体平衡条件可写出由梁传来的支承压力为

$$N_1=\eta\sigma_l a_0 b \tag{6-13}$$

式中 N_1——作用在局部受压面积上由梁传来的支承压力设计值，N；

σ_1——局部受压面积边缘处最大压应力，N/mm^2；

a_0——梁端有效支承长度，mm；

η——压应力图形完整系数；

b——梁的截面宽度，mm。

梁端转角 θ、支座边缘处的压缩变形 Δ 及 a_0 三者的几何关系为：$\Delta=a_0\tan\theta$。假设砌体的压缩刚度系数为 k，则试验表明，可将 σ_1 与 Δ 的关系近似表示为 $\sigma_1=k\Delta$，可得 $a_0=\sqrt{\frac{N_1}{\eta kb\tan\theta}}$，若近似取 $\eta k=0.0007f$，则有

$$a_0=38\sqrt{\frac{N_1}{bf\tan\theta}} \tag{6-14}$$

式中 b——梁的截面宽度，mm；

$\tan\theta$——梁变形时，梁端轴线倾角的正切。

对于受有均布荷载且跨度小于 6 m 的钢筋混凝土简支梁，$N_1=ql/2$，$\tan\theta=ql^3/24B_c$，近似取 $B_c=0.33E_cI_c$，$E_c=2.55\times10^4\ N/mm^2$，$l/h_c=11$，则上式可进一步简化为

$$a_0=10\sqrt{\frac{h_c}{f}}\leqslant a \tag{6-15}$$

式中 a——梁端实际支承长度，mm；

h_c——梁的截面高度，mm；

f——砌体抗压强度设计值，N/mm^2。

（2）梁端支承处砌体局部受压承载力

梁端支承处除了承受梁端的支承压力 N_1 之外，一般还可能承受上部均匀荷载所产生的压应力 σ_0。根据应力叠加原理，梁端支承处砌体局部受压的承载力可按下式复核

$$\psi N_0+N_1\leqslant\eta\gamma fA_1 \tag{6-16}$$

式中 ψ——上部荷载的折减系数，$\psi=1.5-0.5A_0/A_1$，当 $A_0/A_1\geqslant3$ 时，取 $\psi=0$；

N_0——局部受压面积内上部轴向力设计值，N，$N_0=\sigma_0A_1$；

σ_0——上部平均压应力设计值，N/mm^2；

η——梁端底面压应力图形完整系数，一般取 0.7，对于过梁和墙梁取 1.0；

A_1——局部受压面积，mm^2，$A_1=a_0b$。

在上式中，引入了上部荷载的折减系数 ψ，这是根据试验结果，认为由上部砌体传给梁端支承面的压力 N_0，将会部分或全部传给梁端周围的砌体，形成所谓"内拱卸荷作用"。这种"内拱卸荷作用"与 $\frac{A_0}{A_1}$ 值有关，当 $\frac{A_0}{A_1}\geqslant 3$ 时，$\psi=0$，即可不计入 N_0；当 $\frac{A_0}{A_1}=1$ 时，$\psi=1$，即上部砌体传来的压力 N_0 将全部作用在梁端局部受压面积上。

三、砌体轴心受拉、受弯、受剪承载力计算

1. 轴心受拉构件

砌体轴心受拉承载力是很低的，因此工程上采用砌体轴心受拉的构件很少。在容积不大的圆形水池或筒仓中，可将池壁或筒壁设计成轴心受拉构件。由于液体或松散物料对墙壁的压力，在壁内产生环向拉力，使砌体轴心受拉。

砌体轴心受拉构件的承载力，按下式计算

$$N_t \leqslant f_t A \tag{6-17}$$

式中 N_t——轴心拉力设计值；

f_t——砌体轴心抗拉强度设计值。

2. 受弯构件

砌体挡土墙，在水平荷载作用下，属受弯构件。由于受弯构件的截面内还产生剪力，因此对受弯构件除计算受弯承载力外，还应计算受剪承载力。

受弯承载力计算

$$M \leqslant f_{tm} W \tag{6-18}$$

式中 M——弯矩设计值；

f_{tm}——砌体的弯曲抗拉强度设计值；

W——截面抵抗矩。

受弯构件的受剪承载力计算

$$V \leqslant f_v b z \tag{6-19}$$

式中 V——剪力设计值；

f_v——砌体的抗剪强度设计值；

b——截面宽度；

z——内力臂，对于矩形截面 $z=2h/3$。

$$z=\frac{I}{S} \tag{6-20}$$

式中 I——截面惯性矩；

S——截面面积矩；

h——截面高度。

3. 受剪构件

在竖向荷载和水平荷载作用下，可能产生沿通缝截面或沿阶梯形截面的受剪破坏。沿通缝或阶梯形截面破坏的受剪构件的承载力均可按下式计算

$$V \leqslant (f_v + \alpha\mu\sigma_0) A \tag{6-21}$$

当 $\gamma_G = 1.3$ 时

$$\mu = 0.26 - 0.082\frac{\sigma_0}{f} \tag{6-22}$$

式中 V——截面剪力设计值；

A——水平截面面积，当有孔洞时，取净截面面积；

f_v——砌体的抗剪强度设计值，对灌孔的混凝土砌块砌体取 f_{vg}；

α——修正系数，当 $\gamma_G = 1.3$ 时，砖（含多孔砖）砌体取 0.60，混凝土砌块砌体取 0.64；

μ——剪压复合受力影响系数，α 与 μ 的乘积如表 6-5 所示；

σ_0——永久荷载设计值产生的水平截面平均压应力，其值不应大于 $0.8f$；

f——砌体的抗压强度设计值。

表 6-5 $\alpha\mu$ 值数值表

γ_G	砌体种类 σ_0/f	0.1	0.2	0.3	0.4	0.5	0.6	0.7	0.8
1.3	砖砌体	0.15	0.15	0.14	0.14	0.13	0.13	0.12	0.12
	砌块砌体	0.16	0.16	0.15	0.15	0.14	0.13	0.13	0.12

设计计算时，应控制轴压比 σ_0/f 不大于 0.8，以防止墙体产生斜压破坏。还应注意到，上述 f_V 取值不能用于确定砌体的抗震抗剪强度设计值。

四、配筋砖砌体构件

由配置钢筋的砌体作为建筑物主要受力构件的结构称为配筋砌体结构，其构件主要有配筋砖砌体构件和配筋砌体构件两种。

1. 网状配筋砖砌体受压构件

（1）网状配筋砖砌体受压构件的受力特点

当在砖砌体上作用轴向压力时，砖砌体发生纵向压缩，同时也发生横向膨胀。研究表明，如果能用任何方法阻止砌体横向变形的发展，则构件承担轴向荷载的能力将大大提高。

网状配筋砖砌体就是在砖砌体的水平灰缝内设置一定数量和规格的钢筋网，使其与砌体共同工作。因为钢筋设置在水平灰缝内，故又称为横向配筋砖砌体。常用钢筋网的网格为矩形 $a \times b$，如图 6-4（a）所示；还有连弯钢筋网，如图 6-4（b）所示。在轴向压力作用下，由于摩擦力以及与砂浆的粘结力，钢筋被完全嵌固在灰缝内并和砖砌体共同工作。这时，砌体纵向受压，钢筋横向受拉，因为钢筋弹性模量很大，变形很小，可阻止砌体在

纵向受压时横向变形的发展，防止了砌体因过早失稳而破坏，因而间接地提高了砌体承担纵向压力的能力。砌体和横向钢筋的共同工作可一直维持到砌体完全破坏。

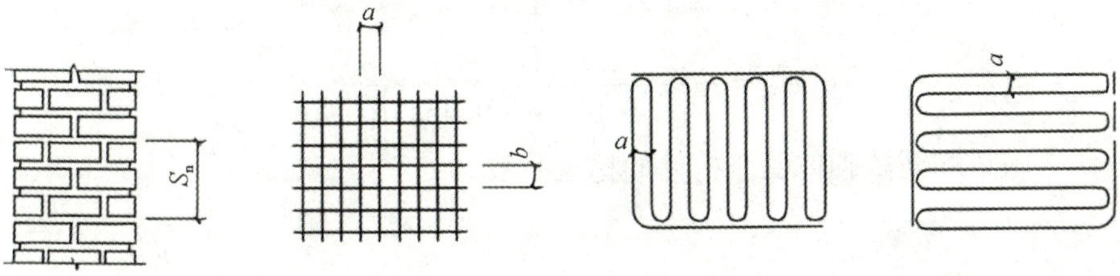

（a）用方格网配筋的砖柱　　（b）连弯钢筋网

图 6-4　网状配筋砌体

对比无筋和网状配筋砌体的试验过程发现，配置横向钢筋提高了砌体的初裂荷载，这是因为在灰缝中的钢筋提高了单砖的抗弯、抗剪能力。由于钢筋的拉结作用，避免了被竖向裂缝分割的小柱失稳破坏。

（2）承载力复核

《砌体结构设计规范》（GB 50003—2011）规定网状配筋砖砌体受压构件的承载力按下列公式进行复核

$$N \leqslant \varphi_n f_n A \tag{6-23}$$

式中　N——轴向力设计值；

φ_n——高厚比和配筋率以及轴向力的偏心距对网状配筋砖砌体受压构件承载力的影响系数；

A——截面面积；

f_n——网状配筋砖砌体的抗压强度设计值。

$$f_n = f + 2\left(1 - \frac{2e}{y}\right)\rho f_y \tag{6-24}$$

$$\rho = \frac{(a+b)A_s}{abs_n} \tag{6-25}$$

式中　e——轴向力的偏心距，按荷载设计值计算；

ρ——体积配筋率；

a、b——钢筋网的网格尺寸；

A_s——钢筋的截面面积；

s_n——钢筋网的竖向间距；

f_y——钢筋抗拉强度设计值，当 $f_y > 320\ \text{N/mm}^2$ 时，仍采用 $320\ \text{N/mm}^2$。

当采用连弯钢筋网时，钢筋网的钢筋方向应互相垂直，沿砌体高度交错设置，s_n 取同一方向网的间距。

网状配筋砖砌体矩形截面单向偏心受压构件承载力的影响系数 φ_n。可按下式计算

$$\varphi_n = \frac{1}{1 + 12 \times \left[\frac{e}{h} + \sqrt{\frac{1}{12} \times \left(\frac{1}{\varphi_{on}} - 1\right)}\right]^2} \quad (6-26)$$

$$\varphi_{on} = \frac{1}{1 + (0.0015 + 0.45\rho)\beta^2} \quad (6-27)$$

式中 φ_{on}——网状配筋砖砌体受压构件的稳定系数。

2. 组合砖砌体构件

组合砖砌体构件有两类：一类是砖砌体和钢筋混凝土面层或钢筋砂浆面层的组合砖砌体构件，简称组合砌体构件；另一类是砖砌体和钢筋混凝土构造柱的组合墙，简称组合墙。当荷载偏心距较大，即 $e>0.6y$，无筋砖砌体承载力不足而截面尺寸又受到限制时，宜采用组合砖砌体构件。当先砌墙后浇混凝土的构造柱不大于 4 m，且能与满足一定要求的圈梁形成“弱框架”时，可按组合墙设计，考虑构造柱分担部分墙体荷载。当两类组合砖砌体构件都是采用在砖砌体内部配置钢筋混凝土（或钢筋砂浆）部件，通过共同工作来提高承载力和变形性能的。在计算方法上可采用相同的叠加模式。

（1）砖砌体和钢筋混凝土面层或钢筋砂浆面层的组合砌体构件

组合砖砌体轴心受压构件的承载力计算如下

$$N \leqslant \varphi_{com}(fA + f_c A_c + \eta_s f'_y A'_s) \quad (6-28)$$

式中 φ_{com}——组合砖砌体构件的稳定系数；

f_c——混凝土或面层水泥砂浆的轴心抗压强度设计值，N/mm^2，砂浆的轴心抗压强度设计值可取为相同强度等级混凝土的轴心抗压强度设计值的 70%，当砂浆为 M15 时，取 5.2 N/mm^2；当砂浆为 M10 时，取 3.4 N/mm^2；当砂浆为 M7.5，取2.5 N/mm^2；

A_c、A——分别为构件中混凝土（或砂浆）面层及砖砌体的截面面积，mm^2；

η_s——受压钢筋的强度系数，当面层为混凝土时，$\eta_s = 1.0$；当面层为砂浆时，$\eta_s = 0.9$；

f'_y——钢筋的抗压强度设计值，N/mm^2；

A'_s——受压钢筋的截面面积，mm^2。

组合砖砌体构件的稳定系数 φ_{com} 介于砖柱的 φ 与钢筋混凝土柱的 φ_{rc}，之间，主要与高厚比 β 和配筋率 ρ 有关，$\rho = A'_s/bh$。

对于砖墙与组合砌体一同砌筑的 T 形截面构件，可按矩形截面组合砌体构件计算，但构件的高厚比口仍按 T 形截面考虑。

组合砖砌体构件偏心受压时，其承载力和变形性能与钢筋混凝土构件相近，可按下式计算

$$N \leqslant fA' + f_c A'_c + \eta_s f'_y A'_s - \sigma_s A_s \quad (6-29)$$

或

$$Ne_N \leqslant fS_s + f_c S_{c,s} + \eta_s f'_y A'_s (h_0 - a'_S) \quad (6-30)$$

此时受压区高度 x 可从对 N 的力矩平衡条件按下式确定

$$fS_N+f_cS_{c,N}+\eta_s f'_yA'_se'_N-\sigma_sA_se_N=0 \tag{6-31}$$

式中 A_s——距轴向力 N 较远侧钢筋的截面面积，mm^2；

A'_s——受压钢筋的截面面积，mm^2；

σ_s——钢筋 A_S 的应力，N/mm^2，按下式确定（正值为拉应力，负值为压应力），当 $\sigma_s>f_y$ 时，取 $\sigma_s=f_y$，当 $\sigma_s<f'_y$时，取 $\sigma_s=f'_y$。

当 $\xi\geqslant\xi_b$，即小偏心受压时，根据平截面变形假定并经线性简化给出

$$\sigma_s=650-800\xi \tag{6-32}$$

$$-f'_y\leqslant\sigma_s\leqslant f_y \tag{6-33}$$

当 $\xi\geqslant\xi_b$，即大偏心受压时

$$\sigma_s=f_y$$

式中 ξ——组合砖砌体构件截面受压区相对高度系数，$\xi=\chi/h_0$；

h_0——组合砖砌体构件截面的有效高度，mm，$h_0=h-a_s$；

ξ_b——组合砖砌体构件大、小偏心受压时，受压区相对高度的分界值，对于HRB400 级钢筋、HRB335 级钢筋 HPB300 级钢筋，ξ_b 分别取 0.36、0.44、0.47；

f_y——钢筋的受拉强度设计值，N/mm^2；

A'_c、A'——分别为混凝土（或砂浆）面层和砖砌体受压部分的面积，mm^2；

$S_{c,s}$、S_s——分别为混凝土（或砂浆）面层及砖砌体受压部分的面积 A'_c、A'对钢筋 A_s 重心的面积矩，mm^3，其符号规则为：逆时针向为正，顺时针向为负；

$S_{c,n}$、S_N——分别为混凝土（或砂浆）面层及砖砌体受压部分的面积 A'_c、A'对轴向力 N 作用点的面积矩，mm^3；

e'_N、e_N——分别为钢筋 A'_s及 A_s 重心至纵向力 N 作用点的距离，mm，

$$e'N=e+e_a-\left(\frac{h}{2}-a'_s\right);\ eN=e+e_a+\left(\frac{h}{2}-a_s\right);$$

e——轴向力的初始偏心距，mm，按荷载设计值计算，当 $e<0.05h$ 时，应取 $e=0.05h$；

a_s、a'_s——分别为钢筋 A_s 及 A'_s 重心至截面较近边的距离，mm；

e_a——组合砖砌体构件在轴向力作用下的附加偏心距，mm，$e_a=\dfrac{\beta^2h}{2\,200}(1-0.022\beta)$。

对组合砖砌体，当纵向力偏心方向的截面边长大于另一方向的边长时，同样还应对较小边长方向按轴心受压验算。

（2）砖砌体和钢筋混凝土构造柱构成的组合墙

组合砖墙轴心受压承载力按下式计算

$$N\leqslant\varphi_{com}fA+\eta(f_cA_c+f'_yA'_s) \tag{6-34}$$

$$\eta = \left(\frac{1}{\frac{l}{b_c} - 3}\right)^{\frac{1}{4}} \tag{6-35}$$

式中　φ_{com}——组合砖墙的稳定系数；

η——强度系数，当 l/b_c 小于 4 时取 $l/b_c=4$；

l——墙长方向构造柱的间距；

b_c——沿墙长方向构造柱的宽度；

A——扣除孔洞和构造柱的砖砌体截面面积；

A_c——构造柱的截面面积。

由上式可知，构造柱间距的影响最为显著。为了保证构造柱与圈梁形成一种“弱框架”，对砖墙产生较太的约束，有必要对钢筋混凝土圈梁的设置采取较为严格的规定。

任务三　砖墙砌筑工程施工

一、砌筑砂浆

砌筑砂浆一般采用水泥砂浆和水泥混合砂浆。水泥砂浆的塑性和保水性较差，但能够在潮湿环境中硬化，一般多用于含水量较大的地基中的地下砌体；水泥混合砂浆则常用于地上砌体。砌筑砂浆必须满足现行国家标准《砌体结构设计规范》（GB 50003—2011）中的规定，砂浆的强度等级有 M15、M10、M7.5、M5 和 M2.5 五个等级。

砌筑砂浆的质量要求如下。

（1）水泥使用规定

水泥进场时应对其品种、等级、包装或散装仓号、出厂日期进行检查，并应对其强度、安定性进行复验，其质量必须符合现行国家标准《通用硅酸盐水泥》（GB 175—2023）的有关规定。当在使用中对水泥质量有怀疑或水泥出厂超过三个月（快硬硅酸盐水泥超过一个月），应对水泥进行复验，并按复验结果使用。

（2）砂浆使用要求

不应混有草根、树叶、树枝、塑料、煤块、炉渣等杂物。砂中含泥量、泥块含量、石粉含量、云母、轻物质、有机物、硫化物、硫酸盐及氯盐含量（配筋砌体砌筑用砂）等应符合现行行业标准《普通混凝土用砂、石质量及检验方法标准》（JGJ 52—2006）的有关规定。人工砂、山砂及特细砂，应经试配能满足砌筑砂浆技术条件要求。

（3）拌制水泥混合砂浆的粉煤灰、建筑生石灰、建筑生石灰粉及石灰膏应要求

粉煤灰、建筑生石灰、建筑生石灰粉的品质指标应符合现行行业标准《粉煤灰混凝土应用技术规范》（GB/T 50146—2014）、《建筑生石灰》（JC/T 479—2013）的有关规定。

建筑生石灰、建筑生石灰粉熟化为石灰膏，其熟化时间分别不得少于 7 天和 2 天；沉淀

池中储存的石灰膏，应防止干燥、冻结和污染，严禁使用脱水硬化的石灰膏；建筑生石灰粉、消石灰粉不得代替石灰膏配制水泥石灰砂浆。石灰膏的用量，应按稠度 120 mm±5 mm 计量，现场施工中石灰膏不同稠度的换算系数，可按表 6-6 确定。

表 6-6　石灰膏不同稠度的换算系数

稠度/mm	120	110	100	90	80	70	60	50	40	30
换算系数	1.00	0.99	0.97	0.95	0.93	0.92	0.90	0.88	0.87	0.86

（4）拌制砂浆用水水质要求

拌制砂浆用水的水质应符合现行行业标准《混凝土用水标准》（JGJ 63—2006）的有关规定。

（5）砌筑砂浆的配合比设计

当砌筑砂浆的组成材料有变更时，其配合比应重新确定。

（6）水泥强度等级要求

施工中不应采用强度等级小于 M5 的水泥砂浆替代同强度等级水泥混合砂浆，如需替代，应将水泥砂浆提高一个强度等级。

（7）对外加剂的要求

在砂浆中掺入的砌筑砂浆增塑剂、早强剂、缓凝剂、防冻剂、防水剂等砂浆外加剂，其品种和用量应经有资质的检测单位检验和试配确定。所用外加剂的技术性能应符合国家现行有关标准《砌筑砂浆增塑剂》（JG/T 164—2004）、《混凝土外加剂》（GB 8076—2008）、《砂浆、混凝土防水剂》（JC/T 474—2008）的质量要求。

（8）偏差比例要求

配制砌筑砂浆时，各组分材料应采用质量计量，水泥及各种外加剂配料的允许偏差为±2%；砂、粉煤灰、石灰膏等配料的允许偏差为±5%。

（9）砌筑砂浆机械搅拌时间要求

水泥砂浆和水泥混合砂浆搅拌时间不得少于 120 s。水泥粉煤灰砂浆和掺用外加剂的砂浆搅拌时间不得少于 180 s。掺增塑剂的砂浆，其搅拌方式、搅拌时间应符合现行行业标准《砌筑砂浆增塑剂》（JG/T 164—2004）的有关规定。干混砂浆及加气混凝土砌块专用砂浆宜按掺用外加剂的砂浆确定搅拌时间或按产品说明书采用。

（10）完成时间要求

现场拌制的砂浆应随拌随用，拌制的砂浆应在 3 h 内使用完毕；当施工期间最高气温超过 30 ℃时，应在 2 h 内使用完毕。预拌砂浆及蒸压加气混凝土砌块专用砌筑砂浆的使用时间应按照厂方提供的说明书确定。

（11）储存要求

砌体结构工程使用的湿拌砂浆，除直接使用外必须储存在不吸水的专用容器内，并根据气候条件采取遮阳、保温、防雨雪等措施，砂浆在储存过程中严禁随意加水。

（12）砌筑砂浆试块强度验收时其强度要求

① 同一验收批砂浆试块强度平均值应大于或等于设计强度等级值的 1.10 倍。

② 同一验收批砂浆试块抗压强度的最小一组平均值应大于或等于设计强度等级值的85%。

③ 砌筑砂浆的验收批，同一类型、强度等级的砂浆试块应不少于3组；同一验收批砂浆只有一组或二组试块时，每组试块抗压强度的平均值应大于或等于设计强度等级值的1.10倍；对于建筑结构的安全等级为一级或设计使用年限为50年及以上的房屋，同一验收批砂浆试块的数量不得少于3组。

④ 砂浆强度应以标准养护，28天龄期的试块抗压强度为准。

⑤ 制作砂浆试块的砂浆稠度应与配合比设计一致。

抽检数量：每一检验批且不超过250 m^2，砌体的各类、各强度等级的普通砌筑砂浆，每台搅拌机应至少抽检一次；验收批的预拌砂浆、蒸压加气混凝土砌块专用砂浆，抽检可为3组。

提 示

当施工中或验收时出现下列情况，可采用现场检验方法对砂浆或砌体强度进行实体检测，并判定其强度如下。

（1）砂浆试块缺乏代表性或试块数量不足。

（2）对砂浆试块的试验结果有怀疑或有争议。

（3）砂浆试块的试验结果不能满足设计要求。

（4）发生工程事故，需要进一步分析事故原因。

二、砖墙砌体施工

1. 材料质量要求

砖墙砌体砌筑一般采用普通黏土砖，其外形为矩形体，长度尺寸为240 mm，宽度尺寸为115 mm，厚度尺寸为53 mm。砖根据表面大小的不同分为大面（240 mm×115 mm）、条面（240 mm×53 mm），顶面（115 mm×53 mm）；根据外观分为一等、二等两个等级；根据强度分为MU10、MU15、MU20、MU25、MU30五个等级，强度单位：MPa（N/mm^2）。

在砌筑时有时要砍砖，砍砖按尺寸不同分为“七分头”（也称“七分找”），“半砖”“二寸条”和“二寸头”（也称“二分找”）。砖的品种、强度等级必须符合设计要求，并应有产品合格证书和性能检测报告，进场后应进行复验，复验抽样数量为同一生产厂家同一品种以及同一强度等级的普通砖15万块、多孔砖5万块、灰砂砖或粉煤灰砖10万块各抽查1组。

砌筑时蒸压（养）砖的产品龄期不得少于28天。用于清水墙、柱表面的砖，应边角整齐，色泽均匀。品质为优等品的砖适用于清水墙和墙体装修；一等品、合格品砖可用于混水墙；中等泛霜的砖不得用于潮湿部位；冻胀地区的地面或防潮层以下的砌体不宜采用多孔砖；水池、化粪池、容井等不得采用多孔砖；蒸压粉煤灰砖用于基础或受冻融合干湿交替作用的建筑部位时，必须使用一等砖或优等砖。

2. 砖墙砌体的组砌形式

用普通砖砌筑的砖墙，依其墙面组砌形式不同，常用的砌筑形式有：一顺一丁、三顺一丁、梅花丁，如图 6-5 所示。

（a）一顺一丁　（b）三顺一丁　（c）梅花丁

图 6-5　砖墙组砌形式

（1）一顺一丁砌法（满丁满条）

由一皮顺砖与一皮丁砖相互交替砌筑而成，上下皮间的竖缝相互错开 1/4 砖长。这种砌法各皮间错缝搭接牢靠，墙体整体性较好，操作中变化小，易于掌握，砌筑时墙面也容易控制平直，但竖缝不易对齐，在墙的转角、丁字接头、门窗洞口等处都要砍砖，因此砌筑效率受到一定限制。当砌 24 墙时，丁砖层的砖有两个面露出墙面（也称出面砖较多），故对砖的质量要求较高。这种砌法在砌筑中采用较多，它的墙面形式有两种：一种是顺砖层上下对齐（称十字缝），一种是顺砖层上下相错半砖（称骑马缝）。这种砌筑法调整错缝搭接时，可用“内七分头”或“外七分头”，但以“外七分头”较为常见。

（2）三顺一丁砌法

由三皮顺砖与一皮丁砖相互交替叠砌而成。上下皮顺砖搭接为 1/2 砖长，同时要求檐墙与山墙的丁砖层不在同一皮以利于搭接。这种砌法出面砖较少，同时在墙的转角、丁字与十字接头，门窗洞口处砍砖较少，故可提高工效。但由于顺砖层较多反面墙面的平整度不易控制，当砖较湿或砂浆较稀时，顺砖层不易砌平且容易向外挤出，影响质量。该法砌的墙，抗压强度接近一顺一丁砌法，受拉受剪力学性能均较一顺一丁砌法强。

此外，在头角处用“七分头”调整错缝搭按时，通常在丁砖层采用“内七分头”。

（3）梅花丁砌法（沙包式）

在同一皮砖层内一块顺砖一块丁砖间隔砌筑（转角处不受此限），上下两皮间竖缝错开 1/4 砖长，丁砖必须在顺砖的中间。该砌法内外竖缝每皮都能错开，故抗压整体性较好，墙面容易控制平整，竖缝易于对齐，特别是当砖长、宽比例出现差异时竖缝易控制。因丁、顺砖交替砌筑，且操作时容易搞错，比较费工，抗拉强度不如三顺一丁砌法。因外形整齐美观，所以多用于砌筑外墙。

梅花丁砌法在头角处用“七分头”，调整错缝搭接时，必须采用“外七分头”。

3. 砖墙砌体施工工艺

（1）找平弹线

根据龙门板或轴线控制桩上的轴线钉，用经纬仪将基础轴线投测在垫层上（也可在对应的龙门板间拉小线，然后用线坠将轴线投测在垫层上）。再根据轴线按基础底宽，用墨线标出基础边线，作为砌筑基础的依据。如果未设垫层可在槽底钉木桩，把轴线及基础边线都投测在木桩上，如图 6-6 所示。

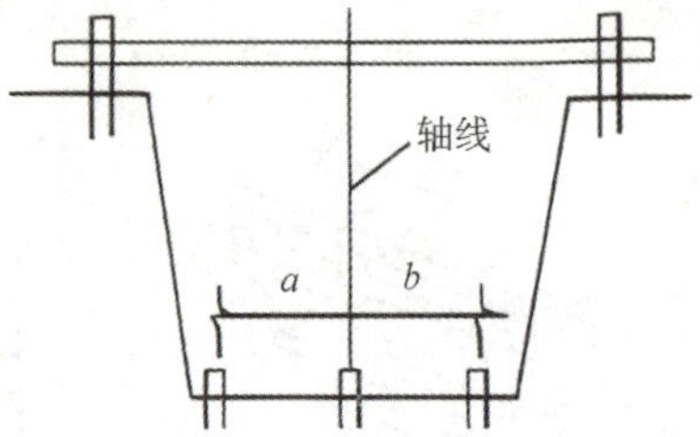

图 6-6　基础放线

建筑物的基础施工完成之后，应进行一次基础砌筑情况的复核。只有经过复核，认为下部基础施工合格，才能在基础防潮层上正式放线。在基础墙检查合格之后，利用墙上的主轴线，用小线在防潮层面上将两头拉通，并将线反复弹几次检查无搁碍之处，抽一人在小线通过的地方选几个点划上红痕，间距为 10~15 m，便于墨斗弹线。若墙的长度较短，也可直接用墨斗弹线。先将各主要墙的轴线弹出，检查一下尺寸，再将其余墙的轴线都弹出来。如果上部结构墙的厚度比基础窄还应将墙的边线也弹出来。

轴线放完之后，检查无误，再根据图纸上标出的门、窗口位置，在基础墙上量出尺寸，用墨线弹出门窗洞口的大小，并打上交错的斜线以示洞口，不必砌砖，窗口一般画在墙的侧立面上，用箭头表示其位置及宽度尺寸。同时在门、窗口的放线处还应注上宽、高尺寸。如门口为 1 m 宽、2.7 m 高时，标成 1 000 mm×2 700 mm；窗口如宽为 1.5 m、高 1.8 m 时，标成 1 500 mm×1 800 mm。窗台的高度在线杆上有标志，这样使瓦工砌砖时做到心中有数。

主结构墙线放完之后，对于非承重的隔断墙的线，也要同时放出。虽然在施工主体结构时，隔断墙不能同时施工，但为了使瓦工能准确预留马牙槎及拉结钢筋的位置，同时放出隔墙线是必须的。

（2）摆砖样

摆砖样也称搂底，是在弹好线的基础顶面上按选定的组砌方式先用砖试摆，好核对所弹出的墨线在门窗洞口、墙垛等处是否符合砖模数，以便借助灰缝调整，使砖的排列和砖缝宽度均匀合理。摆砖时，要求山墙摆成丁砖，横墙摆成顺砖，又称“山丁檐跑”。摆砖结束后，用砂浆把干摆的砖砌好，砌筑时注意其平面位置不得移动。

（3）立皮数杆

砌墙前先要立好皮数杆（又叫线杆），作为砌筑的依据之一。皮数杆一般是用 5 cm×7 cm 的方木做成，上面划有砖的皮数、灰缝厚度、门窗、楼板、圈梁、过梁、屋架等构件位置和建筑物各种预留洞口和加筋的高度，它是墙体竖向尺寸的标志。

划皮数杆时应从±0.000 开始。从±0.000 向下到基础垫层以上为基础部分皮数杆，±0.000 以上为墙身皮数杆。楼房如每层高度相同时划到二层楼地面标高为止，平房划到前后檐口为止。划完后在杆上以每五皮砖为级数，标上砖的皮数，如 5、10、15……并标明各种构件和洞口的标高位置，及其大致图例。由于实际生产的砖厚度不一，在划皮数杆之前，从进场的各砖堆中抽取十块砖样，量出总厚度，取其平均值，作为划砖厚度的依据，再加上灰缝的厚度，就可划出砖层的皮数。

墙上的线放完之后，根据瓦工砌砖的需要在一些部位钉立皮数杆，皮数杆应立在墙的转角、内外墙交接处、楼梯间及墙面变化较多的部位，设立皮数杆位置如图 6-7 所示。

立皮数杆时可用水准仪测定标高，使各皮数杆立在同一标高上。在砌筑前，应先检查皮数杆上±0.000 与抄平桩上的±0.000 是否符合，所有应立皮数杆的部位是否立了。检查合格后才可砌墙。线杆可以钉在预埋好的木桩上，也可以采用工具式线杆卡子钉在墙上。立线杆时，先将卡子上的扁钉钉在下部墙的灰缝中，线杆插入套内，根据水准仪抄平者指挥，上下移动线杆使它达到标高，合适后再拧紧卡子上的螺丝。

（4）砌筑、勾缝

墙体砌砖时，一般先砌砖墙两端大角，然后再砌墙身，大角砌筑主要是根据皮数杆标高，依靠线锤、托线板使之垂直，如图 6-8 所示。

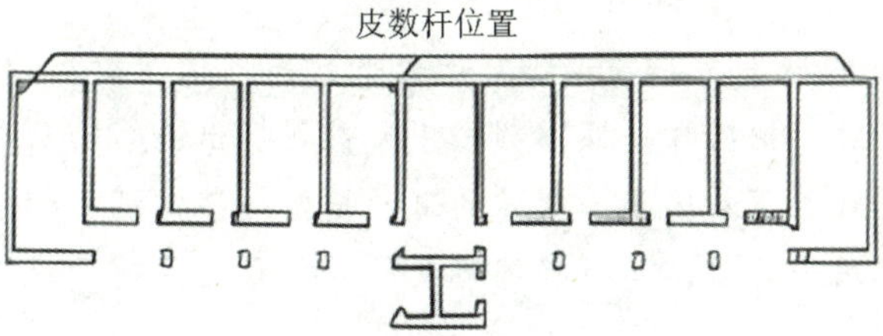

图 6-7　设立皮数杆位置

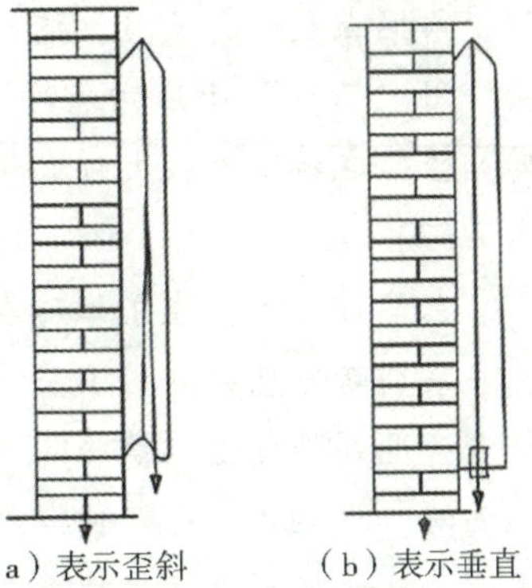

图 6-8　拖线板用法示意图

中间墙身部分主要是依靠准线使之灰缝平直，一般“三七”墙以内单面挂线，“三七”墙以上宜双面挂线。将托线板一侧垂直靠紧墙面进行检查。托线板上挂线垂的线不宜过长也不要过粗，应使线锤的位置正好对准托线板下端开口处，同时还需注意不要使线锤线贴靠在托线板上，要让线锤自由摆动。这时检查摆动的线锤最后停摆的位置是否与托线板上的竖直墨线重合，重合表示墙面垂直；当线锤向外离开墙面偏离墨线，表示墙向外倾斜；线锤向里靠近墙面偏离墨线，则说明墙向里倾斜，如图 6-8 所示。经托线扳检查有不平整的现象时，则应先校正墙面平整后，再检查其垂直度。

当用砖作坠线时要检查坠重及线的强度，防止线断坠砖坠落伤人。要注意准线不能向上拱起，使准线平直无误后再砌筑。

知识链接

常用的砌砖法

1. “三一”砌法

砌砖工程宜采用“三一”砌法。当采用铺浆法砌筑时，铺浆长度不宜超过 750 mm，施工期间气温超过 30 ℃，铺浆长度不宜超过 500 mm。“三一”砌法，又叫大铲砌筑法，是一种采用铲灰取砖、铺灰、挤揉等操作的砌筑方法，也叫满铺满挤操作法，其操作顺序如下。

（1）铲灰取砖

砌墙时操作者应顺墙斜站，砌筑方向是由前向后退着砌，这样易于随时检查已砌好的墙面是否平直。铲灰时，取灰量应根据灰缝厚度，以满足一块砖的需要量为标准。取砖时应随拿随挑选。左手拿砖右手舀砂浆，同时进行，以减少弯腰次数，争取砌筑时间。

（2）铺灰

铺灰是砌筑时比较关键的动作，如掌握不好就会影响砖墙砌筑质量。一般常用的铺浆手法是甩浆，有正手甩浆和反手甩浆两种方式。灰不要铺得超过砖长太多，长度约比一块砖稍长 1~2 cm，宽 8~9 cm，灰口要缩进外墙 2 cm。铺好的灰不要用铲来回去扒或用铲角抠点灰去打头缝，这样容易造成水平灰缝不饱满。

用“三一”砌法砌筑时，所用砂浆稠度为 7~9 cm 较适宜。不能太稠，过稠不易揉砖，竖缝也填不满；太稀大铲又不易舀上砂浆，容易滑下去，操作不方便。

（3）揉挤

灰浆铺好后，左手拿砖在离已砌好的砖有 3~4 cm 处，开始平放并稍稍蹭着灰面，把灰浆刮起一点放到砖丁头的竖缝里，然后把砖揉一揉，顺手用大铲把挤出墙面的灰刮起来，甩到竖缝里。揉砖时，眼要上看线，下看墙面。揉砖的目的是使砂浆饱满。砂浆铺的薄，要轻揉；砂浆铺得厚，揉时稍用一些劲，并根据铺浆及砖的位置还要前后或左右揉，总之揉到下齐砖棱上齐线为适宜。

“三一”砌法的特点由于铺出的砂浆面积相当一块砖的大小，并且随即就揉砖，因此灰缝容易饱满，黏结力强，能保证砌筑质量。在挤砌时随手刮去挤出墙面的砂浆，使墙面保持清洁。但这种操作法一般都是单人操作，操作过程中要取砖、铲灰、铺灰、转身，弯腰的动作较多，劳动强度大，又耗费时间，影响砌筑效率。

2. 挤浆法

挤浆法即先在墙顶面铺一段砂浆，然后双手或单手拿砖挤入砂浆中，达到下齐边、上齐线、横平竖直的要求。此法可连续组砌几块砖，减少烦琐的动作，平推平挤，可使灰缝饱满、效率高。

要求：铺灰长度每次不得超过 750 mm，气温超过 30 ℃时，不得超过 500 mm。

3. “2381”砌法

“2381”砌法，于 1989 年由天津铁路分局工程师陈维伟经过 30 多年的潜心研究，以每小时砌 400 多块的速度打破美国著名的管理学者吉布尔雷斯创造的 360 块的世界纪录。其中“2”即二种步法：丁字步和并列步；“3”即三种身法：丁字步、并列步的侧身弯腰，丁字步的正弯腰，并列步的正弯腰；“8”即八种铺灰手法：顺砖的甩、扣、泼、溜，丁砖的扣、溜、泼、一脱二；“1”即一种挤浆手法。

“2381”砌法能较好地保证砌筑质量，它基于“三一”砌砖法，而且动作连贯不间断，避免了铺灰时间长而影响砂浆的黏结强度。符合人体生理与运动特点，能够大大减轻操作人员的疲劳强度，对防止与消除工人职业性腰肌劳损具有一定的积极作用。

（5）楼层轴线的引测

为了保证各层墙身轴线的重合和施工方便，在弹墙身线时，应根据龙门板上标注的轴线位置将轴线引测到房屋的外墙基上。二层以上各层墙的轴线，可用经纬仪或垂球引测到楼层上去，同时还需根据图上轴线尺寸用钢尺进行校核。

基础砌完之后，根据控制桩将主要墙的轴线，利用经纬仪反到基础墙身上，如图 6-9 所示，并用墨线弹出墙轴线，标出轴线号或“中”字形式，这也就确定了上部砖墙的轴线位置。因此控制桩也就失去存在的必要。在此同时，用水准仪在基础露出自然地坪的墙身上，超出-0. 10 m 标高的平线（也可以是-0. 15 m，根据具体情况决定），并在墙的四周都弹出墨线来，作为以后砌上部墙身时控制标高的依据。

首层的楼板吊装完毕之后，也灌注了板缝即可进行二层的放线工作。先在各横墙的轴线中，选取在长墙中间部位的某道轴线，如图 6-10 所示，取④轴线，作为横墙中的主轴线。根据基础墙时的主轴线①轴线，向④轴线量出尺寸，量准确后在④轴立墙上标出轴线位置。以后每层均以此 d 轴立线为放线的主轴线。

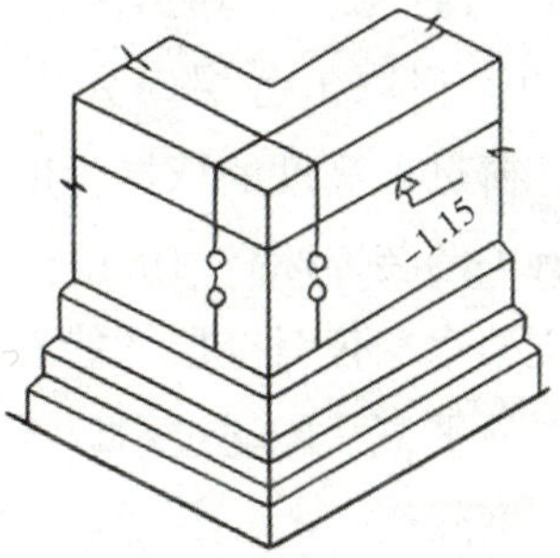

图 6-9 轴线引测

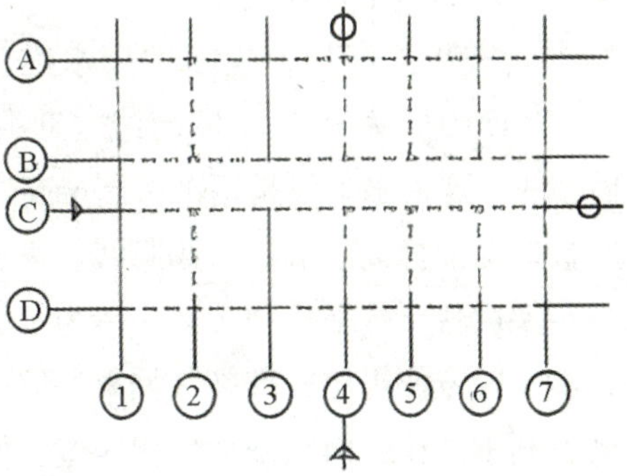

图 6-10 横墙主轴线布置图

同样，在山墙上选取纵墙中一条在山墙中部的轴线，在轴墙根部标出立线，作为以上各层放纵墙线的主轴线。两条轴线选定之后，将经纬仪支架在选定的轴线面前，一般离开所测高度 10 m 左右，然后进行调平，并用望远镜照准该轴线，照准无误之后，固定水平制动螺旋，扳开竖直制动螺旋，纵转望远镜仰视所需放线的那层楼，在楼层配合操作的人根据观测者的指挥，在楼板边棱上划上铅笔痕，并用圆圈圈出记号以便好找，如图 6-11 所示。

这道横墙轴线的位置确定好之后，把经纬仪移到房屋的那一面，用相同的方法确定出这道横墙另一面的轴线点。至于山墙处的纵墙主轴线也用同样的方法确定。楼层上已有的四点位置，就等于决定了楼层互相垂直的一对主轴线。在弹墨线时根据楼房长度的不同，弹出这对垂直的轴线。

在楼层上定出了互相垂直的一对主轴线之后，其他各道墙的轴线就可以根据图纸的尺寸，以主轴线为基准线，利用钢尺及小线在楼层上进行放线。其中对于四周的外轴线一般不必再弹线，而只把里边线用墨线弹出来，让瓦工根据外墙厚度及外墙垂直要求来砌砖。有了外墙的里皮线，也可以用它来检查墙厚是否超过规定，从而发现墙身是否有倾斜，以得到及时纠正。如果没有经纬仪，可采用吊垂球的方法放轴线，如图 6-12 所示。

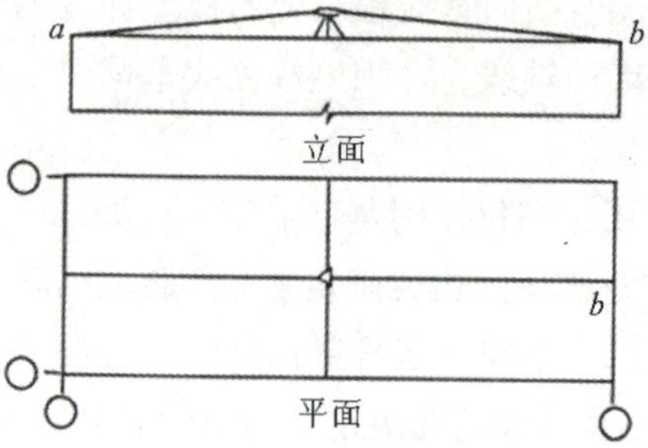

图 6-11　纵墙主轴线布置图

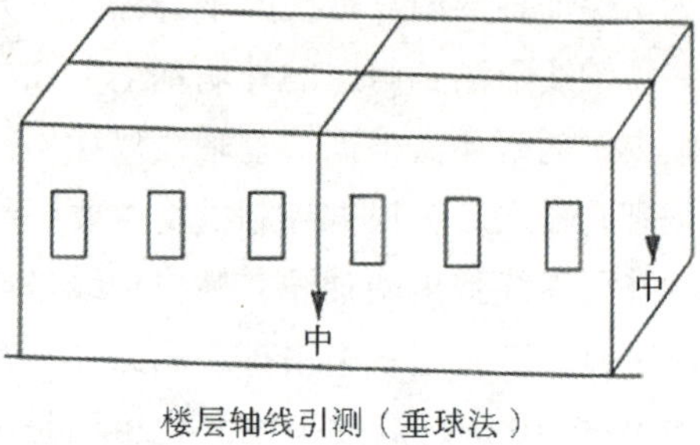

图 6-12　吊垂球方法放轴线

（6）各层标高的控制

基础砌完之后，除要把主要墙的轴线，由龙门桩或龙门板上引到基础墙上外，还要在基础墙上抄出一条-0.1 m 或-0.15 m 标高的水平线。楼层各层标高除立皮数杆控制外，亦可用在室内弹出的水平线控制。

当砖墙砌起一步架高后，应随即用水准仪在墙内进行抄平，并弹出离室内地面高 50 cm 的线，在首层即为 0.5 m 标高线（现场叫 50 线），在以上各层即为该层标高加 0.5 m 的标高线。这道水平线是用来控制层高及放置门、窗过梁高度的依据，也是到室内装饰施工时控制地面标高、墙裙、踢脚线、窗台及其他有关的装饰标高的依据。

砌完一步架后就要抄平，一步架一般为 1.2 m 高，支架水准仪时全层均能看到，没有墙的阻碍，抄平较方便也比较准确。如果等墙砌完后再去抄平，只能通过门口来回挪动仪器抄平，既不利于工作，而且增加累积误差，使平线的精度降低。

此外，在抄平中，扶尺人必须将尺扶直，不能前后、左右的倾斜，当观测者表示尺的位置正合适时，持尺人应用铅笔在尺底划线，划线时一定要贴尺端划，防止笔尖歪斜而引起误差。有时歪斜可以达到 1 cm 的误差，这是不允许的。

在一层砌砖完成之后，要根据室内 0.5 m 标高线，用钢尺向墙上端量一个尺寸，一般比楼板安装的板底标高低 10 cm，根据测量的各点将墙上端每处都弹出一道墨线，瓦工则根据它把板底安装用的找平层抹好，以保证吊装楼板时板面的平整，也有利于以后地面面层的施工。

首层的楼板吊装完毕之后，紧接着下一步工作是楼板灌逢。灌逢完毕，进行第二层墙体砌筑。当二层墙砌到一步架高后，放线人员随即用钢尺在楼梯间处，把底层的 0.5 m 标高线引入到上层，就得到二层 0.5 m 标高线，如层高为 3.3 m，那么从底层 0.5 m 标高线往上量 3.3 m 划一铅笔痕，随后用水准仪及标尺从该点抄平，把楼层的全部 0.5 m 标高线弹出。

任务四 配筋砖砌体砌筑工程

配筋砖砌体砌筑工程是一项重要的建筑工艺，在现代建筑工程中发挥着不可替代的作用。其结构性能优良，承载能力强，抗震性能优越，能够满足高层建筑和大型民用建筑物的结构需求，同时，该工程方式具有较好的经济效益和社会效益，能够节约材料、降低能耗、提高建筑物的使用寿命和安全性。

一、配筋砖砌体施工

1. 配筋砖砌体的构造形式

（1）配筋砖柱的组砌方式

砖柱主要断面形式有方形、矩形、多角形、圆形等。砖柱组砌方法应正确，一般采用“三一”砌法（即一铁锹灰，一块砖，一挤揉）。

（2）配筋砖墙体的组砌方式

墙体一般采用一顺一丁（满丁满条）、梅花丁或三顺一丁砌法，不采用五顺一丁砌法。

（3）网状配筋砖柱（墙）的构造

网状配筋砖柱（墙）是用烧结普通砖与砂浆砌成的，在砖柱（墙）的水平灰缝中配有钢筋网片。所用砖的强度等级不应低于 MU10，砂浆的强度等级不应低于 M5。钢筋网片有方格网和连弯网两种形式。方格网宜采用直径 3~4 mm 的钢筋。连弯网宜采用直径不大于 8 mm 的钢筋。钢筋网中钢筋的间距不应大于 120 mm，并不应小于 30 mm。钢筋网间距不应大于 5 皮砖，并不应大于 400 mm。

（4）组合砖砌体的构造

组合砖砌体是由砖砌体和钢筋混凝土面层或钢筋砂浆面层组成的，有组合砖柱、组合砖壁柱及组合砖墙等。砖砌体所用砖的强度等级不宜低于 MU10，砌筑砂浆的强度等级不得低于 M5。面层混凝土强度等级一般采用 C15 或 C20。面层水泥砂浆强度等级不得低于 M7.5。砂浆面层厚度可采用 30~45 mm。当面层厚度大于 45 mm 时，其面层宜采用混凝土。受力钢筋直径不应小于 8 mm，钢筋净间距不应小于 30 mm。

（5）钢筋混凝土填心墙的构造

钢筋混凝土填心墙是将采用烧结普通砖和砂浆砌好的两个独立墙片，用拉结钢筋连接在一起，在两片之间设置钢筋，并浇筑混凝土而成。所用砖强度等级不低于 MU7.5，砂浆强度等级不低于 M5。墙厚至少为 115 mm。混凝土强度等级不低于 C15。竖向受力钢筋的直径及间距按设计计算而定，其直径不应小于 10 mm。水平分布钢筋直径不应小于 8 mm，垂直方向间距不应大于 500 mm。拉结钢筋直径可用 4~6 mm，垂直方向及水平方向间距不应大于 500 mm，并不应小于 120 mm。

（6）钢筋混凝土构造柱

构造柱砖墙应砌成大马牙槎，设置好拉结筋，从柱脚开始两侧都应先退后进，当齿深

12 cm 时，宜上口一皮进 6 cm，再上一皮进 12 cm，以保证混凝土浇筑时上角密实，构造柱内的落地灰、砖渣杂物必须清理干净，防止混凝土内夹渣。

设置钢筋混凝土构造柱的墙体，宜用强度等级不低于 MU7.5 的普通黏土砖与强度等级不低于 M2.5 砂浆砌筑。构造柱截面不应小于 240 mm×180 mm（实际应用最小截面为 240 mm×240 mm）。钢筋一般采用 HPB235 级钢筋，竖砖墙与构造柱应沿墙高每隔 500 mm 设置纵向受力钢筋，一般采用 4 根，直径为 12 mm。箍筋采用的直径为 4~6 mm，其间距不宜大于 250 mm。2 根直径 6 mm 的水平拉结钢筋，拉结钢筋两边伸入墙内不应少于 1 m。拉结钢筋穿过构造柱与受力钢筋绑牢。当墙上门窗洞边到构造柱边的长度小于 1 m 时，拉结钢筋伸到洞口边为止。在外墙转角处，如纵横墙均为一砖半墙，则水平拉结钢筋应用 3 根。钢筋混凝土构造柱的做法如图 6-13 所示。

2. 施工工艺

(1) 工艺流程

配筋砌体施工工艺流程图如图 6-14 所示。

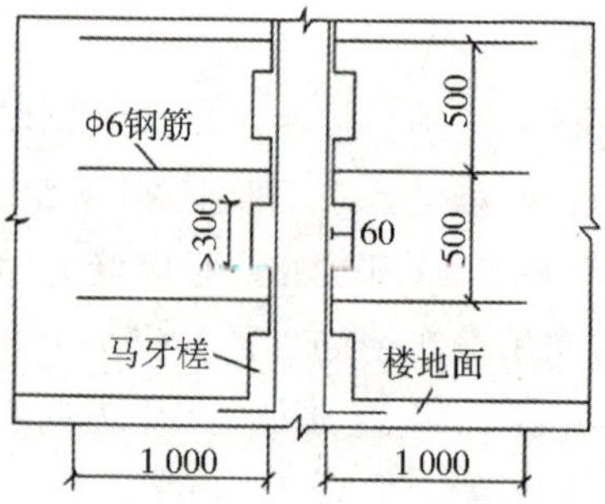

图 6-13　钢筋混凝土构造柱的做法（单位：mm）

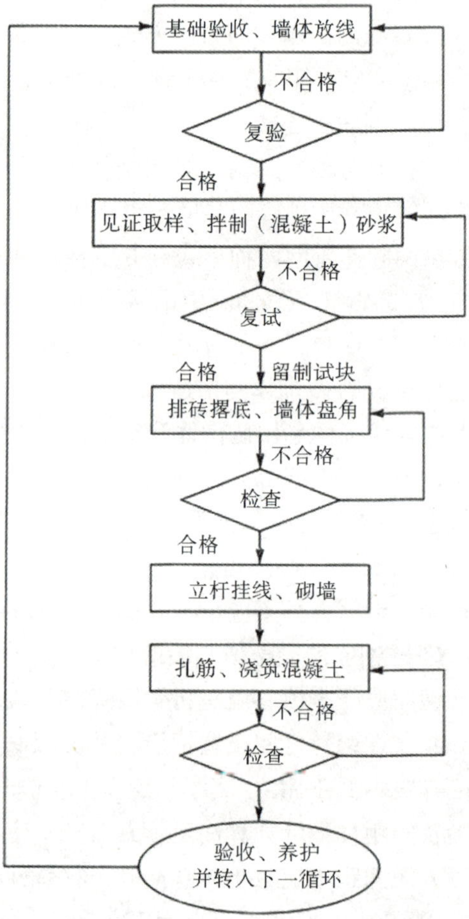

图 6-14　配筋砌体施工工艺流程图

(2) 操作要点

① 组砌方法。砌体一般采用一顺一丁（满丁、满条）、梅花丁或三顺一丁砌法。

② 排砖撂底（干摆砖）。一般外墙第一层砖撂底时，两山墙排丁砖，前后檐纵墙排条砖。根据弹好的门窗洞口位置线，认真核对窗间墙、垛尺寸，检验其长度是否符合排砖模数，如不符合模数时，可将门窗口的位置左右移动。若有破活，七分头或丁砖应排在窗口中间，附在墙垛或其他不明显的部位。移动门窗口位置时，应注意保证暖卫立管安装及门窗开启不受影响。另外，在排砖时还要考虑在门窗口上边的砖墙合拢时也不出现破活。所以排砖时必须作全盘考虑，前后檐墙排第一皮砖时，要考虑甩窗口后砌条砖，窗角上必须是七分头才是好活。

③ 选砖。砌清水墙应选择棱角整齐，无弯曲、裂纹、颜色均匀，规格基本一致的砖。敲击时声音响亮，焙烧过火变色、变形的砖可用在基础及不影响外观的内墙上。

④ 盘角。砌砖前应先盘角，每次盘角不要超过五层，新盘的大角及时进行吊、靠。如有偏差要及时修整。盘角时要仔细对照皮数杆的砖层和标高，控制好灰缝大小，使水平灰缝均匀一致。大角盘好后再复查一次，平整和垂直完全符合要求后，再挂线砌墙。

⑤ 挂线。砌筑一砖半墙必须双面挂线，如果砌长墙时几个人均使用一根通线，中间应设几个支线点，小线要拉紧，每层砖都要穿线看平，使水平缝均匀一致，平直通顺；砌一砖厚混水墙时宜采用外守挂线，可照顾砖墙两面平整，为下道工序控制抹灰厚度奠定基础。

⑥ 砌砖及放置水平钢筋。砌砖宜采用“三一”砌法，即满铺满挤操作法。砌砖一定要跟线，“上跟线，下跟棱，左右相邻要对平。”水平灰缝厚度和竖向灰缝宽度一般为 10 mm，但不应小于 8 mm，也不应大于 12 mm。皮数杆上要标明钢筋网片、箍筋或拉结筋的设置位置，并在该处钢筋进行了隐蔽工程验收后方可上层砌砖，同时要保证水平灰缝内放置的钢筋网片、箍筋或拉结筋上下至少各有 2 mm 厚度的砂浆保护层，再按规定间距绑扎受力及分布钢筋。为保证墙面主缝垂直，不游丁走缝，当砌完一步架高时，宜每隔 2 m 水平间距，在丁砖立楞位置弹两道垂直立线，可以分段控制游丁走缝。

⑦ 留槎。外墙转角处应同时砌筑。内外墙交界处必须留斜槎，槎子长度不应小于墙体高度的 2/3，槎子必须平直、通顺。分段位置应在变形缝或门窗口角处，隔墙与墙或柱不同时砌筑时，可留阳槎加预埋拉结筋。沿墙高按设计要求每 50 cm 预埋 $\phi 6$ 钢筋 2 根，其埋入长度从墙的留槎处算起，一般每边均不小于 50 cm，末端应加 90°弯钩。

⑧ 木砖预留孔洞和墙体拉结筋。木砖预埋时应小头在外，大头在内，数量按洞口高度决定。洞口高在 1.2 m 以内时，每边放 2 块；高 1.2~2 m 时，每边放 3 块；高 2~3 m 时，每边放 4 块，预埋木砖的部位一般在洞口上边或下边四皮砖，中间均匀分布。木砖要提前做好防腐处理。钢门窗安装的预留孔、硬架支模孔、暖卫管道孔，均应按设计要求预留，不得事后剔凿。墙体拉结筋的位置、规格、数量、间距均应按设计要求留置，不应错放、漏放。

⑨ 安装过梁、梁垫。安装过梁、梁垫时，其标高、位置及型号必须准确，坐浆饱满。如坐浆厚度超过 2 cm 时，要用细石混凝土铺垫。过梁安装时，两端支撑点的长度应一致。

⑩ 砂浆（混凝土）面层施工。面层施工前，应清除面层底部的杂物，并浇水湿润砖砌体表面。砂浆面层施工从上而下分层涂抹，一般应两次涂抹，第一次主要是刮底，使受力钢筋与砖砌体有一定的保护层；第二次主要是抹面，使面层表面平整。混凝土面层施工应支设模板，每次支设高度宜为 50~60 cm，并分层浇筑，振捣密实，待混凝土强度达到设计强度的 30%以上才能拆除模板。

二、配筋砌块砌体施工

1. 配筋砌块砌体的构造形式

（1）配筋砌块的组砌方式

混凝土空心砌块的墙厚等于砌块的宽度，其立面砌筑形式只有全顺一种，即各皮砌块均为顺砖，上下皮竖缝相互错开 1/2 砌块长，上下及砌块孔洞相互对准。

（2）配筋砌块的配筋构造

配筋砌块的配筋构造柱主要有配筋砌块砌体剪力墙、连梁构件、配筋砌块砌体柱构件、芯柱构件等。

2. 施工工艺及质量要求

（1）工艺流程

找平→放线→立皮数杆→排列砌块→拉线、砌筑、勾缝→芯柱施工等。

（2）操作要点

砌筑前应在基础面或楼面上定出各层的轴线位置和标高，并用 1 : 2 水泥砂浆或 C15 级细石混凝土找平。砌筑前应按砌块尺寸和灰缝厚度计算皮数和排数。砌筑一般采用“披灰挤浆”，瓦工先在砌块底面的周肋上满披灰浆，铺灰长度为 2~3 m，再在待砌的砌块端头满披头灰，最后双手搬运砌块，进行挤浆砌筑。

砌筑应尽量采用主规格砌块，用反砌法（底面朝上）砌筑，从转角或定位处开始向一侧进行。内外墙同时砌筑，纵横梁交错搭接。上下皮砌块要求对孔、错缝搭砌，个别不能对孔时，允许错孔砌筑，但搭接长度不应小于 90 mm。如无法保证搭接长度，应在灰缝中设置构造筋或加网片拉结。

砌体灰缝应横平竖直，砂浆严实。水平灰缝砂浆饱满度不得低于 90%，竖直灰缝不得低于 60%，不得用水冲浆灌缝。水平和垂直灰缝的宽度应为 8~12 mm。

墙体临时间断处应砌成斜槎，斜槎长度应等于或大于斜槎的高度（一般按一步脚手架高度控制），空心砌块墙斜槎如图 6-15 所示，必须留直槎应设 ϕ4 mm 钢筋网片拉结或 2ϕ6 mm 的拉结筋，空心砌块墙直槎如图 6-16 所示。

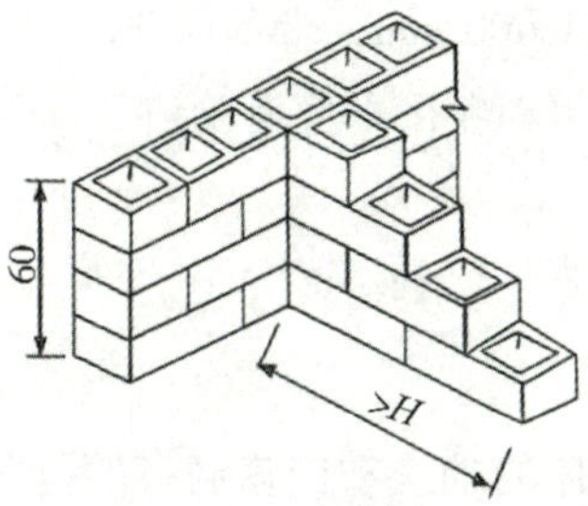

图 6-15　空心砌块墙斜槎（单位：mm）

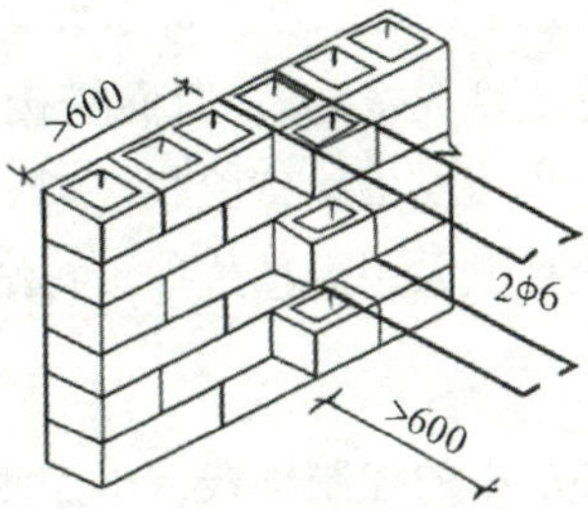

图 6-16　空心砌块墙直槎（单位：mm）

预制梁、板安装应坐浆垫平。墙上预留孔洞、管道、沟槽和预埋件，应在砌筑时预留或预埋，不得在砌好的墙体上凿洞。在砌完一个楼层高度后连续分层浇灌，混凝土坍落度应不小于 5 cm，每浇灌 40~50 cm 高度应捣实一次。每砌完一楼层后，应校核墙体的轴线尺寸和标高。在允许范围内的轴线及标高的偏差，应在楼板面上予以纠正。

钢门、窗安装前，先将弯成 Y 或 U 形的钢筋埋入混凝土小型砌块墙体的灰缝中，每个门、窗洞的一侧设置两只，安装门窗时用电焊固定。木门、窗安装时，事先在混凝土小砌块 190 mm×190 mm×190 mm 内预埋浸沥青的木砖，四周用 C15 细石混凝土填实，砌筑时将砌块侧砌在门窗洞的两侧，一般每个门洞用六块木砖，每个窗洞用四块木砖。

在砌筑过程中，应采用“原浆随砌随收缝法”，先勾水平缝，后勾竖向缝。灰缝与砌块面要平整密实，不得出现丢缝、瞎缝、开裂和黏结不牢等现象，以避免墙面渗水和开裂，以利于墙面粉刷和装饰。

（3）质量要求

砌块墙砌筑前，应绘好砌块排列图，选好吊装机具和吊装路线，确定吊装程序，编制工艺卡，这是保证施工顺利进行，避免施工混乱的重要环节。

砌块的堆放应按吊装或砌筑顺序，分型号、规格垂直整齐堆放，并布置在起重设备的回转半径范围内，堆放数量应保证在半个楼层以上配套使用，以减少二次搬运，提高工效，避免停工待料。砌体中的芯柱是用以加强砌块建筑的整体性和结构延性，增强砌体刚度，抵抗水平荷载和地震力的重要措施，必须按设计位置设置，在孔中插入钢筋并浇筑混凝土，不得遗漏，不能马虎，应严格保证芯柱的混凝土质量，同时做好隐蔽验收的检查记录。

墙体内应尽量不设脚手眼，如必须设置时，可用 190 mm×190 mm×190 mm 砌块侧砌，利用其孔洞作为脚手眼，砌体完工后，应用 C15 混凝土将脚手眼填实。

对墙体表面的平整度和垂直度、灰缝的均匀程度等，应随时检查并校正所发现的偏差。在砌完每一层楼后，应校核墙体的轴线尺寸和标高。在允许范围内的轴线以及标高的偏差，可在楼板面上予以校正。

三、填充墙砌体施工

1. 墙体拉结筋

每一楼层砖墙施工前，必须把墙、柱上填充墙体预留拉结筋按规范要求焊接完毕，拉结筋每 500 mm 高留一道，每道设 2ϕ6 钢筋，长度≥1 000 mm，端部设 90°弯钩。单面搭接焊的焊缝长度应≥10d，双面搭接焊的焊缝长度≥5d。焊接不应有咬边、气孔等质量缺陷，并进行焊接质量检查验收。

在框架柱上采用后植式埋设拉结筋，应通过拉拔强度试验。

2. 施工放线

根据楼层中的控制轴线，事先测放出每一楼层墙体的轴线和门窗洞口的位置线，将窗台和窗顶的位置标高线标识在框架柱上。待施工放线完成后，上报技术部门验收合格后，方可进行墙体砌筑。

3. 基层清理

在砌筑砖体前应对基层进行清理，将楼层上的浮浆、灰尘清扫冲洗干净，并浇水使基层湿润。

4. 构造柱钢筋绑扎

构造柱钢筋笼可预先制作，和原结构梁上预留插筋的搭接绑扎长度满足设计要求，柱子中心线应垂直。

5. 立皮数杆、排砖

在皮数杆上或框架柱、墙上排出砖块的皮数及灰缝厚度，并标出窗台、洞口及墙梁等构造标高。

根据要砌筑的墙体长度、高度试排砖，摆出门、窗及孔洞的位置。

外墙第一皮砖撂底时，横墙应排丁砖，梁及梁垫的下面一皮砖、窗台等阶台水平面上一皮砖应用丁砖砌筑。

6. 砖墙砌筑

（1）砌筑砂浆要求

砂浆的配合比应用质量比，计量精度：水泥、有机塑化剂和冬期施工中掺用的防冻剂等配料精度为±2%，砂及掺和料为±5%。砂应计入其含水量对配料的影响。水泥及水泥混合砂浆搅拌时间不少于 2 min；水泥粉煤灰砂浆和掺外加剂的砂浆不得少于 3 min；掺用有机塑化剂的砂浆，必须采用机械搅拌，搅拌时间自投料完算起为 3 ~ 5 min。水泥砂浆的最小用量不宜小于 200 kg/m^3；水泥混合砂浆中水泥和掺加料总量宜为 300 ~ 350 kg/m^3。

砂浆的分层度不应大于 30 mm，砂浆的稠度宜为 70 ~ 90 mm。砂浆应随拌随用，水泥或水泥混合砂浆一般在拌和后 3 ~ 4 h 内用完，气温在 30 ℃以上时，应在 2 ~ 3 h 内用完，严禁使用已硬化或过夜砂浆。

墙砌体采用铺浆砌筑法时，应在铺浆后，立即砌筑，铺浆长度不得超过 750 mm；施工期间气温超过 30 ℃时，铺浆长度不得超过 500 mm。

（2）浸砖

砖应提前 1 ~ 2 天浇水湿润，湿润程度达到水浸润砖体 15 mm 为宜，含水量为 10% ~ 15%；灰砂砖、粉煤灰砖含水量宜为 5% ~ 8%。不宜在砌筑时临时浇水，严禁干砖上墙，严禁在砌筑后向砖墙冲水。冬期施工防止砖块浇水形成薄冰。

（3）挂线

砌筑一砖厚以下混水墙时，宜采用单面外手挂线，可照顾砖墙两面平整。砌筑一砖半厚以上者，必须双面挂线。如果砌长墙时几个人同时砌筑共用一根通线，中间应设支线点，小线要拉紧，每层砖都要穿线看平，使水平缝均匀一致，平直通顺。

（4）砌砖

普通砖墙厚度在一砖以上可采用一顺一丁、梅花丁或三顺一丁的砌法。砖墙厚度 3/4 砖时，采用两平一侧的砌法，弧形墙可采用全丁的砌法。砖体砌筑必须内外搭砌，上下错缝，灰缝平直，砂浆饱满。砌砖采用“三一”或铺浆法砌筑，并随手将挤出的砂浆刮去。通过对砖的挤揉使砂浆进入砖竖缝内，并使砂浆黏结饱满，增加砖体间的黏结能力。操作时要经常进行自检，如有偏差，应随时纠正，严禁事后采用撞砖纠正。

墙体砌筑灰缝应横平竖直、上下错位 1/2 砖搭砌。水平灰缝厚度为 8~12 mm，确保灰缝砂浆黏结饱满度达 80%以上。竖向灰缝宽度应控制在 8~12 mm，在水平铺灰时，竖缝要填灰堵实，不产生透缝现象。砖墙砌筑时除设置构造柱的部位外，墙体的转角处和交接处应同时砌筑，严禁无可靠措施的内外墙分砌施工。

墙体一般不留槎，如必须留置临时间断处，应砌成斜槎，烧结普通砖砌体的斜槎长度不应小于高度的 2/3；施工中不能留成斜槎时，除转角处外，可于墙中引出直凸槎（抗震设防地区不得留直槎）。直槎墙体每间隔高度≤500 mm，应在灰缝中加设拉结筋，拉结筋数量按每 12 mm 墙厚放置一根 ϕ6 的钢筋，埋入长度从墙的留槎处算起，两边均不应小于 500 mm，末端应有 90°弯钩；拉结筋不得穿过烟道和通气道。

清水墙砌筑应随砌随划缝，划缝深度按图纸尺寸要求进行；如图纸没有明确规定时，一般深度为 6~8 mm，缝深浅应一致，清扫干净。砌体应保证灰缝平直，宽度、深度均匀，颜色一致。砌混水墙应随砌随将溢出砖墙面的灰迹块刮除。设计上墙体应预埋、预留的构造，应随砌随留、随复核，确保位置正确构造合理。

提 示

砌体接槎时，必须将接槎处的表面清理干净，浇水湿润，并应填实砂浆，保持灰缝平直。木砖经防腐处理，木纹应与钉子垂直，埋设数量按洞口高度确定；洞口高度≤2 m 时，每边放 2 块，高度在 2~3 m 时，每边放 3~4 块。预埋木砖的部位一般在洞口上下四皮砖处开始，中间均匀分布或按设计预埋。

7. 构造柱

构造柱的截面尺寸一般为 240 mm×240 mm，构造柱与墙体的连接处应砌成马牙槎，马牙槎应“先退后进”二退二进，并沿墙高每 500 mm 设 2ϕ6 拉结筋，钢筋端部设 90°弯钩，深入墙内不小于 1 000 mm。拉结筋应事先放在砌筑操作现场，保证随用随拿。拉结筋应靠构造柱纵筋内边穿过。

支设构造柱模板时，宜采用对拉螺栓式夹具，为了防止模板与砖墙接缝处漏浆，宜用双面胶条黏结。构造柱模板根部应留垃圾清扫孔。

在浇灌构造柱混凝土前，必须向柱内砌体和模板浇水润湿，并将模板内的落地灰清除干净，先注入适量水泥砂浆，再浇灌混凝土。振捣时，振捣器应避免触碰砖墙，严禁通过砖墙传振。

项目小结

本项目主要介绍了砌体结构工程施工相关知识，主要包括脚手架工程的搭设、砌体结构构件的承载力计算、砖墙砌筑工程和配筋砖砌体砌筑工程的施工等内容。通过本项目的学习，帮助读者了解砌体结构工程施工是建筑领域中至关重要的一项任务，合理的工艺和严格的规范，保障了砌体结构工程施工的质量和可靠性，为建筑物的安全使用提供了坚实的保障。

课后习题

一、填空题

1. 操作脚手架又分为________和________，其架面施工荷载标准值分别规定为 3 kN/m^2 和 2 kN/m^2。

2. 与钢筋混凝土结构构件的承载力计算不同，________的承载力计算基本上都是承载力的复核问题。

3. 砖砌体和钢筋混凝土面层或钢筋砂浆面层的组合砖砌体构件，简称________。

4. 施工中不应采用强度等级小于________的水泥砂浆替代同强度等级水泥混合砂浆。

二、简答题

1. 简述脚手架构架的构架尺寸规定。

2. 什么是三顺一丁砌法？

项目七

高层建筑施工

项目导读

近年来，我国的高层建筑蓬勃兴起，高层民用住宅群也在各大、中型城市中悄然屹立。“质量第一”已成为建筑企业的立身之本。为了提高工程质量，高层建筑施工测量越来越受到重视。高层建筑的特点是层数多、高度大、结构复杂。因结构竖向偏差直接影响工程受力情况，故在施工测量中要求竖向投点精度高，所选用的仪器和测量方法要适应结构类型、施工方法和场地情况。在高层建筑施工过程中，需要注意安全、质量、进度等方面的管理，确保施工过程顺利进行，建筑物安全稳定。同时，还需关注环境保护和社会责任，做好与周边环境的协调和沟通。

学习目标

知识目标

◆了解高层建筑施工中的测量特点、轴线投测、标高传递等内容。

◆掌握高层建筑垂直运输设备的使用原理和操作方法。

◆理解高层建筑模板系统的组成要素、选择依据以及不同类型模板体系的特点。

能力目标

◆能够进行高层建筑的测量工作，包括轴线投测和标高传递，确保施工准确度。

◆具备操作塔机、施工外用电梯、混凝土泵等垂直运输设备的技能。

◆能够根据建筑要求选择合适的模板体系，并了解其安装、拆除等基本操作，确保施工质量和进度。

素质目标

培养学生安全意识和团队合作能力，在使用垂直运输设备和搭设模板时，注重安全操作，保障施工安全。培养解决问题和应变能力，面对施工中的各种挑战能够迅速应对，确保工程顺利进行并保持高效率。

思政目标

培养学生注重施工过程中的精准测量与准确定位，强化安全意识和规范操作能力，培养责任意识和专业素养，使其成为具备高层建筑施工专业知识和技能的人才，为确保高层建筑工程的安全、稳定和高质量完成任务。

任务工单

一、任务准备

确保活动场地符合任务活动需要，具备搭建模拟施工环境的条件。检查和准备所需的设备和工具，包括模拟施工材料、起重设备、安全防护用具等。

二、任务开展

1. 技术指导

由专业的施工指导员对学生进行技术指导，介绍高层建筑施工的工艺流程和操作技巧。

2. 分组演练

安排学生分组进行实操演练，让其在模拟的施工环境中独立完成一定的任务，如搭建脚手架、安装模板、浇筑混凝土等。

3. 评估反馈

对学生的操作进行及时评估和反馈，指导他们改进操作技能和提升施工效率。强调安全操作规范，指导学生正确使用个人防护装备，并遵循相关的安全操作程序。

三、任务评价

展示任务完成情况，并完成表 7-1 所示的考核评价表。

表 7-1 考核评价表

评价项目	评价内容	分值	评分		
			自评	互评	师评
职业素养考核项目（40%）	考勤、仪容仪表	10 分			
	安全意识、责任意识及服从意识	10 分			
	团队合作、沟通交流能力	10 分			
	保持场地、设备及工具等干净整洁	10 分			
专业能力考核项目（60%）	参与高层建筑施工活动并按照规范完成任务	30 分			
	建筑模板活动符合规范，操作流程符合安全要求	30 分			
合计：综合分数______ 自评（20%）+互评（20%）+师评（60%）		100 分			
综合评语		指导教师（签名）：			

任务一　高层建筑测量

一、高层建筑施工测量概述

高层建筑施工测量的主要任务是将建筑物的基础轴线准确地向高层引测，并保证各层相应的轴线位于同一竖直面内，要控制与检核轴线向上投测的竖向偏差。

在高层建筑施工中，要由下层楼面向上层传递高程，以使上层楼板、门窗口、室内装修等工程的标高符合设计要求。

高层建筑施工测量的特点如下。

（1）精度要求高

由于高层建筑的结构特点和施工环境的复杂性，对于测量的精度要求较高。任何细微的误差都可能导致建筑结构的不稳定或不安全。

（2）高度和距离远

高层建筑的高度和距离通常较大，因此需要使用长距离测量设备和技术，以确保测量的准确性和可靠性。

（3）安全风险大

高层建筑施工过程中存在较大的安全风险，测量工作需要在高空或悬崖等危险环境中进行，需要特别注意施工安全。

（4）施工进度快

通常情况下，高层建筑的施工周期较短，需要在较短的时间内完成大量的测量工作，因此需要高效的测量方法和团队配合。

（5）多种测量需求

高层建筑施工中涉及的测量内容多样，包括地形测量、基础测量、结构测量等，需要灵活运用各种测量技术和设备。

（6）环境复杂

高层建筑施工现场通常环境复杂，包括大风、高温、高湿等恶劣气候条件，对测量设备和人员提出了更高的要求。

由于建筑结构复杂，设备和装修标准较高，特别是高速电梯的安装等对施工测量精度要求较高，一般情况下在设计图纸中会说明有各项允许偏差值，施工测量误差必须控制在允许偏差值以内。因此，面对建筑平面、立面造型的复杂多变，要求在工程施工前，先确定施工测量方案、仪器配置、测量人员的分工，并经有关专家论证后方可实施。

二、高层建筑的轴线投测

为了保证轴线投测的精度，高层建筑物轴线的竖向投测主要有外控法和内控法两种。

1. 外控法

外控法是在建筑物外部，利用经纬仪，根据建筑物轴线控制桩来进行轴线的竖向投测的方法，也称为经纬仪引桩投测法。

（1）在建筑物底部投测中心轴线位置

高层建筑的基础工程完工后，将经纬仪安置在轴线控制桩 A_1、A'_1、B_1 和 B'_1 上，把建筑物主轴线精确地投测到建筑物的底部，并设立标志，图 7-1 中的 a_1、a'_1、b_1 和 b'_1，以供下一步施工与向上投测之用。

（2）向上投测中心线

随着建筑物不断升高，要逐层将轴线向上传递，经纬仪投测中心轴线如图 7-1 所示，将经纬仪安置在轴线控制桩 A_1、A'_1、B_1 和 B'_1 上，严格整平仪器，用望远镜瞄准建筑物底部已标出的 a_1、a'_1、b_1 和 b'_1，用盘左和盘右分别向上投测到每层楼板上，并取其中点作为该层中心轴线的投影点，如图 7-1 中的 a_2、a'_2、b_2 和 b'_2。

（3）增设轴龙门架

当建筑物逐渐增高，而轴线控制桩距建筑物又较近时，望远镜的仰角较大，操作不便，投测精度也会降低。为此，要将原中心轴线控制桩引测到更远的安全地方，或者附近大楼的屋面。将经纬仪安置在已经投测上去的较高层（如第 10 层）楼面轴线 $a_{10}a'_{10}$ 上，经纬仪引桩投测如图 7-2 所示。瞄准地面上原有的轴线控制桩 A_1 和 A'_1 点，用盘左、盘右分中投点法，将轴线延长到远处 A_2 和 A'_2 点，并用标志固定其位置，A_2、A'_2 即为新投测的 $A_1A'_1$ 轴控制桩。

对更高层的中心轴线，可将经纬仪安置在新的龙门架上，按上述方法继续进行投测。

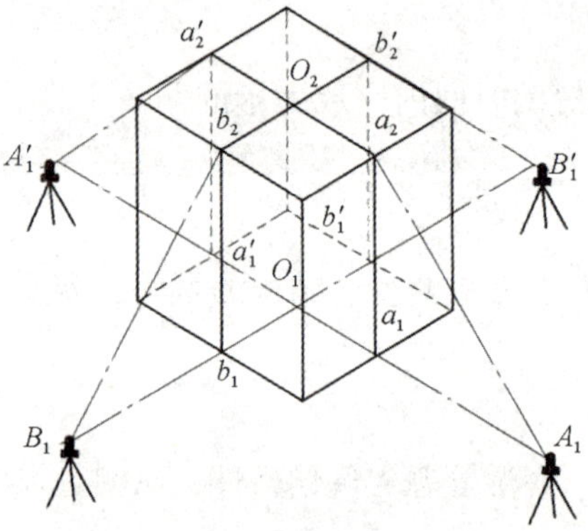

图 7-1　经纬仪投测中心轴线

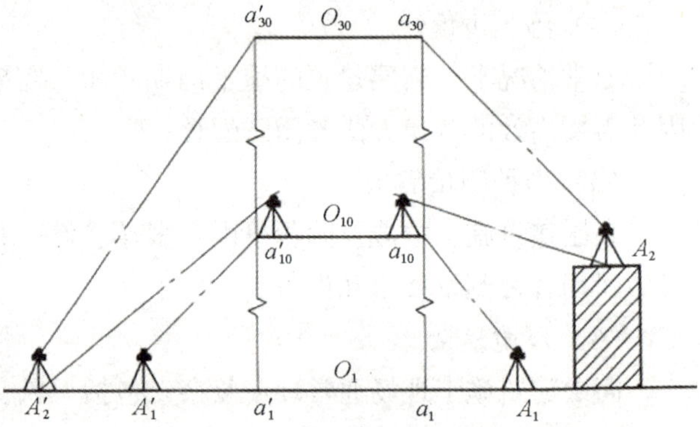

图 7-2　经纬仪引桩投测

2. 内控法

内控法是在建筑物内±0.000 平面设置轴线控制点，并预埋标志，然后在各层楼板相应位置上预留 200 mm×200 mm 的传递孔，在轴线控制点上直接采用吊线坠法或激光铅垂仪法，通过预留孔将其点位垂直投测到任一楼层的方法。

（1）内控法轴线控制点的设置

在基础施工完毕后，在±0.000 首层平面上的适当位置设置与轴线平行的辅助轴线，辅助轴线距轴线500~1 000 mm为宜。在辅助轴线交点或端点处埋设标志。

（2）吊线坠法

吊线坠法是利用钢丝悬挂重锤球进行轴线竖向投测的方法。这种方法一般用于高度为50~100 m的高层建筑施工中，锤球的质量为10~20 kg，钢丝的直径为0.5~0.8 mm。如图7-3所示，在预留孔上面安置十字架，挂上锤球，对准首层预埋标志。当锤球线静止时，固定十字架，并在预留孔四周作出标记，作为以后恢复轴线及放样的依据。此时，十字架中心即为轴线控制点在该楼面上的投测点。

（3）激光铅垂仪法

激光铅垂仪法具有操作简便、精度高、测量范围广等优点，特别适用于需要高精度和高效率的建筑施工测量任务。在实际应用中，需要注意选择合适的激光铅垂仪设备，并严格按照操作规程进行操作，以确保测量结果的准确性和可靠性。激光铅垂仪的基本构造如图7-4所示，主要由氦氖激光器、精密竖轴、发射望远镜、水准器、基座、激光电源及接收屏等部分组成。

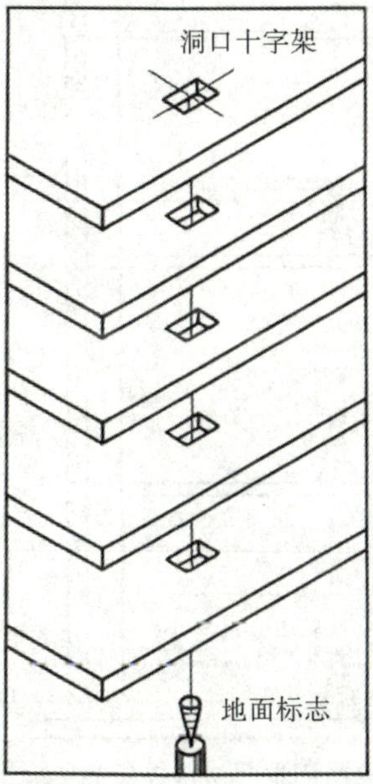

图7-3　吊线坠法投测轴线

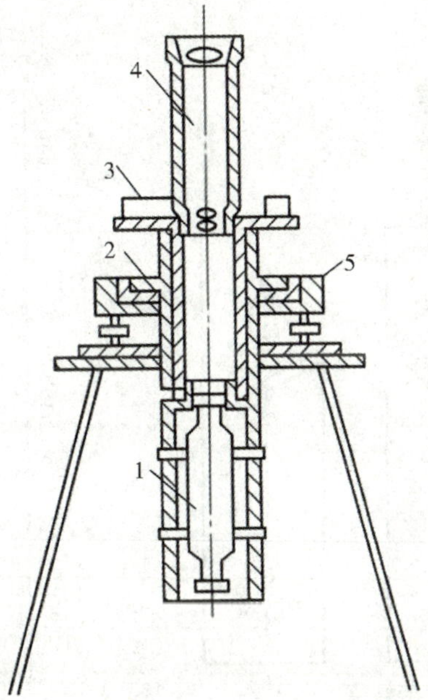

1-氦氖激光器；2-精密竖轴；3-水准器；4-发射望远镜；5-基座。

图7-4　激光铅垂仪的基本构造

提示

用吊线坠法实测时，要采取一些必要措施，如用铅直的塑料管套着坠线或将锤球沉浸于油中，以减少摆动。

图7-5为用激光铅垂仪法进行轴线投测的示意图，其投测方法如下。

① 在首层轴线控制点上安置激光铅垂仪，利用激光器底端（全反射棱镜端）所发射的激光束进行对中，通过调节基座整平螺旋，使水准器气泡严格居中。

② 在上层施工楼面预留孔处放置接受靶。

③ 接通激光电源，启动激光器发射铅直激光束，通过发射望远镜调焦，使激光束聚成红色耀目光斑，投射到接受靶上。

④ 移动接受靶，使靶心与红色光斑重合，然后固定接受靶，并在预留孔四周作出标记。此时，靶心位置即为轴线控制点在该楼面上的投测点。

三、高层建筑物的标高传递

在高层建筑施工中，建筑物的标高要由下层传递到上层，以使上层建筑的工程施工标高符合设计要求。常用的标高传递方法有悬吊钢尺法和全站仪天顶测距法。

1. 悬吊钢卷尺法标高传递

从底层“+50 mm 标高线”起向上量取累积设计层高，如图 7-6 所示，即可测设出相应楼层的“+50 mm 标高线”。根据各层的“+50 mm 标高线”，即可进行各楼层的施工工作。

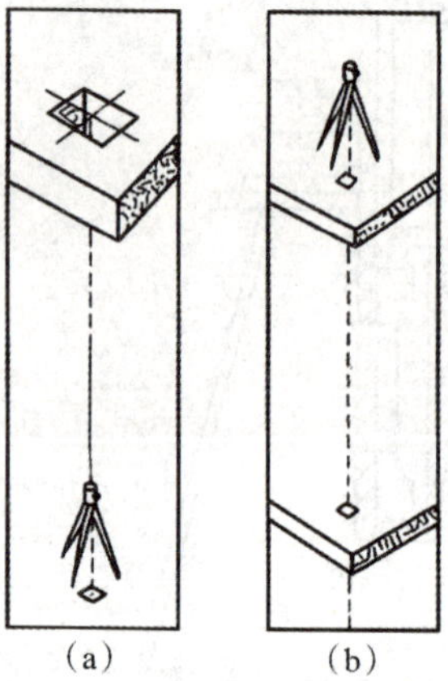

图 7-5 激光铅垂仪法

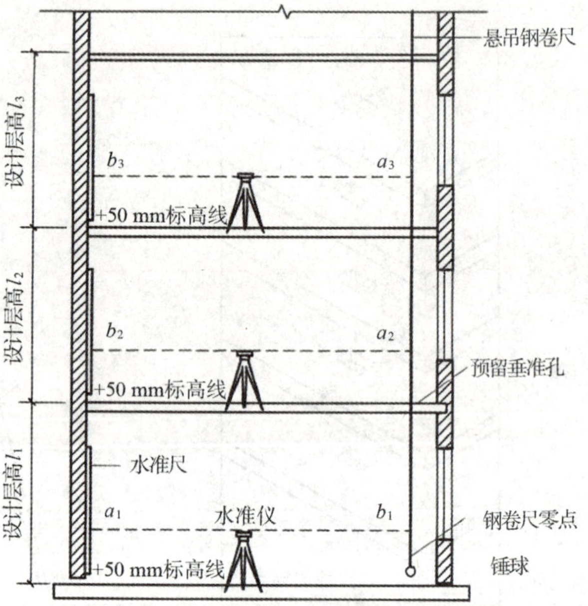

图 7-6 悬吊钢卷尺法传递标高

提 示

在使用激光铅垂仪之前，需要进行设备的校准，确保其准确性和稳定性。定期对设备进行维护和检查，保持其正常工作状态。

在测量过程中，选择清晰、稳定的目标进行测量，避免选择易受干扰或移动的目标，以确保测量结果的准确性。

以第 3 层为例，放样第 3 层“+50 mm 标高线”时的应读前视为

$$b_3=a_3-(l_1+l_2)+(a_1-b_1) \tag{7-1}$$

在第 3 层墙面上上下移动水准标尺，当标尺读数恰好为 b_3 时，沿水准标尺底部在墙面上划线，即可得到第 3 层的“+50 mm 标高线”。

2. 全站仪天顶测距法

全站仪天顶测距法是一种利用全站仪进行测量的方法，主要用于测量建筑物的高度或者水平距离。全站仪是一种精密的测量仪器，结合了角度测量、距离测量和高度测量等功能，可以实现多种测量任务。在预留垂准孔或电梯井安置全站仪，通过对天顶方向测距的方法引测高程。

在投测点安置全站仪，置平望远镜（屏幕显示竖直角为 0°或竖直度盘读数为 90°），读取竖立在首层“+50 mm 标高线”上水准尺的读数为 a_1。a_1 即为全站仪横轴至首层“+50 mm 标高线”的仪器高。将望远镜指向天顶（屏幕显示竖直角为 90°或竖直度盘读数为 0°），将一块制作好的 40 cm×40 cm、中间开了一个 Φ30 mm 圆孔的钢板放置在需传递标高的第 i 层层面垂准孔上，使圆孔的中心对准测距光线（由测站观测员在全站仪望远镜中观察指挥），将棱镜扣在钢板上，操作全站仪测距，得距离 d_i。

在第 i 层安置水准仪，将一把水准尺立在钢板上，读出其上的读数为 a_i；假设另一把水准尺竖立在第 i 层“+50 mm 标高线”上，其上的读数为 b_i，则有下列方程成立

$$A_1+d_i-k+(a_i-b_i)=H_i \qquad (7-2)$$

式中　H_i——第 i 层楼面的设计标高，m，以建筑物的±0.000 起算；

d_i——全站仪到测量层的高度，mm；

k——棱镜常数，可以通过试验的方法测定出。

由上式可以解出 b_i 为

$$b_i=a_1+d_i-k+(a_i-H_i) \qquad (7-3)$$

上下移动水准标尺，使其读数为 b_i，沿水准标尺底部在墙面上划线，即可得到第 i 层的“+50 mm 标高线”。

全站仪天顶测距法具有操作简便、测量精度高、测量范围广等优点，适用于各种建筑施工测量任务。使用全站仪天顶测距法进行建筑施工测量时，安全操作、设备校准、目标选择、环境因素、数据处理、专业操作和保养维护等方面的注意事项至关重要，可确保测量结果的准确性和可靠性。

任务二　高层建筑垂直运输

高层建筑垂直运输通常指在高层建筑内部或外部进行垂直方向的货物或人员运输。这在建筑施工和日常运营中都是非常重要的。塔式起重机（以下简称塔机）、施工外用电梯、混凝土泵是建筑施工中最常见的垂直运输机械。

一、塔机

1. 塔机的分类

塔机是一种常用于建筑工地的重型起重机械，主要用于在建筑工地上进行货物或建材的起重和吊装作业。塔机具有较强的起重能力，可以应对各种不同重量的货物或建材，通常起重能力范围从几吨到数十吨不等，具体取决于不同型号的塔机。塔机的主要构造有底座（塔机基础）、塔身、塔臂、平衡系统等。

塔机按有无行走机构可分为轨道式塔机和固定式塔机。轨道式塔机的塔身固定于行走底架上，可在专设的轨道上运行，稳定性好，能带负荷行走，工作效率高，因而广泛应用于建筑安装工程。固定式塔机根据装设位置的不同，又分为附着自升式和内爬式两种。其中，附着自升式塔机的塔身安装在建筑物一侧，底座固定在专门的基础上，或将行走台车固定在轨道上。随着塔身的自行加节升高，每间隔一定高度用专用杆件将塔身与建筑物连接起来，依附在建筑物上。

此外，塔机还有以下几种分类方式。

（1）按回转支承位置分：上回转塔机和下回转塔机。

（2）按变幅方式分：小车变幅式、动臂变幅式。

（3）按安装方式分：快速安装式（下回转式）、非快速安装式（上回转式）。

（4）按底架固定情况分：固定式、轨行式。

（5）按升高方式分：固定高度式、自升式（附着式、内爬式）。

附着式塔机是我国目前应用最广泛的一种，附着式塔机通常安装在建筑物的外部墙面或结构上，通过特殊的附着装置固定，使其与建筑物紧密结合。这种安装方式可以最大限度地节省建筑工地的空间，并且不会占用建筑物内部空间。与传统的地面固定式塔机相比，附着式塔机在结构上有所不同，其主要特点是配备有特殊的附着装置，使其能够固定在建筑物表面上。此外，附着式塔机的起重臂和起重机构等部件与传统塔机相似。由其他起重设备安装至基本高度后，即可由自身的顶升机构，随建筑物升高将塔身逐节接高。附着和顶升过程可利用施工间隙进行，对工程进度影响不大，且建筑物仅承受由塔机附着杆件所传递的水平载荷，一般无须特别加固。施工结束后，塔机的拆卸可按安装逆程序进行，不需要另设拆卸设备，附着式塔机如图 7–7 所示。

图 7–7　附着式塔机

内爬式塔机主要应用于超高层建筑的施工，塔身高度固定，塔机自身质量较小，利用建筑物的楼层进行爬升。在塔机起升卷筒的容绳量内，其爬升高度不受限制，但塔机全部质量支承在建筑物上，建筑结构需作局部加强，与建筑设计联系比较密切，其爬升须与施工进度协调。施工结束后，需用特设的屋面起重机或辅助起重设备将塔机解体卸至地面。

2. 塔机的平面定位

选择塔机的平面定位时，需注意以下几个问题。

（1）满足塔机覆盖面的要求

塔机的覆盖面是指以塔机的工作幅度为半径的圆形覆盖面积。塔机定位应能保证建筑工程的全部作业面处于塔机的覆盖范围之内。

（2）满足塔机操作过程中，周边环境条件对其的要求

塔机作业半径内应尽量避开架空高压线和既有建筑物、构筑物，防止塔臂、吊绳、吊钩可能对其发生的碰撞。实在无法避开时，可考虑搭设防护棚的方法。

有架空输电线的场所，塔机的任何部位与输电线的安全距离应符合表 7-2 的规定。

表 7-2 塔机的任何部位与输电线的安全距离

安全距离/m	电压/kV				
	<1	1~15	20~40	60~110	220
沿垂直方向	1.5	3.0	4.0	5.0	6.0
沿水平方向	1.5	2.0	3.5	4.0	6.0

（3）满足塔机基础设置的要求

设置在基坑外的塔机基础应尽量避开室外总体管线密集区域；设置于基坑基础结构内的塔机基础应避免与地下室墙、柱、梁、后浇带体系相碰，并设置于防水处理较方便的位置。

（4）满足塔机附着的位置和尺寸要求

建筑物的附着点可选为框架柱、结构主梁及剪力墙、丁字墙、*L* 形墙等位置，并尽可能对称布置，以利于附着及结构的合理受力。经验数据为：塔身中点至两个附着支座连线的垂直距离为 5~8 m，附着杆与附着支座连线的夹角为 45°~70°。

（5）满足结构施工设备及设施的空间位置要求

在塔机定位时，注意避免塔身，尤其是塔机顶部爬升架平台，与外墙脚手架相交错（特别注意要避开外挑造型）；塔机的平面定位还应考虑施工电梯位置的要求（可考虑塔机与施工电梯分立建筑物两侧；必须设于同一侧时，应尽量错开设置）。

（6）满足塔机拆除的要求

在塔机安装和拆卸过程中，塔机前臂必须与爬升架标准节引进装置口的朝向一致。若塔机前臂方向存在新建建筑物的主体或其他障碍物，将导致塔身无法拆除。塔机布置应尽量使其能拆至地面。

（7）群塔施工要求

① 根据工地情况和施工需求，选择适当型号和起重能力的塔机，并合理安排它们的

位置。塔机相互位置应保证处于低位的塔机的起重臂端部与另外一台塔机的塔身之间至少有 2 m 的距离。

② 处于高位的塔机的最低位置部件（吊钩升至最高点或平衡臂的最低部位）与同一垂线位置处的低位塔机相关部位顶端的垂直距离不应小于 2 m，如图 7-8 所示，通常要考虑到塔机之间的最小安全距离以及与建筑物或其他设施的距离。

③ 在群塔施工过程中，要注意保护施工现场周围的环境。采取措施减少施工对周围环境的影响，包括减少噪声、扬尘和废弃物的排放等。

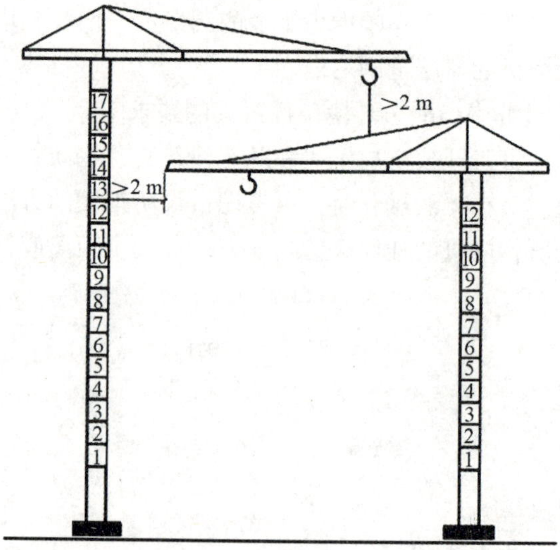

图 7-8 群塔距离示意图

二、施工外用电梯

1. 施工外用电梯的概念

施工外用电梯（又称施工升降机、施工电梯、附壁式升降机）是一种使用工作笼（吊笼）沿导轨架做垂直（或倾斜）运动，用于运送人员和物料的机械。

施工外用电梯可根据需要的高度在施工现场进行组装，一般架设可达 100 m，用于超高层建筑施工时可达 200 m。施工外用电梯可借助本身安装在顶部的电动机杆组装，也可利用施工现场的塔机等起重设备组装。另外，由于梯笼和平衡重的对称布置，故倾覆力矩很小，立柱又通过附壁与建筑结构牢固连接（不需要缆风绳），所以受力合理可靠。施工外用电梯为保证使用安全，本身设置了必要的安全装置，这些装置应该经常保持良好的状态，防止意外事故。由于施工外用电梯结构坚固、拆装方便、不用另设机房，因此，被广泛应用于工业、民用高层建筑施工以及桥梁、矿井、水塔的高层物料和人员的垂直运输。

2. 施工外用电梯的分类

施工外用电梯按驱动方式分为齿轮齿条驱动（SC 型）、卷扬机钢丝绳驱动（SS 型）和混合驱动（SH 型）三种。SC 型外用电梯的吊笼内装有驱动装置，驱动装置的输出齿轮与导轨架上的齿条相啮合，当控制驱动电动机正、反转时，吊装将沿着车轨上下移动。这种施工电梯较常用，如图 7-9 所示。SS 型外用电梯的吊笼沿轨架上下移动是借助于卷扬机收放钢丝来实现的。

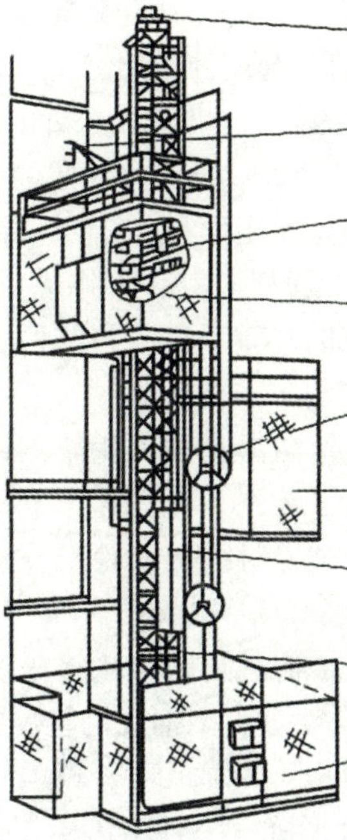

图 7-9 齿轮齿条驱动施工电梯构造示意图

施工外用电梯按导轨架的结构可分为单柱式和双柱式两种。一般情况下，SC 型施工外用电梯多采用单柱式导轨架，而且采取上接节方式。SC 型施工外用电梯按吊笼数又分单笼和双笼两种。对单导轨架双笼的 SC 型施工外用电梯，在导轨架的两侧各装一个吊笼，每个吊笼各有自己的驱动装置，并可独立地上下移动，从而提高了运送客货的能力。

3. 施工外用电梯的构造

施工外用电梯主要由金属结构、驱动机构、安全保护装置和电气控制系统等部分组成。

(1) 金属结构

金属结构由吊笼、底笼、导轨架、对（配）重、天轮架及小起重机构、天轮和附墙架等组成。

① 吊笼（梯笼）。吊笼（梯笼）是施工外用电梯运载人和物料的构件，笼内有传动机构、防坠安全器及电气箱等，外侧附有驾驶室，设置了门保险开关与门连锁。只有当前后两道门均关好后，吊笼才能运行。

提 示

吊笼内空净高度不得小于 2 m。对于 SS 型人货两用外用电梯，提升吊笼的钢丝绳不得少于两根，且彼此应独立。钢丝绳的安全系数不得小于 12，直径不得小于 9 mm。

② 底笼。底笼的底架是施工外用电梯与基础连接的部分，多用槽钢焊接成平面框架，并用地脚螺栓与基础相固结。底笼的底架上装有导轨架的基础节，吊笼不工作时停在其上。底笼四周有钢板网护栏，入口处有门，门的自动开启装置与吊笼门配合动作。在底笼的骨架上装有四个缓冲弹簧，在吊笼坠落时起缓冲作用。

③ 导轨架。导轨架是吊笼上下运动的导轨、外用电梯的主体，能承受规定的各种载荷。导轨架是由若干个具有互换性的标准节经螺栓连接而成的多支点的空间桁架，用来传递和承受荷载。标准节的截面形状有正方形、矩形和三角形；标准节的长度与齿条的模数有关，一般每节为 1.5 m。导轨架的主弦杆和腹杆多用钢管制造，横缀条则选用不等边角钢。

④ 对（配）重。对重用以平衡吊笼的自重，可改善结构受力情况，从而提高电动机的功率利用率和吊笼载重。

⑤ 天轮架及小起重机构。天轮架由导向滑轮和天轮架钢结构组成，用来支承和导向配重的钢丝绳。

⑥ 天轮。立柱顶的左前方和右后方安装两组定滑轮，分别支承两对吊笼和对重。对单笼，只使用一组天轮。

⑦ 附墙架。立柱的稳定是靠与建筑结构进行附墙连接来实现的。附墙架用来使导轨架可靠地支承在所施工的建筑物上。附墙架多由型钢或钢管焊成平面桁架。

（2）驱动机构

施工外用电梯的驱动机构一般有两种形式，一种为齿轮齿条式，另一种为卷扬机钢丝绳式。

（3）安全保护装置

① 防坠安全器。防坠安全器是施工外用电梯主要的安全装置，它可以限制吊笼的运行速度，防止坠落。安全器应能保证外用电梯吊笼出现不正常超速运行时及时动作，将吊笼制停。防坠安全器为限速制停装置，应采用渐进式安全器。钢丝绳施工外用电梯的额定提升速度≤0.63 m/s 时，可使用瞬时式安全器，但人货两用型应使用速度触发型防坠安全器。

知识链接

防坠安全器的工作原理

当吊笼沿导轨架上下移动时，齿轮沿齿条滚动。当吊笼以额定速度工作时，齿轮带动传动轴及其上的离心块空转。一旦驱动装置的传动件损坏，吊笼将失去控制，并沿导轨架快速下滑（当有配重，而且配重大于吊笼一侧载荷时，吊笼在配重的作用下快速上升）。

随着吊笼速度的加快，防坠安全器齿轮的转速也随之增大。当转速增大到防坠安全器的动作转速时，离心块在离心力和重力的作用下与制动轮内表面上的凸齿相啮合，并推动制动轮转动。螺母沿着制动轮尾部的螺杆做轴向移动，进一步压缩碟形弹簧组，逐渐增加制动轮与制动毂之间的制动力矩，直到将工作笼制动在导轨架上为止。在防坠安全器左端的下表面上装有行程开关。导板向右移动一定距离后，与行程开关触头接触，并切断驱动电动机的电源。

防坠安全器动作后，吊笼应不能运行。只有当故障排除，安全器复位后，吊笼才能正常运行。

② 缓冲弹簧。在施工外用电梯的底架上有缓冲弹簧，当吊笼发生坠落事故时，可用于减轻吊笼的冲击。

③ 上下限位开关。为防止吊笼上下超过需停位置时，因司机误操作和电气故障等原因继续上升或下降引发事故而设置的。上下限位开关必须为自动复位型，上限位开关的安装位置应保证吊笼触发限位开关后，保留的上部安全距离不得小于1.8 m，与上极限开关的越程距离为0.15 m。

④ 上下极限开关。为了在上下限位开关不起作用，吊笼继续上行或下降到设计规定的最高极限或最低极限位置时，能及时切断电源，以保证吊笼安全而设置的。极限开关为非自动复位型，其动作后必须手动复位才能使吊笼重新起动。

⑤ 安全钩。为防止吊笼到达预先设定位置后，上限位器因各种原因不能及时动作，吊笼继续向上运行，冲击导轨架顶部而发生倾翻坠落事故而设置的。安全钩是安装在吊笼上部的重要的，也是最后一道安全装置。安全钩安装在传动系统齿轮与安全器齿轮之间，当传动系统齿轮脱离齿条后，安全钩可防止吊笼脱离导轨架，保证吊笼不发生倾翻坠落事故。

⑥ 吊笼门、底笼门连锁装置。施工外用电梯的吊笼门、底笼门均装有电气连锁开关，它们能有效地防止因吊笼门或底笼门未关闭就起动运行而造成的人员坠落和物料滚落，只有当吊笼门和底笼门完全关闭时才能起动运行。

⑦ 急停开关。当吊笼在运行过程中发生紧急情况时，司机应能及时按下急停开关，使吊笼立即停止运行，防止事故的发生。急停开关必须是非自行复位的电气安全装置。

⑧ 楼层通道门。施工外用电梯与各楼层均搭设了运料和人员进出的通道，在通道口与外用电梯结合部位必须设置楼层通道门。此门在吊笼上下运行时处于常闭状态，只有在吊笼停靠时才能由吊笼内的人打开。应做到楼层内的人员无法打开此门，以确保通道口处在封闭的条件下，避免发生危险。

（4）电气控制系统

施工外用电梯的每个吊笼都有一套电气控制系统。施工外用电梯的电气控制系统包括电源箱和电控箱。

3. 施工外用电梯的安装与拆卸

（1）安装前的准备工作

施工外用电梯在安装和拆除前，必须编制专项施工方案；必须由有相应资质的队伍来施工。在安装施工外用电梯前，需做好以下几项准备工作。

① 必须有熟悉施工外用电梯产品的钳工、电工等作业人员，作业人员应当具备熟练的操作技术和排除一般故障的能力，清楚了解外用电梯的安装流程。

② 认真阅读全部随机技术文件，核对各项内容。

③ 按照施工方案，编制施工进度。

④ 清查或购置安装工具以及必要的设备和材料。

（2）安装拆卸安全技术

安装与拆卸时应注意以下安全事项。

① 操作人员必须按高处作业要求，在安装时戴好安全帽，系好安全带，并将安全带系好在立柱节上。

② 安装过程中必须由专人负责统一指挥。

③ 在外用电梯运行过程中，人员的头、手绝不能露出安全栏外。如果有人在导轨架上或附墙架上工作，绝对不允许开动外用电梯。

④ 每个吊笼顶平台的作业人数不得超过 2 人，顶部承载总质量不得超过 650 kg。

⑤ 利用吊杆进行安装时，不允许超载。吊杆只允许用来安装或拆卸外用电梯零部件，不得用于其他用途。

⑥ 遇有雨、雪、雾及风速超过 13 m/s 的恶劣天气时，不得进行安装和拆卸作业。

三、混凝土泵

混凝土泵是在压力推动下沿管道输送混凝土的一种设备。它能连续完成高层建筑的混凝土的水平运输和垂直运输，配以布料杆后，还可以进行较低位置的混凝土的浇筑。近几年来，在高层建筑施工中，泵送商品混凝土的应用日益广泛，主要原因是泵送商品混凝土的效率高，质量好，劳动强度低。

1. 混凝土泵的分类

混凝土泵按驱动方式分为活塞式泵和挤压式泵，目前用得较多的是活塞式泵。混凝土泵按动力可分为机械式活塞泵和液压式活塞泵，目前用得较多的是液压式活塞泵。混凝土泵按移动方式分为固定式、拖挂式和自行式三种。固定式混凝土泵是原始形式，多由电动机驱动，适用于工程量大、移动较少的场合；拖挂式混凝土泵是把泵安装在简单的底架上，由于其装有车轮，所以拖挂式混凝土泵既能在施工现场方便地移动，又能在道路上拖运；自行式混凝土泵是把泵直接安装在汽车的底盘上，移动自如。

2. 活塞式混凝土泵的工作原理

利用活塞的往复运动将混凝土吸入和排出。泵工作时，搅拌好的混凝土装入料斗，吸入端片阀移开，排出端片阀关闭，液压活塞在液压作用下带动混凝土活塞左移。混凝土在自重及其真空吸力作用下，进入混凝土缸。然后，液压系统中压力油的进出方向相反，活塞右移，同时吸入端片阀关闭，压出端片阀移开，混凝土被压入管道中，输送到浇筑地点。混凝土泵的出料是脉冲式的，由两个缸体交替出料，通过 Y 形输料管，送入同一输送管，因而能连续稳定地出料。

混凝土输送管有直管、弯管、锥形管和浇筑软管等，一般由合金钢、橡胶和塑料等材料制成，常用混凝土输送管的管径为 100 mm、150 mm。直管以 3.0 m 标准长度管为主管，弯管角度有数种，以适应管道改变方向。当两种不同直径的输送管需要连接时，中间用锥形管过渡，一般长度为 1 m。在管道的出口都接有软管，以便在不移动输送管的情况下扩大布料范围。

3. 混凝土泵的操作要求

砂石粒径、水泥强度等级及配合比应按出厂说明书选择，并满足泵的力学性能的要求。泵送设备的停车制动和锁紧制动应同时使用，轮胎应楔紧，水源供应应正常，水箱应储满清水，料斗内应无杂物，各润滑点应润滑正常。泵送设备的各部螺栓应紧固，管道接头应紧固密封，防护装置应齐全可靠。

各部位操纵开关、调整手柄、手轮、控制杆、旋塞等均应处于正确位置。液压系统应正常无泄漏。施工前应准备好清洗管、清洁用品等有关装置。作业前，必须先用按规定配制的水泥砂浆润滑管道，无关人员必须离开管道。

支腿应全部伸出并支牢，未固定前不得起动布料杆。布料杆升高支架后方可回转。布料杆伸出时应按顺序进行。严禁使用布料杆起吊或拖拉物件。当布料杆处于全伸状态时，严禁移动车身。作业中需要移动时，应将上段布料杆折叠固定，移动速度不得超过 10 km/h。布料杆不得使用超过规定直径的配管，装接的轮管应系防脱安全绳带。

随时监视各种仪表和指示灯，发现不正常时，及时调整或处理。如出现输送管堵塞时，应进行逆向运转，使混凝土返回料斗，必要时应拆管排除堵塞。泵送系统受压时，不得开启任何输送管道和液压管道。液压系统的安全阀不得任意调整，蓄能器只能充入氮气。

作业后，必须将料斗内和管道内的混凝土全部输出，然后对泵机、料斗、管道进行清洗。用压缩空气冲洗管道时，管道出口端前方 10 m 以内不得站人，并应用金属网篮等收集冲出的泡沫橡胶及砂石粒。各部位操纵开关、调整手柄、手轮、控制杆、旋塞等均应复位，液压系统卸荷。

提 示

严禁用压缩空气冲洗布料杆配管。布料杆的折叠收缩须按顺序进行。

任务三 高层建筑模板系统

模板工程是混凝土结构构件成型的一个十分重要的组成部分。现浇混凝土结构用模板工程的造价约占钢筋混凝土工程总造价的 30%，总用工量的 50%。采用先进的模板技术，对于提高工程质量，加快施工速度，提高劳动生产率，降低工程成本和实现文明施工，都具有十分重要的意义。

一、模板工程概述

1. 模板工程的组成

模板是使混凝土结构和构件按所要求的几何尺寸成型的模型板。模板工程是新浇筑混凝土的支承系统，包括模板、支撑以及紧固件。模板与混凝土直接接触，主要使混凝土具有构件所要求的形状，承受一定的荷载。支撑是保证模板形状和位置，并承受模板、钢筋、新浇筑混凝土的自重及施工荷载的临时性结构。

2. 模板工程的基本要求

模板及其支承系统必须符合下列基本要求。

（1）保证结构和构件各部分的形状、尺寸及相互位置的正确性。

（2）具有足够的强度、刚度和稳定性，能可靠地承受新浇筑混凝土的质量和侧压力以及施工过程中所产生的荷载。

（3）构造简单，装拆方便，并便于钢筋的绑扎、混凝土的浇筑及养护等工艺要求。

（4）接缝严密，不得漏浆。

（5）选用要因地制宜，就地取材，周转次数多，损耗小，成本低，技术先进。

二、模板体系的选择依据

1. 根据项目工程的结构特点进行选择

对于模板选择来说，一定要能够满足结构功能的设计需求，不但要使结构施工质量得到保证，还要节约项目资金的投入，并保证施工进度能够按计划进行。一般情况下，要基于项目的结构体系和工程特点的不同，对模板体系进行合理选择。

2. 根据当前企业的机械设备现状进行选择

机械设备的现状在一定程度上制约了模板体系的选择。施工企业的起重机械决定了模板的质量、尺寸和类型。

3. 基于企业的施工组织管理进行选择

对于施工企业而言，选择合适的模板体系已成为其项目施工组织设计的核心内容。是否选择合理的模板体系，将对项目的施工质量产生直接的影响。

4. 根据企业的技术水平和地区差异进行选择

地区情况的差异与模板体系的选择密切相关。随着建筑业的高速发展，我国部分地区出现了模板生产、租赁和设计的相关企业和单位，促进了模板设计和生产的社会化和专门化。

三、大模板体系

1. 大模板结构

大模板是大型模板或大块模板的简称。作为工具式模板，它是根据建筑施工的需求及特点（按照混凝土结构和构件设计的尺寸要求而制作的模型板）开发得来的，能够持续及周期使用的专用模板。而大模板技术则利用这些大型或者大块的模板组成一个整体，达到保障建筑施工质量的目的。大模板的单块面积较大，与钢框胶合模板及组合钢模板不同的是，通常情况下，一面浇筑墙一般仅采用一块模板。此外，大模板结构形式也是从普通小开间剪力墙工程逐渐发展成了大开间剪力墙工程，并在框架剪力墙及箱型基础工程中得到广泛应用。大模板工程结构的类型较多，既有内外墙都是现浇混凝土结构的，也有外墙为砖砌体、内墙为现浇混凝土结构的。

2. 大模板工程

大模板是采用专业设计和工业化加工制作而成的一种工具式模板，一般与支架连为一体。由于它自身质量大，施工时需配以相应的吊装和运输机械，设计、制作时以建筑物的开间、进深、层高为基础。

大模板工程主要包括四大系统，即面板系统、支承系统、操作平台系统、附件系统。

（1）面板系统

面板系统是大模板工程中最基本的组成部分，用于构成混凝土浇筑的外部形状。面板系统由面板、横肋和竖肋组成，面板直接接触混凝土，横肋和竖肋是面板下的骨架，承受面板的压力。

（2）支承系统

支承系统由支承架和地脚螺栓构成，承受风带来的压力和地面平行压力，保持整个模板工程的稳定。支承系统的稳定性和可靠性对整个模板工程的安全和质量至关重要，因此需要严格按照设计要求进行安装和调整。

（3）操作平台系统

操作平台系统提供给施工人员的工作平台，用于进行模板的组装、调整和拆除等作业。操作平台通常设置在面板系统的顶部或侧面，以便施工人员能够轻松地进行操作，并确保施工安全和效率。

操作平台系统通常配有防护栏杆、防滑表面和安全通道等设施，以提供良好的工作环境并保障施工人员的安全。

（4）附件系统

附件系统是指其他模板配件系统，包括各种连接件、固定件和配件，用于连接和固定面板系统的各个组件，并确保整个模板系统的稳定性和完整性。

3. 大模板施工工艺特点

（1）施工便捷

高层建筑施工时，技术的便捷性有利于施工效率的大幅度提高及施工成本的有效降低。与小模板相比，大模板安装、拆卸更为便捷，不需要对每一块小型模板进行管理及安装即可完成工作，因而能够节约出大量的用工时间，使得建筑施工的工期得以保障。

（2）外观好看

小模板在应用时，需要特别注意安装及拆卸，防止因模板间不平等及缝隙问题的出现，影响整个建筑的外观。而大模板技术在应用时，则可做到对此类问题的有效避免，因为大模板本身就是一个整体，不需要像小模板施工那样进行大范围接缝，从而使其在高层建筑施工应用时具有很好的整体性，并能够在质量上有所保证。

（3）寿命较长

在建筑施工过程中，年限问题是其必须考虑的问题之一。通过比较得知，大模板的使用年限较长，并且可以循环使用。此外，大模板一般都是由钢筋等建筑材料构成的，因此在使用过程中会体现出较好的耐用性。

（4）成本较低

在建筑施工过程中，除了使用年限及施工工期，施工成本也需要重点考虑。在对模板进行应用时，不仅需要考虑模板的使用效率及耐用性，还需要考虑模板的成本。大模板在应用时，可以承接大量的搭建及外挂设施，在成本控制方面具有较大的优势。

4. 大模板的优势

（1）刚度好，拥有较高的混凝土成型质量。

（2）省原材料和抹灰用料。

（3）提高施工效率，改装后的模板可以重复周转使用。

（4）在很大程度上减少了墙体抹灰出现质量通病的隐患，提高了建筑工程的安全性。

（5）施工条件简单，便于操作。

（6）加快施工进度，减少施工时间；利用大模板进行支模，具有较多的周转次数，具有较强的机械化操作，同时也可以提高建筑工程的经济效益。

四、滑模体系

1. 滑模法施工技术

（1）滑模法施工原理

滑模法施工原理就是在构筑物或建筑物底部，沿墙、柱、梁等构件的周边组装高1.2 m左右的滑升模板。随着向模板内不断分层浇筑混凝土，用液压提升设备使模板不断地沿埋在混凝土中的支承杆向上滑升，直到需要浇筑的高度为止。滑模和其他施工工艺相结合，可为简化施工工艺创造条件，取得更好的综合效益。

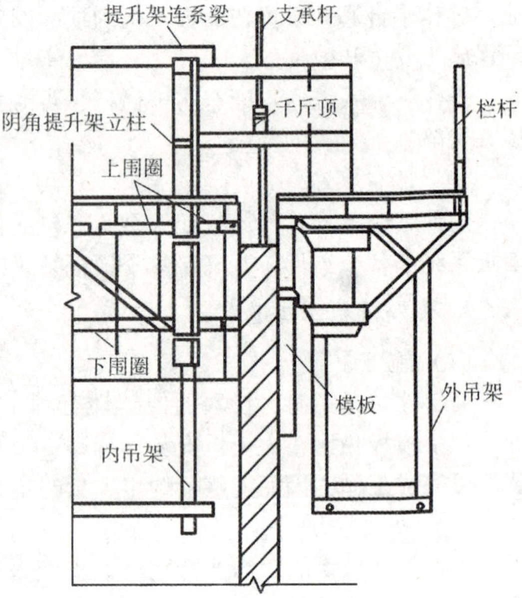

图 7-10　滑模装置结构示意图

（2）滑模装置的组成

滑模装置主要由三大系统组成，即由模板、提升架、围圈组成的模板系统，由主操作平台、上辅助平台和内外吊脚手架组成的平台系统，由液压控制台、油路和支承杆组成的液压提升系统。滑模装置结构示意图如图7-10所示，主要部件包括千斤顶、支承杆、提升架、上下围圈、模板、外吊架、内吊架、栏杆及桁架、格栅、铺板、挑三脚架、液压动力泵站及连接管路等。

2. 施工技术要点

（1）混凝土的质量

滑模工艺对混凝土的质量要求较高，应事先做好混凝土配合比的适配工作。混凝土的配合比是混凝土质量优劣的科学依据，也是保证滑模施工顺利进行的重要条件之一，其性能除满足设计规定的强度、抗渗性、耐久性以及季节等要求外，还应满足下列规定。

① 混凝土早期强度的增长速度必须满足模板滑升速度的要求。

② 严格遵守滑模施工规范，确保滑空后模板与混凝土不黏结。隔夜附加一次提升是检验和消除这种现象的稳妥办法。

③ 混凝土的入模坍落度应符合施工规范要求，其对混凝土的输送、保温、初凝时间和工作度都有一定的影响。

④ 在混凝土中掺入的外加剂或掺和料，其品种和掺加量应通过试验确定。在混凝土供应商确定后，通知对方按照合同规范制作混凝土试拌。

⑤ 高强度等级混凝土应满足流动性、包裹性、可滑性等要求。

⑥ 必须把好原材料的质量关。原材料（水泥、砂、碎石、粉煤灰、外加剂）的质量直接影响到混凝土的质量，因此，应严格按照配合比设计的要求选用优质的原材料。

（2）混凝土的浇筑

① 必须按照施工方案规定的浇筑方向分层均匀交圈浇筑，每层厚度不得大于 300 mm（混凝土浇筑速度和高度等应均匀，这样才有利于模板的顺利升降）。各层混凝土的浇筑时间不得大于混凝土的凝结时间，间隔时间超过规定时，按照接槎处施工缝处理。混凝土罐车等待时间不得超过 1 h，混凝土等待时间不得超过 2 h。如果超过规定时间，现场应该拒绝浇筑混凝土，以免影响工程质量。

② 不要污染钢筋，否则钢筋上的混凝土不易清理，同时也会使混凝土与钢筋黏结不牢，影响工程质量和下道工序的顺利进行。

③ 预留孔洞、门窗洞口及通风管道等两侧的混凝土应对称均衡浇筑。

④ 混凝土浇筑时，泵送混凝土操作人员必须跟班作业，直到浇筑完成，且应严控布料数量和位置。

⑤ 平台上的混凝土渣应及时清除，不得掺入新混凝土内使用。

⑥ 混凝土浇筑一定时间后，在混凝土终凝前，应对墙体楼板预埋筋处进行凿除、清理，将预埋钢筋露出，为下一步施工创造条件。

⑦ 混凝土应该分区、分层、等厚浇筑、振捣，不得直接用吊斗或者布料杆直接入模，而是先将混凝土卸到分料器中，再均分到各个区域，确保各个区域的混凝土浇筑基本平衡，防止偏载。

（3）混凝土的振捣

混凝土振动棒一般采用 70 mm 或 50 mm 软轴式振捣器。振捣棒的插入深度，在振捣第一层混凝土时，以振捣器头部不碰到端头模板为准，但相距不超过 5 cm 为宜；振捣上层混凝土时，则应插入下层混凝土 5 cm 左右，使上下两层结合良好。振捣时间以混凝土不再显著下沉，水分和气泡不再逸出并开始泛浆为准。振捣器的插入间距控制在振捣器有效作用半径的 1.5 倍以内。

（4）模板的滑升

滑升过程是滑模施工的主导工序，必须确保由专业人员进行。

① 初滑阶段应该缓慢、匀速，滑升的高度要小，以便检验整个滑模装置的强度、稳定性、安全性等。对整个滑模装置进行带负荷检验，避免粘模，同时检查出模强度，确定出模时间和滑升速度，确定正常后，方可转为正常滑升。

② 当滑模施工正常后，应该按照初始确定的模板提升速度均匀、平稳滑升。滑升的速度应该根据混凝土的强度确定，出模时间不得太短，以免由于先浇筑混凝土强度不够而坍塌。严格按照配合比设计的要求选用优质的水泥、砂、碎石、粉煤灰、外加剂等原材料。滑升速度和出模强度要互相协调，在滑升过程中，应检查和记录结构垂直度、水平度

扭转及结构截面尺寸等偏差数值。

③ 当模板滑升至设计标高 1 m 处，滑模即完成滑升阶段。此时现场管理人员应及时通知滑模操作人员降低滑升速度，通知混凝土泵送操作员降低混凝土供应速度，测量人员进行准确地抄平和找正工作，以保证最后浇筑的混凝土按照设计标高均匀浇筑。

④ 根据规范制定并张贴滑模的停滑措施，通知具体施工人员执行。

⑤ 模板滑升后应及时进行抹面，滑后拉裂坍塌部位要仔细处理，多压几遍，保证接触良好。根据规范要求，确保混凝土表面不出现或少出现裂缝。

（5）钢筋的制作

加工滑模施工过程中，墙体钢筋、墙体和楼板连接处预埋钢筋需要连续进行施工。加之作业面有限，因此钢筋的加工制作和安装工程量大、工作时间长、工作环境差、交叉作业多，在安排劳动力过程中要加强和其他工种的相互配合，才能有效地保证工程质量和工程进度。

五、液压爬模系统

1. 液压爬模系统介绍

液压爬模的动力来自其自带的液压顶升系统。液压顶升系统包括液压油缸及上下换向手柄，换向手柄可控制和调节导轨及爬架的爬升。液压顶升系统可使导轨及爬架之间形成互爬，从而使液压爬模系统交替向上爬升，完成液压爬模的整个爬升过程。该系统具有自动化程度高、灵活性好、爬升速度快、安全系数高的特点，并且既可直爬，又可斜爬。在 125 mm 范围内，截面尺寸系统可自动调节，从而满足超高层建筑结构墙体尺寸变化。液压爬模系统共分为模板系统、液压提升系统和操作平台系统三个部分。

2. 爬模主要系统的组成

模板系统采用全钢大模板，包括定型大钢模、定型角模、穿墙螺栓及螺母、铸钢垫片等，面板经铣边处理，以避免模板拼缝漏浆。

液压提升系统具备带载上升、带载下降、上拔承重杆等功能，由提升架立柱、横梁、斜撑、活动支腿、滑道夹板、围圈、桁架、千斤顶、承重杆、液压控制台、油管、阀门和接头等组成。

操作平台系统由固定平台、活动平台、吊平台、中间平台、挑梁、外架栏杆、立柱、斜撑和安全网等组成。

3. 爬模架的爬升工序

（1）正常的爬升（墙体无变截面）

当导轨爬升到位后，拔出架体与附墙装置的锁紧销，再操作液压升降装置，将架体爬升到上一个楼层位置，然后移动支承架，将外墙模板安装就位，并浇筑墙体混凝土，重复正常工艺流程，直至结构封顶。

（2）墙体变截面位置的爬升

安装上层附墙装置（截面变化大于 50 mm 时，需在上层附墙装置处增加变截面垫板）；操作液压系统提升导轨，同时调节控制导轨倾斜度的调节支架，使导轨向内倾斜，穿过上层附墙装置，爬升到位；操作液压系统，沿着导轨爬升架体，完成变截面位置的爬升。

4. 液压爬模的优点

（1）施工速度快

整个核心筒结构的施工速度平均能达到4.5~5.5天/层。

（2）整体性强

所有操作平台通过连接杆件、螺栓、销钉等连接成爬模架体单元，模板与架体有效连接在一起。所有爬模架体单元都通过液压控制系统控制，从而使爬模形成一个整体。

（3）安全性好

所有操作平台均采用半封闭式，每层施工平台上都设有安全护栏和特制压型彩钢板，每层平台设2处楼梯通往上下层平台；在施工期间，用翻板封闭了爬模架体内侧与核心筒结构之间的所有空隙，从而避免了高空坠物的危险；仅在爬模液压操作平台设置出入楼层的通道口，用于施工人员进出爬架，每层操作平台设置两个钢楼梯，用于操作平台之间施工人员的上下，为施工人员提供了较好的安全保障。

（4）自动化程度高

液压爬模系统由单液压柜控制，导轨及架体的爬升均由1人通过控制手柄进行操作；导轨和架体爬升时，由液压动力柜集中提供油压，实现顶升动作的同步性，从而使每个架体的提升速度保持一致，提升自如。

（5）标准化程度高

爬模所有构件和设备模数化、标准化，可根据工程结构特点，灵活组装成适合工程需要的产品，并且所有构件和设备均可以多次周转使用。

（6）适应性强

液压爬模可以适应各种不同的截面形式，并且能够适应截面收缩125 mm范围时爬模架体的爬升；模板能够退出700 mm，不受筒体结构外伸钢结构牛腿等的影响。

（7）灵活性好

爬模架体及模板均通过螺拴和销轴连接，安装、拆卸、运输都十分简单快捷。墙体模板可同时整体向上爬升，也可根据工程施工需要，分片、分段向上爬升；可直爬，也可小幅度斜爬。

（8）缩短工期、节省材料

液压爬模方便操作，具有较高的安全性，能够缩短工期，节省施工材料。

（9）节省场地、减轻损毁

由于超高层建筑结构的要求，除了改造模板外，通常在组装完爬模架之后，会一直到顶不落地，以节省施工场地，同时减少模板的碰伤损毁现象。

（10）爬升优点

液压自爬升过程具有同步、平稳和安全的特点。

（11）节约成本

液压自爬模可作为施工的全方位操作平台使用，施工单位无需为了重新搭设操作平台而浪费材料和劳动力，减少了工程成本的实际支出。

任务四 高层建筑钢筋工程

钢筋工程是普通钢筋进场检验、钢筋加工、钢筋连接、钢筋安装等一系列技术工作和完成实体的总称。在钢筋混凝土结构中，钢筋起着关键性的作用。钢筋工程属于隐蔽工程，需要在施工过程中进行严格的质量控制。

一、基础钢筋施工

高层钢筋混凝土结构采用的基础形式有筏板基础、箱型基础、深基础，本任务主要讨论应用较广的筏板基础钢筋施工。

1. 钢筋的加工制作

(1) 箍筋

箍筋一般都用细钢筋，加工时采用机械折弯。这些钢筋切断时可用切断机、钢筋大剪或砂轮锯，切断后应按不同的样式、型号、规格分别放置。成型时，每个样式的箍筋先做一个样板，然后校核各部位尺寸及角度，无误后批量加工。

(2) 主筋

主筋的加工制作应符合图示规格尺寸和规范的规定，端部的锚固应符合要求。

(3) 钢筋加工的允许偏差

钢筋加工的允许偏差如表 7-3 所示。

表 7-3 钢筋加工的允许偏差

序号	项目	允许偏差/mm
1	钢筋顺直长度方向全长的净尺寸	±10
2	弯起钢筋的弯折位置	±20
3	箍筋内净尺寸	±5

2. 筏板钢筋绑扎

筏板钢筋绑扎施工顺序：绑扎筏板下层钢筋→绑扎筏板上层钢筋→柱、墙插筋。

(1) 绑扎筏板下层钢筋

① 筏板钢筋排列顺序：东西方向，下排钢筋在下，上排钢筋在上；南北方向，下排钢筋在上，上排钢筋在下。

② 筏板钢筋的端部，下排钢筋上弯 300 mm，上排钢筋下弯 300 mm，外挑出部分按图纸详图加工。

③ 筏板钢筋开始绑扎之前，基础底线必须验收完毕，特别在柱插筋、墙边线等位置，应用油漆在墨线边及交角位置画出不小于 50 mm 宽、150 mm 长的标记。

④ 筏板钢筋施工时，先铺作业面内的底筋，再铺上层钢筋。

⑤ 为保证底板钢筋保护层厚度准确，底板、墙、柱等部位均采用特制的混凝土垫块。垫块间距为 1 块/m^2。

（2）绑扎筏板上层钢筋

为了撑起筏板上层钢筋，应在筏板下层钢筋上布置马凳钢筋。马凳宜采用直径为 18 mm 的螺纹钢，沿筏板短方向的布置间距不大于 1.2 m，沿筏板长方向的布置间距不大于 1.5 m。绑扎上层钢筋时，先在马凳上绑架立筋，在架立筋上画好钢筋位置线，按图纸要求，在序绑扎上层钢筋。要求接头在同一截面相互错开 50%，同一根钢筋尽量减少接头。

（3）柱、墙插筋

筏板钢筋绑扎完毕后，绑扎柱插筋和墙插筋。柱插筋应全部直通到筏板底。当柱插筋保护层厚度$>5d$，且筏高度$>l_{aE}$ 时，柱插筋插到筏板底，并做 $6d$（≥150 mm）弯折，筏板底部与顶部之间绑扎两道箍筋。

当柱外侧插筋保护层厚度$\leqslant 5d$，且筏板高度$\leqslant l_{aE}$ 时，柱插筋插到筏板底部，并做 $15d$ 弯折，筏板底部和顶部之间全段加密。插筋位置要准确，固定要牢固，接头在同一截面上要错开，并且不超过 50%。

墙板插筋插入筏板内应满足锚固长度要求，内外排插筋均要带麻线拉直，位置要准确，固定要牢固，接头在同一截面上要错开，且不超过 50%。在筏板顶部内外绑扎水平筋、底板筋和插筋并焊牢。基础钢筋绑扎完毕，自检合格后，邀请建设单位、监理单位验收钢筋，验收合格后方可进行下道工序施工。

（4）受力钢筋保护层厚度

受力钢筋保护层厚度数值如表 7-4 所示。

表 7-4　受力钢筋保护层厚度

<table>
<tr><th>部位</th><th>保护层厚度/mm</th><th>备注</th></tr>
<tr><td>筏板、地下室外墙迎水面</td><td>50</td><td rowspan="3">不小于纵向主筋直径</td></tr>
<tr><td>筏板上层钢筋</td><td>25</td></tr>
<tr><td>地下室外墙内侧</td><td>25</td></tr>
</table>

3. 钢筋安装位置的允许偏差

钢筋安装位置的允许偏差如表 7-5 所示。

表 7-5　钢筋安装位置的允许偏差

单位：mm

<table>
<tr><td rowspan="2">绑扎钢筋网</td><td colspan="2">长、宽</td><td>±10</td></tr>
<tr><td colspan="2">网眼尺寸</td><td>±20</td></tr>
<tr><td rowspan="2">绑扎钢筋骨架</td><td colspan="2">长</td><td>±10</td></tr>
<tr><td colspan="2">宽、高</td><td>±5</td></tr>
<tr><td rowspan="5">受力钢筋</td><td colspan="2">间距</td><td>±10</td></tr>
<tr><td colspan="2">排距</td><td>±5</td></tr>
<tr><td rowspan="3">保护层厚度</td><td>基础</td><td>±10</td></tr>
<tr><td>柱、梁</td><td>±5</td></tr>
<tr><td>板、墙、壳</td><td>±3</td></tr>
</table>

续表

绑扎箍筋、横向钢筋间距		±20
钢筋弯起点位置		20
预埋件	中心线位置	5
	水平高差	+3，0

二、主体钢筋施工

1. 柱钢筋施工

柱主筋料下好后，对应到图纸上进行编号，同一根柱钢筋捆在一起，挂上料牌，并标出钢筋型号、根数和下料长度。柱箍筋统一下料，每一层柱箍筋按不同型号、尺寸计算总个数，集中下料。每绑扎一层柱筋，要清查剩余箍筋的数量，以便分析、判断出箍筋是否按图纸的要求进行绑扎并控制质量，同时可以控制钢筋的损耗。混凝土终凝后，先根据每根柱各种箍筋的个数，将箍筋套在柱主筋上，这样可以大大提高绑扎的效率。

箍筋套完后，将柱主筋吊上楼层，柱主筋采用竖焊。柱主筋焊接完成后，及时敲掉焊疤，进行焊接质量检查。对接头不均匀、上下钢筋不在一条竖线上以及接头有气泡的部位，坚决进行返工。焊渣安排专人进行清理，用水冲洗干净后才能绑扎箍筋。

在每层柱顶设置一道限位箍，与柱主筋可靠连接，保证在浇筑混凝土时主筋不发生移位。柱主筋第一道箍筋自楼板面起50 mm开始绑扎，按照设计和图纸的要求绑扎加密区和非加密区的箍筋，主筋与箍筋采用全点绑扎。

柱主筋大小头钢筋进行连接时，若直径相差不大，如下层筋 ϕ20，上层筋 ϕ18 时，可直接进行焊接；若直径相差较大，如下层筋 ϕ20，上层筋 ϕ16 时，则必须进行搭接，或将上层钢筋锚固在下层柱混凝土中。

柱钢筋到顶收头时，要对每一根柱进行分析，确定中柱和边柱，根据规范要求进行柱顶钢筋锚固。柱钢筋绑扎完成后，沿柱四周挂好垫块，垫块间距为50~60 cm。绑扎全部完成后，及时对现场进行清理，将剩余的钢筋及时吊下操作层。

2. 梁钢筋施工

梁主筋按楼层、编号分别下料，挂上料牌，注明标高、楼层及梁的编号；梁箍筋按楼层、直径、钢号和箍筋尺寸分别下料，并挂上料牌，标明直径和尺寸大小。梁底模支好后，即将梁主筋运到楼层，锚入柱内。在支设梁侧模前，将箍筋套在梁主筋上。框架梁上部钢筋的接头位置在跨中1/3的范围内，下部钢筋的接头位置在支座1/3的范围内。

提示

对能连通的钢筋在柱子位置尽量连通，不断开，以减少柱头钢筋的根数。在柱头处，根据梁的主次位置关系，适当调整梁箍筋的高度尺寸，避免相对的钢筋相互交叉。

主次梁交接处，次梁钢筋放在主梁钢筋的上面；框架梁与非框架梁的交接处，非框架梁钢筋放在框架梁钢筋的上部。在钢筋交接处，主梁或框架梁的箍筋连续布置。若下部钢筋为双排钢筋，根据规范要求，钢筋之间最少要间隔 25 mm。为了满足规范要求，施工时可在两层钢筋之间用小 25 的短钢筋隔开，沿长度方向间距 2 m 左右。若上部钢筋为双排钢筋，在加工箍筋时要留一个弯钩，在施工现场二次成型，两排钢筋放在第二个弯钩上。

挑梁和纯悬挑梁的受力主筋在上部，施工中严格保证梁的有效断面，箍筋的尺寸误差控制在 2 mm 以内。梁主筋采用机械连接，机械连接质量要使用力矩扳手定期进行检查。对机械连接不合格的情况，应进行帮条加焊处理。

箍筋在梁侧模支设前绑扎，梁的第一个箍筋距离支座边 5 cm 起，箍筋交口处的弯钩相互错开。为保证梁的有效断面，除了严格控制箍筋的制作尺寸，在绑扎时要使梁的主筋“蹬角”，为此在绑扎时箍筋应相隔 2 m，将箍筋和主筋点焊固定。

3. 板钢筋施工

现浇板钢筋制作前，对板进行编号，将同一块板的钢筋放在一起，挂上料牌，标明钢筋直径、板号、长度和根数，方便在绑扎施工时吊装和查找。

板的钢筋尽量拉通布置，同时应避免有接头。绑扎前，先标记出各个钢筋的间距和位置，再根据标记进行摆筋；板下层钢筋短跨方向钢筋在下，板上层钢筋短跨方向钢筋在上。

对现浇板有孔洞的位置，当圆洞直径或方洞边长 $D<300$ mm 时，可将板的受力钢筋绕过洞口，不必加固；当 300 mm $\leqslant D \leqslant$ 1 000 mm 时，应沿洞边每侧配置加强钢筋，其面积不小于洞口宽度内被切断的受力钢筋面积的 1/2；当 $D>300$ mm 且孔洞周边有集中荷载时，或 $D>1\,000$ mm 时，应在孔洞边加设边梁。

现浇板钢筋采用跳点绑扎，扎点成梅花型。绑扎后的钢筋不得踩踏，及时浇筑混凝土，避免钢筋生锈。

4. 剪力墙钢筋施工

竖向剪力墙钢筋采用搭接，搭接长度要符合设计和规范要求。剪力墙钢筋绑扎时，先绑扎柱钢筋，再绑扎墙体钢筋，然后绑扎暗梁和联系梁钢筋。墙体钢筋采用隔点绑扎，扎点要成梅花型。为保证钢筋位置的正确，墙体网片筋之间设置拉筋。

剪力墙上有洞口的地方要设置加强钢筋，其长度为洞口宽度加上加强钢筋锚固长度的两倍。加强钢筋的直径应符合设计要求；如设计无要求，一般为 12 mm。

施工时，墙身钢筋伸入柱主筋内侧，钢筋能连续通过时，尽量不切断。钢筋绑扎完成后要挂上垫块，垫块间距 60 cm 左右。

5. 后浇带钢筋的处理

许多结构在设计中都会出现后浇带。由于后浇带往往在主体完成以后才进行施工，因此在施工后浇带钢筋时，首先要对钢筋进行除锈、清理，清除掉钢筋上的混凝土等杂质，保证钢筋与混凝土的握裹力。

后浇带处的钢筋要进行加强，加强钢筋的数量为设计钢筋的一半。后浇带处的钢筋必须全部采用满扎。后浇带处所有的钢筋接头均采用焊接。同一截面上，焊接钢筋的数量不超过钢筋总数的 25%。

任务五 高层建筑混凝土工程

我国《大体积混凝土施工标准》（GB 50496-2018）规定：混凝土结构物实体最小几何尺寸不小于 1 m 的大体量混凝土，或预计会因胶凝材料水化引起的温度变化和收缩，而导致有害裂缝产生的混凝土，称为大体积混凝土。

扫一扫

大体积混凝土

对于高层建筑，基础底板一般采用大体积混凝土施工，质量控制难度很大。

一、大体积混凝土施工的特点

1. 需大型设备支持

大体积混凝土施工通常需要大型混凝土搅拌车或泵车等设备的支持，以确保连续供应并将混凝土输送到需要的位置。

2. 施工周期长

由于混凝土量大，施工周期相对较长。需要耐心等待混凝土充分凝固并达到设计强度，才能进行后续工序。

3. 温度控制重要

大体积混凝土施工过程中，温度控制至关重要。过快或过慢的温度变化都可能导致混凝土出现开裂或强度不足的问题。施工中需要严格监控混凝土的温度，并根据温度变化来调整施工工艺。

4. 施工技术要求高

对施工人员技术水平要求高，需要熟练掌握混凝土浇筑、振捣、养护等工艺，确保混凝土的质量和性能。

5. 安全风险增加

大体积混凝土施工现场存在着更高的安全风险，如混凝土泵管堵塞、坍塌等问题，需要严格的安全措施和管理。

6. 材料成本较高

由于混凝土用量大，对原材料的需求也较多，导致材料成本的增加。需要做好材料采购的计划和管理，以确保施工的成本控制在合理的范围内。

二、大体积混凝土的施工

1. 材料要求

（1）水泥

在满足强度和耐久性等要求的前提下，选用低热或中热的矿渣水泥、火山灰水泥（发热量 270~290 kJ/kg），严禁使用安定性不合格的水泥。

由于大体积混凝土工程量大，水泥用量多，水泥供应难以做到按施工要求的品种、强度等级一次进场，因此要加强水泥进场的检验和试配工作。

（2）集料

① 粗集料。碎石和卵石均可，并采取连续级配或合理的掺配比例，其最大粒径不得大于钢筋最小间距的3/4。当采用泵送混凝土时，为了提高混凝土的可泵性和控制水泥用量，粗集料最大粒径如表7-6所示。粗集料中不得含有机杂质。

表7-6 泵送大体积混凝土粗集料最大粒径 单位：mm

管道直径	100	125	150
卵石	30	40	50
碎石	25	30	40

② 细集料。宜选用粗砂或中砂，含泥量应≤3%。当采用泵送混凝土时，其细度模数以2.6~2.8为宜。控制细砂以0.3 mm筛孔的通过率为15%~30%；0.15 mm筛孔的通过率为5%~10%。

③ 粉煤灰。为了减少水泥用量，可掺入水泥用量10%的粉煤灰取代水泥。粉煤灰应符合规范的要求，其烧失量应<15%，SO_3应<3%，SiO_2应>40%，并应对水泥无不良反应。

④ 外加剂。宜在混凝土中掺入适量的缓凝型减水剂。

2. 配合比设计

（1）基本要求

设计配合比时，尽量利用混凝土60天或90天的后期强度，以满足减少水泥用量的要求，但必须征得设计单位的同意和满足施工荷载的要求。混凝土配合比应根据使用的材料通过试配确定。一般要求水泥用量宜控制在260~300 kg/m^3，水灰比应≤0.6，砂率应控制为0.33~0.37（泵送时宜为0.4~0.45）。坍落度应根据配合比要求严格控制，当采用商品泵送混凝土时，坍落度的增加应通过调整砂率和掺用减水剂或高效减水剂解决。严禁在现场随意加水以增大坍落度，坍落度应控制在10~14 cm。

（2）设计步骤

具体设计步骤按现行《混凝土结构工程施工质量验收规范》（GB 50204—2015）执行。

3. 施工准备工作

大体积混凝土施工前，除了按一般混凝土施工前必须进行的物质准备、机具准备、技术准备和现场准备外，还应根据其施工的特殊性，做好附属材料和辅助设备的准备工作，如冰、冰水箱（池）、真空吸水设备、水泵、测温设备等。

4. 施工工艺

大体积混凝土的施工一般宜在低温条件下进行，即最高气温≤30 ℃时为宜。气温大于30 ℃时，应周密分析和计算温度（包括收缩）应力，并采取相应的降低温差和减少温度应力的措施。

混凝土配制时，应严格掌握各种原材料的配合比。其重量允许误差为：水泥、外掺合料±2%；粗、细集料±3%；水、外加剂溶液±2%。混凝土的搅拌时间自全部拌合料装入搅拌筒内起到卸料止，一般应不少于1.5~2 min。雨季施工期间，应勤测粗、细集料的含水量，并随时调整用水量和粗、细集料用量。

搅拌后的混凝土应及时运至浇筑地点，入模浇筑。在运送过程中，要防止混凝土离析、灰浆流失、坍落度变化等现象。

大体积混凝土浇筑时，应根据整体连续浇筑的要求，结合结构尺寸的大小、钢筋疏密、混凝土供应条件等具体情况进行施工。

当基础底板厚度超过 1.3 m 时，应采取分层浇筑，分层厚度宜为 0.6~1.0 m。对于大块底板，在平面上应分成若干块施工，以减少收缩和温度应力，有利于控制裂缝。一般分块的最大尺寸宜为 30 m 左右。为了减少大体积混凝土底板的内外约束，浇筑前宜在基层设置滑移层。为了减少分块间后浇缝处钢筋的连接约束，应将钢筋的连接设置在后浇缝处。

提 示

为了加强分层浇筑层间的结合，可以采取在下层混凝土表面设置键槽的办法。键槽可用 100 mm×100 mm 的木方每隔 1 m 左右留设。为了防止混凝土发生离析，当混凝土的自由倾落高度超过 2 m 时，应采用串筒，溜槽下落。串筒和漏斗的布置应根据浇筑面积、浇筑速度和铺平混凝土的能力确定，一般间距不得大于 3 m。

分层浇筑时，上层钢筋的绑扎应在下层混凝土经一定养护，强度达到 1.2 N/mm^2，混凝土表面温度与混凝土浇筑后达到稳定时的室外温度之差在 25 ℃以下时进行。

振捣时要防止模板振动，并应尽量避免碰撞钢筋、管道、预埋件等。每振捣完一段，应随即用铁锹摊平拍实。

项目小结

本项目主要介绍了高层建筑施工的相关内容，主要包括高层建筑施工测量，塔机、施工外用电梯和混凝泵等设备的运用，大体积混凝土施工的特点和施工技术等内容。通过本项目的学习，帮助读者了解高层建筑施工是一项复杂而重要的任务，精准的测量、高效的运输设备、优质的模板系统以及可靠的钢筋，确保了高层建筑的耐久性和安全性，也为建筑的高效竣工提供了坚实的基础。

课 后 习 题

一、填空题

1. 高层建筑施工测量的主要任务是将建筑物的基础轴线准确地向________引测，并保证各层相应的轴线位于同一竖直面内。

2. 为了保证轴线投测的精度，高层建筑物轴线的竖向投测主要有________和________两种。

3. 施工外用电梯主要由金属结构、________、安全保护装置和________等部分组成。
4. 模板工程是新浇筑混凝土的支承系统，包括模板、支撑以及________。
5. 在大体积混凝土施工的过程中，________控制至关重要。

二、简答题

1. 简述高层建筑施工测量的任务。
2. 简述大体积混凝土施工的特点。

参考文献

[1] 李辉. 钢筋混凝土结构工程施工 [M]. 西安: 西安交通大学出版社, 2021.

[2] 王丽娟, 徐光华. 钢筋混凝土结构与钢结构 [M]. 北京: 中国铁道出版社, 2021.

[3] 梁兴文, 史庆轩. 混凝土结构设计原理 [M]. 北京: 中国建筑工业出版社, 2022.

[4] 张悠荣. 钢筋混凝土结构工程施工 [M]. 北京: 机械工业出版社, 2022.

[5] 严加宝, 张晋元, 赵海龙, 等. 高等钢筋混凝土结构 [M]. 天津: 天津大学出版社, 2023.

[6] 王广勇. 钢-混凝土组合结构火灾力学性能及工程应用 [M]. 北京: 化学工业出版社, 2024.

[7] 王利文, 郑显春. 土木工程施工技术 [M]. 2 版. 北京: 中国建筑工业出版社, 2025.